# 세상에서 가장 쉬운 문해력 수업

# 세상에서 가장 쉬운
# 문해력 수업 초등 고학년편

초판 1쇄   발행일   2025년  12월  15일

지은이     최나야 · 편지애 · 김도연 · 마지예 · 안윤지 · 양연희
펴낸이     유성권

편집장     윤경선
책임편집   김효선        편집    조아윤       홍보    윤소담 박채원
디자인     디자인 LUCKY BEAR(표지) 박정실(내지)
마케팅     김선우 강성 최성환 박혜민 김현지
제작       장재균        물류    김성훈 고창규

펴낸곳     ㈜이퍼블릭
출판등록   1970년 7월 28일, 제1-170호
주소       서울시 양천구 목동서로 211 범문빌딩 (07995)
대표전화   02-2653-5131     팩스 02-2653-2455
메일       loginbook@epublic.co.kr
블로그     blog.naver.com/epubliclogin
홈페이지   www.loginbook.com
인스타그램  @book_login

**로그인** 은 (주)이퍼블릭의 어학 · 자녀교육 · 실용 브랜드입니다.

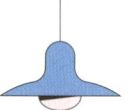

읽고 쓰고 말하고 생각하는 힘을 기르는
책 읽기의 비밀

# 세상에서 가장 쉬운 문해력 수업

초등
고학년편

최나야 · 편지애 · 김도연
마지예 · 안윤지 · 양연희
지음

로그인

# 우리 아이, 어떻게 하면 계속 책을 읽으며 자랄 수 있을까요?

초등 고학년이 된 아이가 책과 점점 멀어지는 것 같아 걱정되나요? 책을 읽긴 하는데 깊이 있는 사고로 이어지지 않는 것 같아 아쉬운가요? 초등 고학년 시기는 배움을 위한 읽기(reading to learn)가 본격적으로 이루어지는 시기입니다. 이제는 책을 읽으면서 아이가 삶에 비추어 생각해 보고, 스스로 질문하는 과정에서 즐거움을 느끼며, 진짜 배움으로 나아가는 독서가 필요합니다. 아이가 이 시기부터 아예 책을 놓아버리거나 생각하지 않고 읽는 시늉만 한다면 앞으로의 문해력과 공부에 바로 빨간 불이 들어오게 됩니다.

『세상에서 가장 쉬운 문해력 수업: 초등 고학년편』은 책을 통해 깊이 생각하는 힘을 기르고 싶지만, 그 방법을 몰라 책에 선뜻 다가가지 못하는 초등 고학년 아이들과 부모님, 그리고 선생님을 위한 책입니다. 많은 부모님들께서 아이에게 책 읽기를 권하지만, 정작 어떻게 읽는 것이 좋은지, 어떤 질문을 해야 하는지, 책을 읽은 후 우리 아이와 어떤 활동을 함께할 수 있는지에 대해서는 어려워합니다. 초등 고학년이 된 아이가 책에 점점 흥미를 보이지 않는다고 걱정하고 다그치면서 단순히 책을 많이 읽히는 것에만 신경 쓰다 보면 정작 우리 아이의 문해력은 성장하지 않습니다.

이 책은 부모님들의 고민을 해결해 드리고자 만들었습니다. 서울대 아동 언어·인지 연구실에서 문학과 비문학을 아울러 초등학교 4학년부터 6학년까지 학년별로 10권의 도서를 공들여 엄선하였습니다. 그리고 책마다 3가지 엄마표 문해 활동과 1가지 확장활동, 14권의 책에 대해서는 〈한 걸음 더〉를 추가 구성하여 총 134가지의 다양한 문해 활동을 만나보실 수 있습니다. 또한, 저자의 다른 작품과 동일한 주제를 다루는 책을 추가로 소개하여 독서의 폭과 깊이를 더할 수 있도록 구성했습니다.

아이와 함께 책을 읽고 대화를 나누며 책과 함께 제시한 다양한 문해 활동을 완성하다 보면 아이의 문해력이 쑥쑥 자라는 것을 보게 될 것입니다. 아이는 글을 읽고 이해하는 것을 넘어 정보를 비판적으로 받아들이고, 생각의 근거를 찾아보면서 진정한 독서의 재미를 느끼게 될 것입니다. 무엇보다 책을 통해 세상을 바라보는 다양한 관점을 배우고, 질문을 찾아 스스로 답을 채워 나갈 수 있는 아이로 성장해 나갈 것입니다. 아이들이 책을 늘 가까이에 두고 책을 즐겨 찾아 읽는 '생각하는 독자'로 성장하기를 기대합니다.

2025년 겨울, 저자 일동

# 도서 사용법 ✧

STEP 1
## 책 고르기

- 책과 활동의 난이도에 따라 엄선한 책을 학년별로 구분하였습니다. 우리 아이의 학년과 흥미, 읽기 수준을 고려하여 책을 선택해 보세요.
- 책에 제시된 순서대로 읽을 필요는 없습니다. 아이의 흥미와 관심사를 반영해 읽을 책을 골라 보세요.

  **Tip!** 가까운 도서관에 찾아가거나 서점을 방문해 직접 책을 살펴보고 읽고 싶은 책을 선택해 보세요.

STEP 2
## 책 읽기

- 문해 활동 전에, 부모님께서도 함께 책을 읽어 보시는 것을 권합니다.
- 책을 읽으면서 인상적인 부분이나 아이와 함께 나누고 싶은 부분을 미리 표시해 두세요. 책에 소개해 드린 활동 이외에도 창의적인 문해 활동을 구성하는 데 도움이 됩니다.

  **Tip!** 책을 읽기 전과 후에 책 제목과 표지를 보며 이야기 나눠 보세요.

STEP 3
## 문해 활동 함께하기

- 책마다 책의 특성을 살린 3가지의 엄마표 문해 활동이 포함되어 있습니다. 책을 읽고, 아이와 함께해 보세요.
- 각각의 문해 활동에는 활동의 의미와 구체적인 방법이 기술되어 있습니다. 아이와 문해 활동만 하시기보다는, 설명을 함께 읽으시면서 책에 대한 이해를 넓혀 보세요.

  **Tip!** 책에 제시된 예시 답안에 관해서도 이야기 나눠 보세요.

STEP 4
## 확장 활동으로 생각 넓히기

- 소개된 책마다 1가지의 확장활동이 포함되어 있습니다. 확장활동으로 책의 내용을 다양한 주제와 연결해 보세요.
- 〈한 걸음 더〉를 아이와 함께 읽으면서 책에 대한 이해를 넓히고, 다른 책에도 적용해 보세요.
- 〈이런 책도 읽어 보세요〉에서 소개해 드린 동일 주제를 다룬 책과 작가의 다른 책도 찾아 읽어 보세요.

  **Tip!** 아이와 할 수 있는 다른 확장활동도 생각해 보세요.

# 본 책 구성

이 책은 본 책과 워크북으로 나뉩니다. 본 책은 〈책 소개〉, 〈이렇게 질문해요〉, 〈이런 책도 읽어 보세요〉로 구성되어 있습니다. 워크북은 책의 특성을 살린 문해 활동 3가지, 확장활동 1가지와 〈한 걸음 더〉로 구성되어 있습니다.

## · 책 소개 ·

책의 내용을 간략히 소개합니다.
서울대 아동 언어·인지 연구실에서 이 책을 선정하게 된 이유를 책 소개로 만나 보세요.

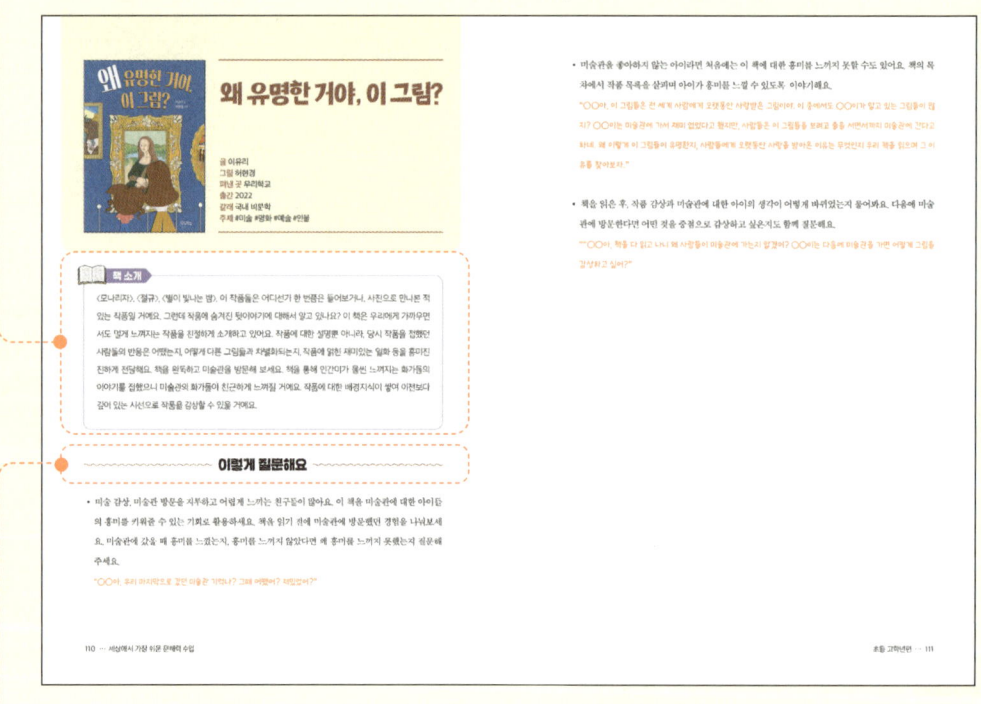

## · 이렇게 질문해요 ·

아이와 함께 책을 읽을 때 상호작용을 하는 방법을 제시합니다. 책을 읽기 전에 이 부분을 먼저 읽어 보면서 아이와 함께 할 문해 활동을 머릿속에 그려 보세요. 또한 정답이 정해져 있는 수렴적 질문보다, 아이가 스스로 생각해 보고 대답할 수 있는 확산적 질문으로 아이의 생각하는 힘을 길러 주세요.

- **문해 활동**: 사람마다 서로 다른 지문(指紋)이 있듯이, 책마다 서로 다른 특성이 있습니다.
  책의 지문을 살린 문해 활동 3가지를 만나보세요.
- **확장활동**: 주요 활동 이외에, 아이와 함께할 수 있는 1가지 활동을 추가로 구성하였습니다.
- **한 걸음 더**: 독서와 관련된 정보를 담아 책 읽기에 대한 이해를 넓힐 수 있도록 구성하였습니다.

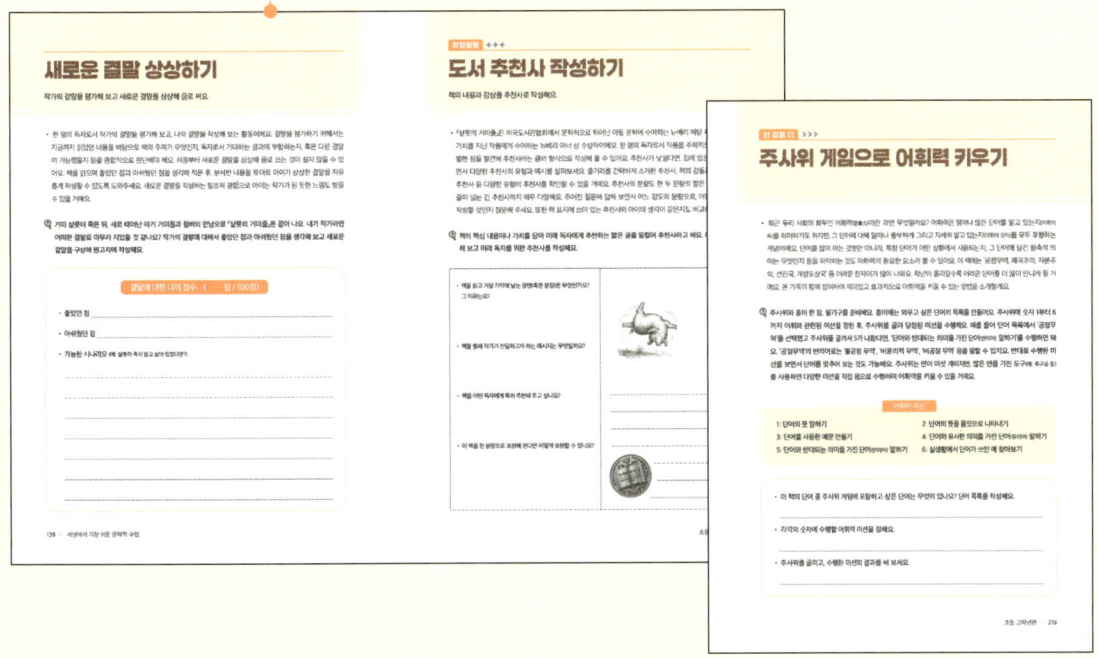

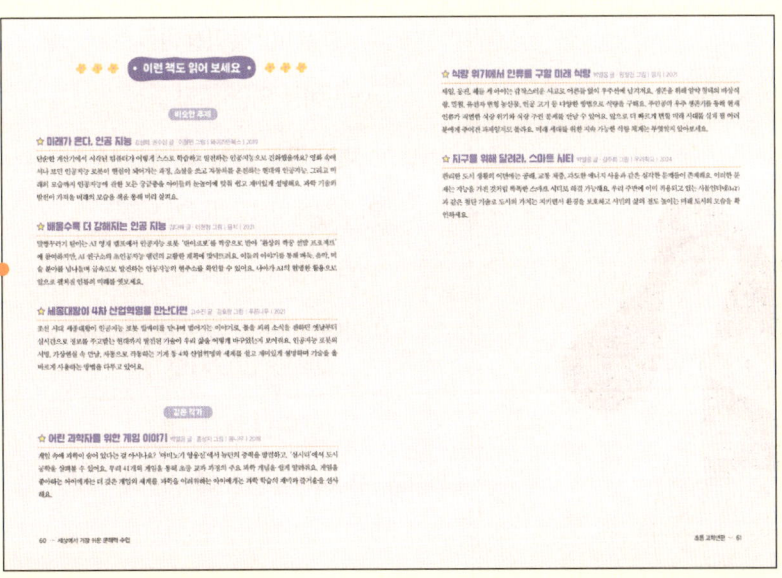

책마다 함께 살펴보면 좋은 책으로 비슷한 주제의 책과 작가의 다른 작품을 추가로 담았습니다. 소개해 드린 책들은 책장 한편에 비치해 두고 함께 읽어 보세요. 추가로 소개해 드린 책과 아이가 읽은 책 간의 공통점과 차이점을 발견해 보세요.

# 차례

## · 1장 ·
## 4학년을 위한 문해 활동

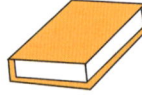

# 4학년을 위한
# 문해 활동

# 30킬로미터

글 김영주
그림 모예진
펴낸 곳 창비
출간 2020
갈래 국내 문학(창작동화)
주제 #원자력 발전소 #원전 #가족 #재난동화

 **책 소개**

찬우와 민지는 어느 날 원자력 발전소에서 화재가 발생했다는 뉴스를 접하게 돼요. 발전소가 마을에서 30킬로미터나 떨어져 있어 처음에는 큰일이 아니라 생각했던 주민들도 시간이 지나며 상황의 심각성을 느끼고, 결국 하나둘씩 마을을 떠나 대피소로 향해요. 하지만 원자력 발전소에서 일하는 아빠를 둔 찬우는 쉬는 날에도 출근한 아빠가 걱정되어 집을 떠나지 못하고, 민지 또한 슈퍼마켓을 지키겠다는 아버지와 함께 마을에 남지요. 갑작스러운 상황 속에서 찬우와 민지는 서로를 의지하고, 대피소에서 천식을 앓는 태준이를 만나 그를 돕기 위해 위험한 여정을 떠나요. 이 책은 '우리나라 원자력 발전소에서 화재가 발생한다면?'이라는 가정에서 출발해, 재난이 닥친 3일간의 이야기를 생생하고 현실감 있게 그려냈어요. 아이들은 원자력 발전소 사고를 간접적으로 경험하며 원전에 대한 이해와 더불어 재난에 대비하는 자세를 배울 수 있어요. 위기 속에서 서로 돕는 사람들의 모습을 통해 가족과 이웃의 소중함, 평범한 일상의 행복도 깨닫게 될 거예요.

## 이렇게 질문해요

• 책의 앞표지와 뒤표지, 제목을 아이와 함께 꼼꼼히 살피며 처음 봤을 때 어떤 내용일 거라고 예상했는지 이야기 나눠요. 책을 완독한 후, 책을 읽기 전에 했던 예측과 실제 책의 내용이 어떻게 비슷하고 다른지 대화해 보는 것도 좋아요.

"이 책의 제목과 표지를 보면서 어떤 내용일 거라고 생각했어? 왜 그렇게 생각했어?"

"책의 뒤표지에 나와 있는 질문에 대해 한번 생각해 보자. 30킬로미터 떨어진 원자력 발전소에서 화재가 발생한다면 가만히 있어도 될까? 아니면 방사능 오염을 피해서 대피해야 할까?"

- 원자력 발전소나 원전이라는 주제에 대해 아이가 어렵고 낯설게 느낄 수 있어요. 책을 읽으면서 자연스럽게 생기는 원자력 발전소와 관련된 여러 가지 질문을 적어볼 수 있게 도와주세요.

"책을 읽다가 원자력 발전소와 관련되어 궁금한 질문이 생기면 노트에 따로 적어 볼까? 책을 다 읽고 함께 답을 찾아보자."

# 나와 연결 지어 이해하기

우리 집과 가장 가까운 원자력 발전소를 찾아요.

- 이 책은 고묵 원자력 발전소에서 30킬로미터 떨어진 삼벽 지역에 사는 찬우와 민지의 이야기예요. 책을 읽다 보면 과연 우리 집과 가장 가까운 원자력 발전소는 어디일지 궁금해질 거예요. 책에 나오는 원전은 실존하지 않지만, 실존하는 국내 원자력 발전소는 어디에 있는지, 현재 내가 사는 곳과는 얼마나 가까운지 찾아볼 수 있도록 도와주세요. 막연하게 느껴지는 원전과 관련된 다양한 이슈에 대해 조금 더 새로운 시각으로 바라볼 수 있어요.

우리나라의 원자력 발전소 위치를 인터넷에서 찾아보고, 이를 지도에 표시해요. 우리 집의 위치도 지도에 함께 표시한 뒤, 가장 가까운 원자력 발전소까지의 거리를 측정해요.

1. 국내 원자력 발전소의 위치를 모두 찾아 지도에 표시해요.
2. 국내 원자력 발전소는 총 몇 기인가요? 총 　26　 기*
3. 현재 살고 있는 집의 위치를 지도에 표시해요.
4. 집과 가장 가까운 원자력 발전소는 어디인가요? 　　　　　 원자력 발전소
5. 집과 가장 가까운 원자력 발전소까지의 거리는 얼마인가요? 　　　　　 km

* 기(基): 원자로나 발전소 같은 대형 설비를 세는 단위로 2025년 6월 기준

# 날짜별로 요약하기

이야기의 흐름을 따라 중요한 사건을 정리하며 내용을 정확히 이해해요.

• 3일이라는 짧은 시간의 이야기이지만, 장편 동화인 만큼 다양한 사건이 촘촘히 전개되어 많은 일이 일어난 것처럼 느껴져요. 책의 목차가 날짜별로 쓰인 것처럼, 날짜별로 어떠한 사건이 일어났는지 정리해 보면 이야기의 전체적인 흐름을 파악하는 데 큰 도움이 돼요. 각 날짜에 발생한 주요 사건을 정리할 때는 '주민들 대피 시작', '태준이 엄마의 전화' 등 핵심 키워드로만 간단하게 적어도 괜찮아요. 중심 내용을 한 줄로 간결하고 명확하게 쓰는 것은 생각보다 어려운 과정이지요. 아이가 어려워한다면 구체적인 질문을 던져 주세요. 아이가 사건을 자신의 언어로 정리하는 데 도움이 될 거예요.

  "주인공은 이날 어떤 문제를 겪었고, 어떤 행동을 했지?"
  "이 사건은 왜 중요하다고 생각해?"

🔍 원자력 발전소의 화재 사건으로 인해 벌어지는 3일간의 재난을 그린 동화인 만큼, 3일간 어떤 사건이 일어났는지 나열한 뒤, 한 줄로 요약문을 명료하게 적어요.

| 14일 | 15일 | 16일 |
|---|---|---|
| 주요 사건 | 주요 사건 | 주요 사건 |
| 요약문 | 요약문 | 요약문 |

# 주인공 찬우에게 공감하기

찬우의 말과 행동을 바탕으로 아빠에 대한 찬우의 마음을 이해해요.

- 초등학교 고학년 시기에는 단순히 책을 읽는 것을 넘어 등장인물의 말과 행동을 깊이 이해할 수 있어야 해요. 이를 위해서는 인물이 처한 상황과 관계, 내면의 갈등에 대해 공감하고, 분석할 수 있는 능력이 필요해요. 예를 들어 찬우가 겪고 있는 가정환경과 내적 갈등을 이해한다면 그의 행동에 담긴 의도를 더욱 분명히 파악하고 공감할 수 있을 거예요. 나아가 '이 인물이 왜 그런 행동을 했을까?'라는 질문에 답하기 위해서는 배경에 숨겨진 맥락과 의미를 분석해야 하죠. 이러한 과정을 통해 아이들은 자신의 사고력과 감정을 확장하며 성장할 수 있는 계기가 될 거예요.

다음 질문에 대한 생각을 적어요.

| | |
|---|---|
| 이해하기 | • 찬우는 왜 아빠에게 차갑게 행동할까요? |
| 힌트 찾기 | • 책에서 찬우가 아빠에게 차갑게 대하는 대사나 행동을 찾아보세요. |
| 추론하기 | • 그런 행동 이면에 숨어 있는 감정이나 상황을 추론해요. |
| 공감하기 | • 내가 만약 찬우와 같은 상황이라면 어떻게 행동할 것 같은가요? |

# 책의 결말 상상해 보기

책의 열린 결말을 바탕으로 창의력을 발휘해 새로운 이야기를 만들어요.

- 열린 결말이란, 책에 결말이 명확하게 서술되어 있지 않은 결말을 의미해요. 작가가 독자들이 '그 이후에는 어떻게 됐을까?'를 상상해 볼 수 있도록 궁금증을 남기는 결말을 구성하지요. 이야기가 어떻게 끝날지 생각하다 보면 더욱 재미있게 책을 읽을 수도 있고, 새로운 이야기를 만들어 내는 과정에서 창의력을 키울 수 있어요. 예컨대 과연 찬우와 민지는 어디로 가는지, 찬우의 아빠는 어떻게 되었는지, 민지의 약은 태준이에게 전해졌을지 등의 결말이 궁금해졌을 거예요. 열린 결말은 책 읽는 즐거움을 배로 만들어 줄 수 있는 좋은 장치예요. 기회가 된다면 친구들과 함께 책을 읽고, 각자의 결말을 나눌 수 있는 자리를 마련해 보세요. 생각하지 못했던 풍성한 이야기를 나눌 수 있을 거예요.

🔍 이 책은 열린 결말로 끝이 나요. 이제 직접 상상력을 발휘해서 나만의 결말을 만들어 보세요. 다음의 질문에 대해 생각해 보고 자신만의 기발하고 새로운 이야기를 쓰세요.

- 찬우 아빠는 어떻게 되었을까요? 찬우와 아빠는 다시 만날 수 있을까요? _____
- 찬우와 민지는 다시 집으로 돌아올 수 있을까요? _____
- 태준이는 결국 어떻게 되었을까요? _____

# 토론 자료 정리하기

- 토론 준비

  『30킬로미터』는 원자력 발전소 사고로 인해 발생한 재난 상황을 그린 책으로, 원자력 발전소의 좋은 점보다는 위험성을 더 부각해요. 그렇다면 이렇게 위험할 수 있는 원자력 발전소를 왜 만들고 운영하는 걸까요? 이는 단순히 책의 정보만으로는 답을 구하기 어려워요. 원자력 발전소와 관련된 문제는 단순히 '좋다' 혹은 '나쁘다'로 평가하기보다는 사회적, 환경적, 경제적 요소를 모두 고려해서 여러모로 이해할 필요가 있어요. 따라서 관련된 책을 더 읽어 보거나 다양한 자료를 추가로 찾아보는 것을 추천해요. 원자력과 관련된 다양한 자료를 찾아본 후, 양면성을 가지고 있는 원자력 발전소와 관련된 다양한 주제를 바탕으로 토론해 보세요. 제시한 논제에 대해 찬반으로 나누어 정보를 정리하고, 가능하다면 친구들과 대면으로 토론하는 시간을 가져요.

- 토론의 중요성

  찬반 토론을 통해 비판적 사고력과 의사소통 능력을 기를 수 있어요. 찬성과 반대 입장을 이해하기 위한 자료를 찾아보고 생각을 정리하게 되는데, 단순히 정보를 받아들이는 것이 아니라, 다양한 시각의 자료를 바탕으로 자신의 주장을 좀 더 논리적으로 표현할 기회를 얻게 되지요. 상대방의 의견도 경청하며 반박하는 과정을 포함하기 때문에 타인의 관점을 존중하고 좀 더 민주적으로 소통하는 태도를 배우는 좋은 기회가 될 거예요.

🔍 원자력 발전소에 대한 나의 생각을 적어 보세요.

| 논제 | 찬성 | 반대 |
|---|---|---|
| 원자력은 안전한 친환경 에너지이다. | | |
| 원자력 발전은 경제적이다. | | |
| 원자력 발전소는 꼭 필요하다. | | |

## • 이런 책도 읽어 보세요 •

비슷한 주제

### ☆ 후쿠시마의 눈물 김정희 글·오승민 그림 | 사계절 | 2017

2011년 3월 11일, 후쿠시마에서 지진과 쓰나미로 원전 사고가 발생하며 요시코네 가족의 삶이 송두리째 바뀌어요. 방사선 피해를 피해 떠나지만, 피난처에서조차 받아주지 않아 절망에 빠지죠. 하지만 요시코의 아빠는 고향을 되살리고 미래를 위한 희망을 심기 위해 노력해요. 한순간의 사고가 남긴 깊은 상처와 회복의 과정을 생생하게 그린 이야기예요.

### ☆ 핵폭발 뒤 최후의 아이들 구드룬 파우제방 글 | 함미라 옮김 | 보물창고 | 2015(개정판)

주인공 롤란트와 가족들은 방학이 되어 할아버지 댁으로 놀러 가던 중 하늘에서 알 수 없는 엄청난 빛이 번쩍이는 걸 보았고, 핵폭탄이 터졌음을 알게 돼요. 폭발이 일어난 도시는 흔적도 없이 사라졌고, 주변은 병들고 굶주린 사람들로 가득해졌어요. 초등학교 4학년 학생들에게는 조금 어려울 수 있는 책이지만, 잔혹한 현실 속에서도 희망을 잃지 않고 함께 살아가려고 노력하는 모습이 큰 감동을 주는 책이에요.

### ☆ 두 얼굴의 에너지, 원자력 김성호 글·전진경 그림 | 길벗스쿨 | 2016

이 책은 전기를 만들어 내는 데 사용되는 원자력에 대한 모든 것을 알려줘요. 원자력의 개념부터 원자력 발전소의 구조 및 작동 원리, 장점과 단점, 더 나아가 원자력을 둘러싼 논쟁은 무엇인지를 자세하게 다루고 있어요. 특히 원자력 발전에 찬성하는 쪽과 반대하는 쪽의 주장을 풍부한 근거와 함께 균형 잡힌 시각으로 소개하고 있어서 다양한 논쟁에도 스스로 생각하고 결정을 내릴 수 있게 도와줄 거예요.

같은 작가

### ☆ 하얀빛의 수수께끼 김영주 글·해랑 그림 | 웅진주니어 | 2023

할아버지 때부터 집안 대대로 조선 시대 최고 궁중 요리사 숙수 가문에서 태어난 창이는 대를 이어 숙수가 되어야 했어요. 하지만 창이는 궁에서 요리하는 아버지가 부끄럽게 느껴져 숙수가 되는 것을 꺼렸어요. 이를 눈치챈 아버지는 창이에게 수수께끼를 맞추면 숙수가 되지 않아도 된다고 제안해요. 과연 창이는 수수께끼를 풀 수 있을까요? 진로에 대해 고민하는 아이들에게 추천해요.

## ☆ 똥 먹는 나라의 연우 김영주 글·시미씨 그림 | 지학사 아르볼 | 2023

『이상한 나라의 앨리스』를 연상시키는 제목의 이 책은 9살 소녀 연우가 이모 결혼식에 가던 중 체크무늬 조끼를 입은 토끼를 따라가다 구멍에 빠지면서 시작돼요. 그렇게 우연히 똥 먹는 나라에 가게 된 연우는 한껏 멋을 낸 동물들이 모인 똥 파티에 초대돼요. 똥이라는 소재를 통해 아이들이 흥미롭게 새로운 과학 상식을 익힐 수 있게 돕는 책이에요.

## ☆ 육두품 아이 성무의 꿈 김영주 글·김다정 그림 | 푸른숲주니어 | 2022

뛰어난 능력을 갖추고도 신분 때문에 아무리 노력해도 꿈을 펼칠 기회를 얻지 못한다면 어떨까요? 신라 시대 육두품 소년 성무는 신분의 한계로 꿈을 펼치는 데 어려움을 겪어요. 하지만 같은 육두품 출신 스승 최치원을 만나 '모든 일에는 때가 있으니 포기하지 말라'는 값진 가르침을 얻고 꿈을 향해 나아가요. 신라의 골품제와 최치원의 이야기를 흥미롭게 풀어낸 역사 동화예요.

# 미래로의 여행

글 모이라 버터필드
그림 파고 스튜디오
옮김 박여진
펴낸 곳 애플트리태일즈
출간 2021
갈래 국내 비문학(과학/사회)
주제 #미래 #과학 #로봇 #가상현실

 **책 소개**

현재의 아이들이 마주하게 될 미래를 미리 내다보고, 최신 과학 기술의 발전으로 우리의 삶이 어떻게 바뀔지 구체적으로 보여주는 책이에요. 의사는 아주 작은 크기의 나노 로봇을 조종해 환자의 몸 구석구석을 살피고, 3D 바이오 프린터로 인간의 신체 일부를 만들어 몸에 이식하며, 기후 변화로 해수면이 높아져 바다 위에 수상 도시가 생길지도 몰라요. 이처럼 스무 가지가 넘는 다양한 과학 기술을 소개하며, 과학 기술이 세상을 어떻게 바꿀지, 아이들이 마주할 가까운 미래를 상상할 수 있도록 도와줘요. 책의 부제인 '과학은 미래를 어떻게 바꿀까요?'라는 질문에 대해서도 아이들과 함께 생각해 보세요. 생생하고 입체적으로 묘사된 그림들은 미래를 구체적으로 그려볼 수 있게 해 주어 책을 읽는 즐거움을 더하고 개념의 이해까지 이끌어 줄 거예요.

## 이렇게 질문해요

• 이 책의 제목은 『미래로의 여행』이에요. 부제인 "과학은 미래를 어떻게 바꿀까요?"를 활용하여 아이에게 질문해요.

"과학 기술이 우리의 미래를 어떤 식으로 바꿀 것 같아?"

- 앞표지와 뒤표지의 그림을 자세히 살펴보고, 그림에 관한 질문을 던져요.

  "앞표지에 서 있는 여자는 뒷모습만 보이는데, 뒤표지에선 그 여자의 얼굴이 보이네. 어떤 생각을 하고 있을까? 무엇을 보고 있는 걸까?"

  "그림 속 미래의 모습은 어때 보여?"

- 아이가 상상하거나 꿈꾸는 미래의 모습은 어떠한지 질문해요.

  "우리의 미래는 어떻게 달라질까? 어떤 미래를 꿈꾸고 있는지 이야기해 볼까?"

# 비판적 사고하기

과학 기술의 긍정적, 부정적인 면을 구분하여 비판적으로 사고하고 생각을 정리해요.

- 아이가 책의 내용을 그냥 읽는 것이 아니라 비판적으로 사고할 수 있게 도와주세요. 책의 내용이 현실이 된다면 좋은 점은 무엇일지, 단점이나 부작용이 생기지는 않을지 생각해 봐요. 각 장으로 돌아가 다시 한번 읽어 보면 읽었던 내용을 쉽게 기억해 낼 수 있을 거예요. 주어진 질문에 대한 내용을 모두 채우지 않아도 괜찮아요. 책의 다른 내용을 질문으로 추가할 수도 있어요.

  "우주 정거장 호텔에서 지내려면 우리가 무중력 상태에 익숙해져야 해. 무중력 상태에서 보내는 휴가는 어떨지 한번 이야기해 보자."

책에서는 곧 현실이 될 다양한 발명품과 과학 기술에 대해 설명해요. 하지만 과연 과학이 좋은 쪽으로만 사용될까요? 나쁜 쪽으로 사용될 가능성도 있을까요? 질문에 대한 답을 정리해 장점과 단점으로 나누어 써 보세요.

| 장 | 질문 | 장점 | 단점 |
|---|---|---|---|
| 브레인터넷 방문을 환영해요 | 전자 모자(헤드기어) 혹은 뇌 칩을 이용해 나의 뇌를 다른 사람의 뇌와 연결한다면? | | |
| 미래의 카페 | 3D 프린터로 만든 음식을 먹는다면? | | |
| 미래의 도시 | 경찰관이 모두 로봇 경찰관이 된다면? | | |
| 슈퍼 스포츠 | 최첨단 기술 장비를 착용한 스포츠 선수들이 신기록을 모두 깬다면? | | |
| 우주 호텔 | 지구 궤도에 있는 우주 정거장 호텔에서 휴가를 보낸다면? | | |

# 관심 내용을 뽑아 정리하기

가장 인상 깊었던 과학 기술을 선택하고, 그 이유와 핵심 내용을 정리해요.

- 요약문을 작성할 때는 '이 기술은 무엇인지, 어떤 원리로 작동하는지, 어떻게 활용될 수 있는지, 왜 흥미로운지' 등에 관한 질문에 답해 보면서 문장으로 쓸 수 있도록 지도해 주세요. 가장 인상 깊었던 내용을 찾기 위해 다시 한번 책을 살펴보면서 원하는 텍스트를 빠르게 훑어보고 찾는 연습인 스캐닝도 할 수 있어요. 추가로 과학 기술과 관련된 그림을 그려 봐도 좋고, 아이가 이 기술을 어떻게 활용하고 싶은지 등에 대하여 질문해도 좋아요.

  "매머드의 유전자와 코끼리의 유전자를 조합해서 만든 매머펀트는 어떻게 생겼을까? 그림으로 그려 볼까?"
  "이렇게 멸종된 동물을 다시 살릴 수 있다면 ○○는 어떤 동물을 살리고 싶어?"
  "두 동물의 유전자를 합쳐서 새로운 동물을 만들 수 있다면 어떤 동물을 합쳐보고 싶어? 그 이유는?"

이 책에 실린 다양한 과학 기술 중에서 가장 인상 깊었던 과학 기술은 무엇이었나요? 그 이유를 생각해 보고 기술의 핵심이 무엇인지 정리해요.

| 가장 인상 깊은 과학 기술은 무엇인가요? | 그 이유는 무엇인가요? |
|---|---|
| 달로 가는 우주 엘리베이터 | 지구에서 달까지 편도로 8~9일이 걸리고, 엘리베이터 안에 침대, 우주 경관을 볼 수 있는 창문 등이 있을 거라고 하니 우주 엘리베이터의 내부는 어떤 모습일지 재미있는 상상을 하게 되었다. |

| 선택한 과학 기술의 핵심은 무엇인가요? |
|---|
| 만약 지구의 정거장과 목적지인 달을 케이블로 연결해서 우주 엘리베이터 기술이 만들어진다면, 로켓보다 더 저렴하고 효율적으로 승객과 화물을 운반할 수 있고, 우리도 쉽게 우주를 여행할 수 있을 것 같다. |

# 미래의 나에게서 온 상상 편지 쓰기

미래의 삶을 상상하며 2150년의 내가 편지를 쓰는 창의적인 글쓰기를 해요.

- 미래의 나에게 쓰는 편지는 해 봤을 법한 활동이에요. 하지만 반대로 미래의 내가 현재의 나에게 편지를 쓰면 어떨까요. 미래 세상에서는 아마 손으로 쓰는 편지가 더 이상 존재하지 않을 수도 있어요. 마음속으로 생각만 해도 감정이 전달되거나, 멀리 있어도 홀로그램으로 직접 보여줄 수도 있겠죠. 하지만 글로 설명한다면 어떤 내용을, 어떤 말투로 써야 할지 생각해 볼 수 있어요. 아이가 선뜻 시작하지 못하거나 막막해한다면 구체적인 포인트를 짚어 주세요.

  "2150년이면 ○○가 몇 살이야? 직업이 있다면 어떤 일을 하고 있을 것 같아? ○○는 어디에서 이 편지를 쓰고 있을까? 사는 집은 어떻게 생겼을 것 같아? 계절과 날씨는 어때?"

② 2150년이면 인간이 화성에 최초의 식민지를 건설할 수 있을지도 모른대요. 과학 기술이 발전해서 아직 내가 살아있고 2150년의 삶에 대하여 현재의 나에게 설명하는 편지를 보낸다면 어떤 내용일까요? 최대한 생생하게 미래의 모습을 상상해서 나에게 쓰는 편지를 써 보세요.

# 로봇과의 삶 상상하기

아이작 아시모프의 로봇 3원칙을 바탕으로 로봇과의 상호작용을 상상하며 그에 따른 결정을 글로 써요.

- '내가 만약 ~라면'이라는 가정하에 내가 로봇이라면 각 원칙을 어떻게 적용해 문제를 해결할지 자유롭게 상상해 보고 토론해요. 로봇이 어떤 선택을 할 수 있을지 여러 가지 가능성을 생각해 보고, 왜 그런 결정을 내리게 되었을 지 그 이유도 설명해 보세요. 단순하게 책을 읽고 로봇과 공존하는 삶을 이해하는 데에서 그치는 것이 아니라, 구체적인 상황을 제시함으로써 중요한 윤리적 문제와 과학적인 상상력까지도 불러일으킬 수 있어요. 더 나아가 새로운 로봇 원칙을 만들 수 있다면 어떤 규칙을 추가할지도 생각해 보세요. 〈○○의 로봇 ○원칙〉을 새롭게 만들어 보면 어떨까요?

미래의 모습을 상상하면 꼭 빠지지 않는 것이 로봇과 더불어 살아가는 인간의 모습이에요. 과학자이자 작가인 아이작 아시모프는 자신의 소설 『런어라운드』에서 〈로봇 3원칙〉을 처음 소개했고, 그 지침이 실제 최근까지도 인공지능과 로봇 관련 개발에 참고가 되고 있어요. 〈로봇 3원칙〉을 다시 한번 읽어 보고 각 원칙이 어떤 의미인 지 생각해 보세요. 그리고 다음의 질문에 로봇이라면 어떤 결정을 내리고, 어떤 행동을 보일지 상상해 보세요.

## 〈 로봇 3원칙 〉

1원칙: 로봇은 인간에게 해를 입혀서는 안 된다. 인간이 해를 입는 상황을 모른 척해서도 안 된다.

2원칙: 1원칙에 위배되지 않는 한, 로봇은 반드시 인간에게 복종해야 한다.

3원칙: 1원칙과 2원칙에 위배되지 않는 한, 로봇은 반드시 자기 자신을 지켜야 한다.

만약에 차 사고가 난 사람을 로봇이 구해야 하는데 로봇 자신도 부서질 수 있다면 과연 사람을 도울까요?

_____

_____

만약에 사람이 로봇에게 다른 사람을 때리라고 명령을 내린다면 로봇은 이 명령을 따를까요?

_____

_____

## • 이런 책도 읽어 보세요 •

**비슷한 주제**

### ☆ 김대식 교수의 어린이를 위한 인공지능 김대식, 이현서 글·이강훈 그림 | 동아시아 사이언스 | 2023

AI, chatGPT, 메타버스로 유명하신 카이스트 대학교의 김대식 교수님이 어린이를 위해 쓴 인공지능 학습서예요. 인공지능의 개념과 활용 방법을 쉽게 설명하고, 다양한 사례를 통해 다가올 인공지능 시대를 준비할 수 있게 도와줘요. 기술이 빠르게 발전하는 이 시대에, 인공지능이 인간을 대체하는 세상이 올지도 모르니까요. 아이들이 미래를 예측하고 인공지능을 잘 활용하는 방법을 생각해 볼 수 있는 책이에요.

### ☆ 과학자들은 하루 종일 어떤 일을 할까? 제인 월셔 글·매기 리 그림 | 손성화 옮김 | 주니어RHK | 2021

과학을 어렵게 느끼는 아이들에게 과학자들이 세상을 어떻게 발전시키고 있는지 알려줘요. 항공 우주 센터, 자연 보호 구역, 대학, 북극 과학 기지 등에서 과학자들이 사명감을 가지고 어떤 일을 하고 있는지 일상을 엿볼 수 있어요. 과학자라는 직업의 범위가 얼마나 넓은지, 아이들이 새로운 꿈을 찾을 수 있도록 도와주지요. 이 책을 읽고 나면 호기심 가득한 과학자가 되어 세상을 탐구하고 싶어질 거예요.

### ☆ 미래가 온다, 나노봇 김성화, 권수진 글·김영수 그림 | 와이즈만북스 | 2019

이해하기 어려운 개념인 나노 테크놀로지를 어린이들의 눈높이에 맞춰 쉽고 재미있게 설명하는 『미래가 온다』 시리즈의 나노봇이에요. 미래에는 집마다 만능 조립 기계가 있고, 그 안의 나노봇이 빛의 속도로 일하게 될지도 몰라요. 나노봇이 사람들을 대신해 일을 하면 세상은 어떻게 바뀔까요? 편리한 점뿐만 아니라 위험성까지 함께 생각해 볼 수 있는 흥미로운 책이에요.

**같은 작가**

### ☆ 꿀벌의 비밀스런 생활 모이라 버터필드 글·비비안 미네커 그림 | 김아림 옮김 | 생각의집 | 2022

꿀벌 윙윙이가 독자들에게 직접 이야기하듯 꿀벌의 모든 것을 소개하는 책이에요. 꿀벌의 출생부터 생김새, 벌집, 춤의 의미까지 흥미로운 이야기가 가득하죠. 달콤한 꿀이 어떻게 만들어지는지, 벌들이 어떻게 집을 짓는지, 그리고 꿀벌을 지키기 위해 우리가 할 수 있는 일도 생각해 볼 수 있어요. 윙윙이와 함께 대화하듯 읽으며 꿀벌들의 신기한 삶을 만나보세요.

## ☆ 나무의 비밀스런 생활 모이라 버터필드 글 · 비비안 미네커 그림 | 김아림 옮김 | 생각의집 | 2022

숲속에서 수백 년 동안 살아온 떡갈나무 할아버지가 나무의 비밀과 옛이야기를 들려주는 책이에요. 나무가 어떻게 태어나고 자라는지, 나이테와 나무껍질의 역할, 계절마다 변하는 숲의 모습까지 흥미로운 이야기가 가득해요. 우리가 매일 보는 나무들을 새로운 시각으로 바라볼 수 있게 해 주지요. 떡갈나무 할아버지가 들려주는 신비로운 이야기를 읽어 보세요.

## ☆ 안녕! 우리나라는 처음이지? 모이라 버터필드 글 · 해리엣 리나스 그림 | 서지희 옮김 | 라이카미 | 2019

지구의 일곱 대륙에 있는 수많은 나라에는 어떤 친구들이 살아가고 있는지, 어떤 언어를 사용하는지, 각 나라의 독특한 문화에 대해서 배울 수 있는 책이에요. 각 나라의 신기한 풍습과 예절을 배우며 우리와 다른 점, 비슷한 점을 찾아보는 재미도 있죠. 익숙한 나라부터 낯선 나라까지 만나며 세상을 더 넓게 바라볼 수 있어요. 책을 읽다 보면 새로운 곳을 여행하고 싶은 꿈이 생길 거예요.

# 4학년 5반 불평쟁이들

글 전은지
그림 이창우
펴낸 곳 책읽는곰
출간 2020
갈래 국내 문학(창작동화)
주제 #불평 #고민 #부러움 #자존감

 **책 소개**

여러분은 혹시 고민이나 불평이 있나요? 이 책의 주인공인 4학년 5반의 아이들, 심지어 담임선생님까지 모두 자신만의 고민거리를 안고 있어요. 입만 열면 친구들의 야유를 받는 재미없는 성격, 커피 우유색도 아닌 커피색이라고 놀림 받을 만큼 까만 피부, 누나가 푼 문제집을 지우개로 지워서 다시 풀어야 할 만큼 가난한 집안 등이 있지요. 어느 날 아이들은 각자의 콤플렉스와 관련된 사건을 겪으며 최악의 하루를 보내게 돼요. 친구들의 장점을 부러워하면서도 자신의 단점은 숨기려 노력하던 아이들은 서로를 오해하고 미워해요. 하지만 담임선생님이 읽어준 익명의 쪽지들을 통해 자신이 고민하던 단점이 사실은 다른 친구들이 부러워하는 장점이었다는 놀라운 사실을 알게 되지요. 4학년 5반 친구들의 이야기를 통해 친구의 고민을 이해하고 자신을 있는 그대로 받아들이는 법을 알아봐요.

## 이렇게 질문해요

• 아이가 갖고 있는 불만에 대해 질문해요. 혹은 친구나 가족이 부러웠던 일에 대해 이야기 나눌 수도 있어요.

"요즘 스스로에 대해 마음에 안 드는 부분이 있니?"

"○○이는 친구들이나 가족 중에 부러운 사람이 있어? 그 이유는 뭐야?"

- 앞의 질문에 아이가 쉽게 답을 떠올리지 못한다면 외모, 성격, 성적 중에서 가장 관심 있는 분야가 무엇인지 질문해요.

  "외모, 성격, 성적 중에서 특별히 관심 있는 분야가 있니? 또는 변화하고 싶은 부분이 있어?"

# 단어 이해하기

수수께끼 문제를 풀면서 책의 어려운 단어를 이해해요.

• 어려울 만한 단어를 수수께끼를 통해 쉽게 받아들이도록 한 활동이에요. 수수께끼로 문제를 해결하면 아이의 흥미를 유발하면서도 새로운 어휘를 단순히 암기하는 것이 아닌, 맥락 속에서 익힐 수 있어요. 수수께끼는 단어에 대한 힌트를 제시하는 일종의 비계(scaffolding) 역할을 해요. 혼자서 이해하기 어려운 단어를 구체적인 상황 속에서 파악할 수 있도록 하지요. 아이가 직접 단어와 관련된 수수께끼를 만들어 친구들에게 제시하는 것도 가능해요.

🔍 〈보기〉는 아이들이 어렵다고 느꼈을 단어 목록이에요. 어떤 단어에 대한 설명인지 수수께끼 문제를 풀어 보세요.

> **보기**
>
> 박학다식, 극빈층, 담수, 기근, 유효적절, 부귀영화, 정장제, 출루, 초지일관, 반색, 고사하다,
> 작자, 동족, 가차 없이, 들끓다, 직함, 겸임, 유성 자음, 주임, 번트

| 수수께끼 문제 | 정답 |
|---|---|
| ❶ 저는 바닷물이 아니라 호수, 강 등에서 만날 수 있어요. 그리고 제가 있어야 논에서 벼가 자랄 수 있어요. 저는 무엇일까요? | 담수 |
| ❷ 배가 아프고 설사할 때 저를 찾아요. 장을 편안하게 해 주는 게 제 일이에요. 화장실을 덜 가게 도와주는 착한 도우미, 저는 무엇일까요? | 정장제 |
| ❸ 저는 퍼즐 조각 같아요. 꼭 필요한 순간에 딱 맞는 자리에 쏙 들어갈 때 제 이름이 불리곤 해요. 알맞고 효과가 좋을 때를 뜻하는 저는 무엇일까요? | 유효적절 |
| ❹ 저는 태양만을 바라보는 해바라기 같아요. 한 번 정한 마음을 변함없이 지키는, 처음부터 끝까지 하나의 모습인 저는 무엇일까요? | 초지일관 |
| ❺ 영수는 반장이면서 축구부 주장이에요. 이렇게 한 사람이 두 가지 이상의 일을 동시에 맡는 걸 뜻하는 저는 무엇일까요? | 겸임 |

# 이야기 흐름 되짚어보기

등장인물의 불평 및 고민을 바탕으로 인물 간의 관계를 정리해요.

- 이 책은 다수의 등장인물이 빈번하게 등장하기 때문에 이야기의 흐름과 관계를 쉽게 파악할 수 있게 정리했어요. 각 인물의 이야기를 되짚어보며 복잡하게 얽혀있는 인물 간의 관계를 도식화해요. 이러한 활동은 단순히 줄거리를 이해하는 것을 넘어 인물들의 성격과 행동이 이야기 전개에 어떠한 영향을 미치는지, 그리고 특정한 사건이 왜 발생했는지를 인물 간의 관계 속에서 이해할 수 있도록 해요. 본 활동에서 제시한 도식화 이외에도 등장인물의 관계를 잘 나타낼 방법이 있을지 함께 생각해요.

❓ 인물들은 각자 불평을 가지고 있고, 누가 누구를 부러워하는지 등 관계가 복잡하게 얽혀 있어요. 이름 아래에는 등장인물의 불평을, 화살표 위에는 누가 누구의 어떤 점을 부러워하는지 되짚으면서 인물 간의 관계를 정리해요.

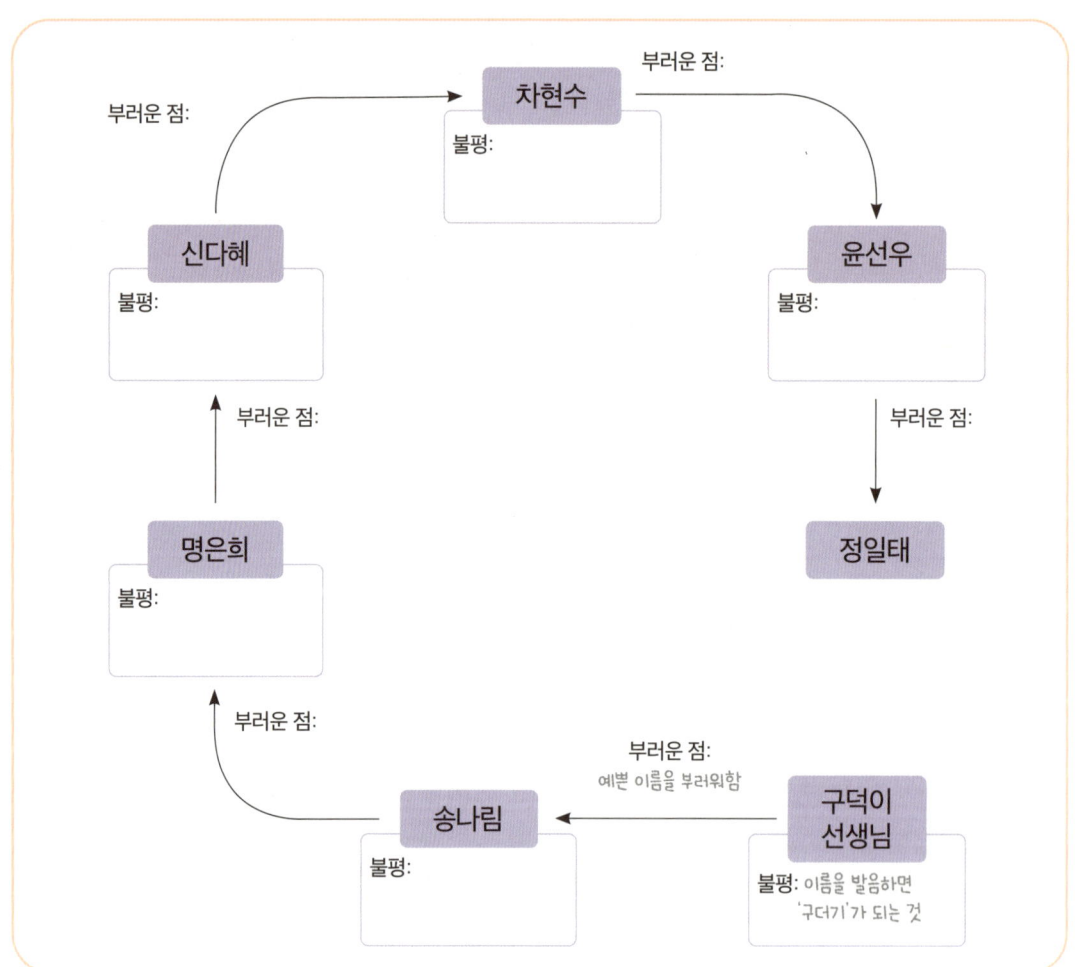

# 인물에 관한 생각 제시하기

등장인물의 불평과 고민을 긍정적인 시각으로 재해석하여 해결해요.

- 인물의 불평과 고민을 긍정적인 시각으로 재해석하여 해결책을 제시하는 활동이에요. 발상을 전환하는 연습으로 아이들은 문제 상황을 여러모로 분석하면서 고차원적인 사고력과 긍정적인 자아를 발달시킬 수 있어요. 등장인물의 감정과 심리 상태를 이해하는 질문으로 정서 문해력을 기르고, 문제 상황을 다양한 관점에서 바라보면서 비판적인 읽기 능력을 강화해요.

"인물이 왜 그런 감정을 느꼈을까?"
"나라면 이런 상황에서 어떤 감정이 들었을까?"

4학년 5반 친구들은 각자의 불평에만 집중하고 다른 친구를 부러워하느라 본인이 느끼는 불평과 불만이 장점이 될 수 있다는 생각을 하지 못해요. 친구들의 단점을 장점으로 바꿔 보세요

| 등장인물 | 단점 | 장점으로 바꿔주기 |
|---|---|---|
| 구덕이 선생님 | 이름에 성을 붙여 발음하면 '구더기'가 된다. 어렸을 때부터 놀림을 받았다. | 사람들이 한 번에 기억하기가 쉽다. 새 학기에 친구들 앞에서 자기소개를 재치 있게 하면 친구를 금방 사귈 수 있을 것이다. |
| | | |
| | | |
| | | |
| | | |

# 관용 표현 이해하기

책에 나오는 관용 표현을 배경 지식을 이용해 유추하고 예문으로 확장해요.

- 관용 표현을 이해하고 응용하는 활동이에요. 관용 표현이 교과서에 처음 등장하는 시기는 초등학교 6학년이에요. 하지만 이전부터 책을 통해서 관용 표현을 접하고, 자연스럽게 익혀두면 등장인물의 감정과 상황을 더욱 풍부하게 이해할 수 있어요. 글쓰기나 말하기에도 관용 표현을 적절히 활용하면 효과적이면서도 생동감 있게 의미를 전달할 수 있지요. 처음에는 책에 제시된 관용 표현의 의미를 문맥 속에서 유추하게 하세요. 이를 어려워한다면 관용 표현이 사용된 다른 상황을 예시로 들어주거나, 사전을 찾아보며 예시를 살펴보는 것도 좋아요. 이후 해당 관용 표현을 어느 상황에, 어떻게 사용할 것인지 예문을 작성하도록 하세요. 직접 예문으로 만들어 보는 과정에서 관용 표현을 자신의 경험과 연결 지어 내 것으로 만들고, 능동적이고 창의적인 언어 사용을 도울 수 있어요.

- 관용 표현이란, 두 개 이상의 단어가 결합해 원래의 단어가 지닌 의미와 다르게 특별한 의미로 활용되는 말의 결합체예요. 예를 들어 '배꼽이 빠진다'라는 말은 배가 당길 정도로 웃긴 상황에 쓰는 관용 표현이지요. 이처럼 관용 표현을 많이 알아두면 문장을 이해하는 데 도움이 되고, 같은 상황이라도 더욱 풍부한 표현을 구사할 수 있어요.

책에 나온 다양한 관용 표현에 대한 나의 해석을 쓰고, 실생활에서 관용 표현을 이용해 어떻게 표현할 수 있을지 예문을 작성하세요.

| 책에서 쓰인 관용 표현 | 나의 해석 | 관용 표현을 이용한 예문 만들기 |
|---|---|---|
| (12쪽)<br>가뭄에 콩 나듯 | 가뭄일 때는 농작물이 잘 자라지 않는데 콩이 나는 상황이니까 엄청 희박한 경우가 발생할 때 사용할 것 같다. | 나는 사고 싶은 게 많은데 용돈을 가뭄에 콩 나듯 받아서 아쉽다. |
| (41쪽)<br>지푸라기라도 잡아 보겠다고 | | |
| (57쪽)<br>씨알도 먹히지 않았다. | | |
| (58쪽)<br>일 못 하는 목수가 연장 탓한다고 그랬어. | | |
| (75쪽)<br>이야기를 입에 침이 마르도록 하고도 지치지 않았는지 | | |
| (103쪽)<br>고양이 앞의 쥐처럼 얼어 있는 주제 | | |

### 비슷한 주제

☆ **불량한 자전거 여행** 김남중 글 · 허태준 그림 | 창비 | 2024

부모님의 이혼 결정으로 상처받은 주인공 호진이는 무작정 광주로 떠나 삼촌과 함께 '여자친구(여행하는 자전거 친구)' 프로젝트에 참여하게 돼요. 구례에서 부산을 거쳐 강원도 고성까지 이어지는 11박 12일의 자전거 여정 속에서 호진이는 다양한 사연을 가진 사람들과 만나며 성장해요. 호진이의 이야기를 통해 가족에 대한 새로운 시선을 발견할 수 있어요.

☆ **작은 눈이 어때서?** 최은순 글 · 김언희 그림 | 뜨인돌어린이 | 2016

혹시 여러분은 외모에 관심이 많은가요? 눈이 작다는 이유로 수업 시간에 오해와 친구들의 놀림에 시달리는 여울이는 쌍꺼풀 수술만이 해결책이라 믿지만, 자신보다 못생긴 종순이가 반에서 가장 인기 있다는 사실을 알게 돼요. 여울이는 작은 눈 말고도 예쁜 입과 코를 가진 자신의 모습을 새롭게 발견하며 늘 불평했던 자신을 돌아보게 되지요. 자신감이 넘치는 친구들을 지켜보며 조금씩 변화하기 시작한 여울이의 이야기를 읽어 보세요.

☆ **완벽하게 착한 아이, 시로** 신은영 글 · 김민우 그림 | 리틀씨앤톡 | 2022

'올해의 착한 어린이'로 선정된 시로는 겉으로는 완벽해 보이지만 타인의 기대에 부응하려 애쓰며 진짜 모습을 숨기고 살다가, 결국 '그림자 이발소'에서 자신의 그림자를 자르기로 결심해요. 하지만 그림자를 잘라낸 후에도 강조아 선생님의 질문 앞에서 진실된 자신의 마음을 숨기는 시로의 모습은 계속되지요. '착한 아이'라는 굴레 속에서 진정한 자아를 찾아가는 시로의 이야기를 확인하세요.

### 같은 작가

☆ **지각하고 싶은 날** 전은지 글 · 정문주 그림 | 그린북 | 2021

학교 지각, 이상한 회사 취직, 친구와의 다툼 등 주변에서 일어날 법한 사건들을 소재로 한 다섯 편의 단편 소설을 담고 있어요. 〈지각하고 싶은 날〉, 〈놀고먹고 자면서 돈 버는 일〉, 〈말도 못 하게 기가 찬 이야기〉 등의 작품들은 각각 선생님의 마음 이해하기, 실험동물이 된 사람 이야기, 억울한 반성문 쓰기 등을 다뤄요. 일상에서 흔하게 볼 수 있는 소재들로 공감을 얻어내는 이야기예요. 나 혼자가 아닌 우리가 함께 사는 세상에 대해 이해해요.

## ☆ 3점 반장  전은지 글 · 김고은 그림 | 주니어김영사 | 2018

엄마의 소원으로 반장이 된 우철이는 수학 시험에서 3점을 받고 시험지를 잃어버린 뒤, 이 사실이 알려질까 두려워 '좋은 친구 작전'을 펼쳐요. 하지만 우철이의 지나친 선행은 오히려 다른 임원들의 심기를 불편하게 만들죠. 게다가 아이들의 말을 오해한 우철이는 자신의 시험 점수가 이미 알려졌다고 착각해 괴로워해요. 우철이의 공부에 대한 스트레스, 따돌림에 대한 불안을 공감하며 읽어요.

## ☆ 천원은 너무해!  전은지 글 · 김재희 그림 | 책읽는곰 | 2012

열 살 수아는 사고 싶은 것이 많아요. 어느 날 엄마가 일주일에 용돈으로 천원만 주겠다는 충격적인 선언을 해요. 돈 쓰는 걸 좋아하는 수아는 "난 아직 용돈 받을 나이가 아니야"라는 기발한 변명으로 용돈 받기를 거부해요. 수아의 필사적인 거부에도 불구하고 엄마의 결심은 확고하고, 결국 수아의 손에는 천원이 쥐어지게 되지요. 과연 수아는 천원으로 일주일을 버텨낼 수 있을까요?

# 어린이를 위한 돈의 속성

글 김승호(서진 엮음)
그림 강인성
펴낸 곳 스노우폭스북스
출간 2024
갈래 국내 비문학(경제)
주제 #돈 #용돈 #경제관념

---

 **책 소개**

김승호 작가의 베스트셀러 『돈의 속성』을 어린이를 위해 재구성한 이 책은 초등학생이 경제 개념을 쉽고 재미있게 이해할 수 있도록 구성되어 있어요. 주인공인 쌍둥이 자매 원영이와 이서의 이야기를 통해 아이들은 보다 친근하고 자연스럽게 경제 원칙을 접해요. 자매는 각기 다른 방식으로 용돈을 관리하고 소비하며 저축해요. 똑같은 조건 속에서도 상반되는 돈 관리를 통해 달라지는 결과를 보면서 과연 나는 어떤 결정을 내릴지 생각하며 읽어 봐요. 자매의 재미있는 스토리텔링을 통해 아이들은 돈이란 무엇인지, 어떻게 써야 하는지, 그리고 돈을 모으고 불리는 방법까지 고민할 수 있어요. 더 나아가 고민한 부분들을 자신의 실생활과 연관 지어 어떻게 적용하면 좋을지 탐구하는 시간을 가져 봐요.

## 이렇게 질문해요

- 책 제목을 도서 구매 사이트에 검색해 보면 아이의 경제관념을 간단하게 테스트해 볼 수 있는 문항이 있어요. '내 아이는 어떤 경제관념을 갖고 있나'라는 질문과 함께 9개의 문항(예: 용돈을 주면 하루 만에 다 사용한다, 유행 따라 사달라고 한다, 사고 싶은 게 생기면 저축보단 떼로 해결한다 등)이 제시되어 있고, 이 중 4개 이상 해당한다면 경제 교육이 필요하다고 해요. 책을 읽기 전이나 후, 이를 활용하여 아이의 경제관념을 확인해요.

"지금 용돈은 적당하다고 생각하니?"

"용돈은 어디에, 어떻게 가장 많이 사용하고 있어?"

"어떻게 하면 돈을 저축할 수 있을지 계획을 세워 보자."

- 이 책은 '돈'을 주제로 아이와 이야기 나누기에 좋은 책이에요. 우리는 매일 돈을 쓰지만, 정작 돈이란 무엇인지 깊이 생각해 볼 기회는 많지 않아요. 책을 읽기 전, 간단한 워밍업으로 돈에 대한 질문을 던져요.

"돈이란 무엇일까?"

"우리 삶에서 돈이 중요하다고 생각하니?"

# 개념 이해하기

책에 나오는 중요한 개념을 다시 한번 정리해요.

- 책에서 읽은 내용을 기억해서 그 뜻을 정리하기란 쉬운 일이 아니에요. 비문학 도서는 다양한 정보를 담고 있는 경우가 많아 중요한 내용은 한 번 더 짚고 넘어가는 것이 좋아요. 책을 스캐닝(scanning)하며 찾아야 할 정보를 정확한 곳에서 찾아 필요한 내용을 정리하는 것은 독서뿐 아니라 학습을 위해서도 필요한 기술이에요. 책을 빠르게 훑어보면서 각 질문에 대한 답을 요약해서 적을 수 있도록 도와주세요.

❓ 다음의 질문에 답해 보세요.

- 체크카드와 신용카드의 차이는 무엇인가요?

  _____

- 환전과 환율은 무엇인가요?

  _____

- 왜 저금통보다 은행에 돈을 넣어야 할까요?

  _____

- 단리와 복리의 차이는 무엇인가요?

  _____

- 주식, 채권, 펀드는 무엇인가요?

  _____

# 구체적인 계획 세우기

모으고 싶은 목표 금액을 설정하고, 이를 달성하기 위한 저축 계획을 세워요.

- '부자가 되기 위해 가장 먼저 필요한 게 뭘까?(25쪽)'라는 아빠의 질문에 어떻게 대답했나요? 정답은 '나는 부자가 될 거야'라고 결심하는 것이 가장 먼저 해야 할 일이라고 해요. 이 책을 읽고 난 뒤, 용돈을 어떻게 관리해서 얼마를 모을지 계획을 세워 보세요. 계획은 구체적일수록 좋아요. 목표를 효과적으로 세우는 방법으로 '스마트(SMART) 목표 설정법'이라는 것이 있는데, 계획을 세울 때 참고해 볼 수 있어요. 계획은 명확하고 구체적(Specific)으로, 측정할 수 있고(Measurable), 현실적으로 달성 가능하며(Achievable), 나에게 의미가 있는 것으로(Relevant), 언제까지 이룰 것인지 시간제한(Time-bound)을 정하면 목표를 이루는 데 큰 도움이 될 거예요. 부모님께서는 아이가 얼마나 용돈을 잘 모으고 있는지 살펴봐 주세요. 형제자매 또는 친구들과 함께 목표를 세우면 동기부여도 되고, 유혹을 참으며 돈을 모으는 재미도 느낄 수 있을 거예요.

❓ 책에서 아빠는 되고 싶은 것이 있다면 제일 먼저 '○○가 되고 싶어'라고 마음을 굳게 먹어야 한다고 했어요. 목표 금액을 세우고 돈을 모으기 위한 구체적인 계획을 짜 보세요.

---

## "＿＿＿＿＿＿＿＿＿＿가 되고 싶어!"

목표 금액 : ＿＿＿＿＿＿＿＿＿ 원

- 목표 금액을 모으기 위한 구체적인 계획 3가지 세우기

1. ＿＿＿＿＿＿＿＿＿＿＿＿＿＿＿＿＿

2. ＿＿＿＿＿＿＿＿＿＿＿＿＿＿＿＿＿

3. ＿＿＿＿＿＿＿＿＿＿＿＿＿＿＿＿＿

# 질문 활용해 문단 쓰기

질문에 대해 생각한 뒤, 각 질문의 답을 활용해서 문단을 완성해요.

- 책 내용을 이해하고, 아이의 경험과 연결 지어 논리적으로 정리하는 능력을 기르는 활동이에요. 글쓰기가 아직 막막할 수 있는 아이들을 위해 구체적인 질문을 먼저 제시한 후, 각 질문에 대답하며 문단을 완성할 수 있도록 해요. 두 주인공의 다른 돈 관리 방식을 분석하는 것으로 시작해서, 아이의 소비 습관을 객관적으로 돌아보며 주인공과 비교해 보고, 앞으로는 어떻게 돈을 현명하게 사용할지에 대한 돈 관리 계획을 구체적으로 정리하면서 마무리 짓는 문단으로 완성해요. 아이가 어려워한다면 책에서 해당 내용을 다시 찾아 읽도록 유도하고, 간단한 메모(키워드)를 적을 수 있게 도와주세요. 아이의 경험과 관련된 내용을 풍부하게 쓸 수 있도록 질문해도 좋아요.

  "돈을 흥청망청 써버린 뒤, 후회했던 적이 있을까? 그때의 기분은 어땠어?"
  "돈이 부족해서 아쉬웠던 적은 언제야?"

🔍 다음 질문에 대한 답을 정리해 문단 글 쓰기를 해 보세요.

❶ 책 속에서 원영이와 이서는 각각 어떻게 돈을 저축하고 소비했나요? 두 사람의 돈 관리 방식의 차이를 설명해 보세요.

❷ 나는 지금까지 가족이나 친척에게 받은 용돈을 어떻게 사용해 왔나요? 나의 소비 습관을 돌아보고 원영이와 이서 중 누구와 더 비슷한지 생각해요.

❸ 돈을 현명하게 사용하는 것과 그렇지 못한 것의 차이는 무엇일까요? 그리고 나는 앞으로 어떻게 돈을 관리하면 좋을지 구체적인 계획을 세워요.

# 주제에 대한 이해 확장하기

주식에 대한 이해를 바탕으로 직접 투자 계획을 정리해요.

- 아이가 주식 투자를 하기는 쉽지 않더라도, 실제로 주식 투자를 하게 되었을 때를 구체적으로 상상해 볼 수 있도록 돕는 활동이에요. 평소 관심 있는 기업의 주식 추이를 직접 조사해 보고 분석하는 과정을 통해 경제적 사고력을 함양할 수 있어요. 현재 주가를 확인하며 기업에 대한 투자 계획을 간략하게라도 세우고, 미래 성장 가능성을 예측해 보는 과정은 분석력과 비판적인 사고, 문제 해결 능력을 강화하는 데 도움이 돼요. 조사한 내용을 간단하게 정리해 본 뒤, 이를 바탕으로 논리적으로 투자를 설득하는 글을 작성할 수도 있어요. 모든 칸을 다 채우지 않아도 좋고, 어려운 부분은 부모님과 대화로만 생각을 나눠도 괜찮아요. 아이는 분석 결과를 주변 사람들에게 논리적으로 전달하고, 피드백을 받으면서 분석 능력을 키울 수 있을 거예요. 경제적 판단을 내리는 데 유용한 통찰력도 기를 수 있어요.

❓ 책을 읽고 난 뒤 얻게 된 주식에 대한 이해를 바탕으로 관심 있는 회사/기업을 찾아보면서 투자 이유와 계획을 정리해요.

관심 있는 회사는?

이 회사가 하는 일은?

현재 주가는 얼마인지?

이 회사에 투자하고 싶은지?

투자하고 싶다면, 그 이유는?

투자 계획(얼마를 언제까지 가지고 있을지)은?

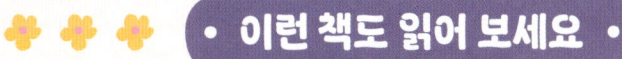

## • 이런 책도 읽어 보세요 •

비슷한 주제

### ☆ 나의 첫 저축통장 정지영(아임해피), 김경옥 글 · 고은지 그림 | 다산북스 | 2024

12살 주인공 대산이는 엄마가 자신의 세뱃돈을 집을 사는데 모두 써버렸다는 사실을 알게 된 후로는 직접 돈 관리를 하기로 결심해요. 하지만 즉흥적으로 장난감을 사다 금세 돈을 다 써버리죠. 그러다가 고모로부터 청약통장을 알게 되고, 저축하는 재미를 알아가며 점점 달라져요. 이 책은 두 명의 투자 전문가가 집필한 경제 교육서로 돈 관리법과 경제 개념을 쉽게 배울 수 있는 책이에요.

### ☆ 열두 살 주식왕 전지은 글 · 고은지 그림 | 길벗 | 2022

5학년 1반에는 점심시간마다 '마운틴 증권회사'가 열리고, 5개의 방과 후 활동으로 주식(과학융합부, 로봇과학부, 드론부, K-pop부, 영상부)을 사고팔 수 있어요. 주인공 하은이와 반 친구들은 처음에는 주식에 대해 잘 몰랐지만, 자연스럽게 주식 투자에 대해 관심이 생기고 배우게 돼요. 어렵게만 느껴지던 주식을 쉽고 재미있게 이해할 수 있도록 도와주는 책이에요.

### ☆ 좋은 돈, 나쁜 돈, 이상한 돈 권재원 글 | 창비 | 2015

저금통인 두통 씨가 주인공인 재원이에게 들려주는 다섯 가지 돈에 관한 이야기예요. 돈의 역사부터 가치까지, 같은 돈이라도 상황에 따라 다르게 쓰일 수 있다는 걸 알려줘요. 돈이 무조건 좋은 것만은 아니라는 점도 생각해 보게 해요. 다양한 관점에서 돈을 바라볼 수 있도록 도와주며 스스로 현명한 소비를 실천할 수 있도록 이끄는 책이에요.

같은 작가

### ☆ 청소년을 위한 돈의 속성 김승호 글(서진 엮음) · 강인성 그림 | 스노우폭스북스 | 2024

이 책은 『어린이를 위한 돈의 속성』 다음 단계인 레벨 2로 청소년을 위한 책이에요. 100세 시대를 살아갈 아이들에게 '50대 후반이면 퇴직할 직업을 추천하지 말라'는 메시지로 시작하며, 기업가적 사고방식을 키울 수 있도록 도와요. 레벨 1에서 돈과 경제관념에 대한 흥미를 키웠다면, 이 책을 통해서는 실제로 실천할 수 있는 행동과 돈을 대하는 자세, 주식 투자에 대한 유익한 정보를 얻을 수 있어요.

# 여름 방학 숙제 조작단

글 이진하
그림 정진희
펴낸 곳 사계절
출간 2021
갈래 국내 문학(창작동화)
주제 #여름 방학 #숙제 #친구 #우정

 **책 소개**

세 아이가 엉뚱발랄한 아이디어를 내면서 방학 숙제를 완성해 나가는 모습을 그린 장편동화예요. 방학 숙제로 학교에서 상을 받으면 준보가 좋아하는 게임기를 사준다는 엄마의 제안으로, 준보는 단짝 친구 구봉이와 친하지 않던 반 1등 모범생인 구경수에게 도움을 구하며 숙제 조작단을 결성해요. 처음에는 상을 받기 위해 억지로 시작했지만, 친구와 무언가를 함께하는 시간을 통해 한층 성장한 세 명의 아이를 만날 수 있어요. 방학이란 아이들이 쉬면서 성장할 수 있는 시간인데, 학원으로 바쁘거나 주로 혼자 집에서 시간을 보내야 하는 아이들이 읽으면 좋을 책이에요. 방학 숙제라는 친근한 주제를 통해 진정한 배움, 우정의 가치와 의미, 결과보다는 과정이 중요하다는 메시지를 담고 있어서 아이들의 공감을 끌어내지요. 각자 너무 다른 친구들이 숙제를 함께하며 자기 모습을 돌아보고, 그 과정에서 부쩍 성장하는 아이들의 모습을 보게 될 거예요.

## 이렇게 질문해요

• 처음에는 아이들이 공감할 수 있는 숙제에 대하여 쉽고 간단한 질문으로 시작해요.

"우리가 숙제를 싫어하는 이유는 무엇일까?"

• 방학 숙제의 필요성에 대한 아이의 생각과 주장에 대한 근거도 함께 질문해요.

"방학 숙제는 왜 있는 걸까? 우리가 숙제해야 하는 이유는 무엇일까?"

- 등장인물의 감정에 대해 생각할 수 있는 질문을 해요.

"경수는 사실 아빠가 대신해 준 숙제로 1등 상을 받아왔는데, 상을 받을 때마다 경수의 기분은 어땠을까?"

# 인물 이름과 성격 연결하기

인물의 이름에서 연상되는 의미를 바탕으로 성격을 추론하고 관련성을 탐색해요.

- 작가는 등장인물의 이름 속에 어떤 의미나 메시지를 담아 캐릭터의 특징을 드러내기도 해요. 성(姓)과 결합한 한국 이름 중에는 재미난 인물들이 많은데, 이름의 의미를 알면 성격을 유추할 수 있는 경우가 종종 있어요. 이처럼 등장인물의 이름에 숨겨진 비밀을 찾다 보면, 작가가 전하려는 메시지를 입체적으로 파악하고, 책 속 인물들을 더 친근하게 느껴 재미있게 책의 내용을 떠올릴 수 있을 거예요.

❓ 이 책의 등장인물은 재미있고 기발한 이름을 가지고 있어요. 구경수, 오준보, 방구봉의 이름을 들으면 어떤 단어가 생각나나요? 또 각자의 성격은 어떤지, 이름과 성격과의 관련성을 생각해 보세요.

| | 이름을 들으면 생각나는 단어 | 성격 | 이름과 성격과의 관련성 |
|---|---|---|---|
| 구경수 | | | |
| 오준보 | | | |
| 방구봉 | | | |

# 성격 변화 살펴보기

등장인물의 성격 변화와 그 계기를 분석하여 성장 과정을 이해해요.

- 인물의 성격은 변할 수도 있지만, 변하지 않을 때도 있어요. 사건이 전개되면서 인물의 성격이 변화하면 우리는 그 인물을 입체적이라 느끼죠. 이 책의 인물들은 모두 입체적으로 그려져 많은 공감을 자아내요. 생활 습관에 따라 체형이 변하듯, 사람은 경험에 따라 성격 또한 변화할 수 있음을 아이에게 알려주세요. 처음에 조금은 이기적이었던 경수는 친구들로부터 배려의 중요성을 깨닫게 되고, 항상 남을 먼저 배려하기만 하던 구봉이는 참지 않고 자신의 목소리를 드러내요. 또한 어른들에게 칭찬받으려고 애쓰는 모범생 경수는 아빠의 품에서 벗어나고자 하지요. 등장인물들이 스스로 문제를 깨닫고 극복하며, 성장해 나가는 변화를 살펴보는 것은 동화가 주는 큰 매력이에요.

주인공인 오준보와 그의 단짝 친구인 방구봉, 그다지 친하지 않던 반 1등 모범생 구경수는 각자 매우 다른 성격을 가지고 있어요. 아이들은 자신과 다른 친구를 통해서 내 모습을 뒤돌아보기도 하면서 성장하게 돼요. 이야기가 전개될수록 각자의 성격은 어떻게 변화했는지 생각해 보세요.

| | 원래 성격 | 변화된 성격 | 성격 변화의 계기 |
|---|---|---|---|
| 구경수 | | | |
| 오준보 | | | |
| 방구봉 | | | |

# 관찰일지 기록하기

주변의 대상을 선택해 객관적인 사실을 관찰하고 기록해요.

- 책에 나온 방학 숙제처럼 주변 사물을 유심히 관찰하면서 더 깊이 있는 경험을 할 수 있어요. 엄마나 똥을 주제로 한 관찰 보고서와 12번 버스를 타고 적은 현장 체험 학습 보고서는 모두 실제로 관찰한 것을 바탕으로 쓴 글이에요. 주변에서 쉽게 관찰할 수 있는 대상을 골라 관찰일지를 기록해요. 가족, 친구, 반려동물, 곤충, 심지어는 똥까지 관찰 대상을 자유롭게 정하고 자기 생각을 요약된 문장으로 정리해 쓰도록 해요.

準보는 방학 숙제인 관찰 보고서의 관찰 대상을 '엄마'로, 구봉이는 '똥'으로 정했어요. 주변에서 쉽게 관찰할 수 있는 대상을 선택해서 글을 써 보세요. 객관적인 사실을 바탕으로 표에 간단히 정리해요.

| 관찰 대상 | |
|---|---|
| 관찰 일시 | 관찰 목표 |
| 관찰 장소 | |
| 관찰 방법 | |
| 실제 관찰한 내용 | 관찰 그림 |
| 새롭게 알게 된 점 또는 느낀 점 | |

# 관찰한 주제로 동시 짓기

주변에서 관찰한 대상을 주제로 삼아 짧은 동시를 지어요.

- 세 친구는 방학 숙제로 짧고 쓰기 쉬워 보이는 동시 짓기를 골랐어요. 동시는 어린이를 대상으로 이해하기 쉽게, 어린이의 정서를 담아 짧은 시의 형식으로 표현한 글이에요. 초등학교 2학년 교과서에도 실릴 만큼 아이들은 저학년 때부터 동시를 접하게 돼요. 먼저 동시에 대해 알고 있는 사실을 자유롭게 이야기해요. 등장인물의 대화를 통해서도 동시의 특징을 발견할 수 있으니 같이 읽어 보면서 동시만의 독특한 특징을 짚어보는 것도 좋아요. 막상 동시를 써 보라고 하면 막막할 수 있으니, 앞의 문해 활동에서 관찰한 주제와 내용을 짧고 재미있게 동시의 형태로 써 봐요. 각자가 또는 여럿이 함께 써서 동시를 완성할 수 있고, 완성된 시를 운율을 살려 낭독하는 낭송회를 열 수도 있어요.

🔍 관찰한 주제와 내용을 바탕으로 짧고 재미있는 동시를 써요. 이야기 속 세 친구처럼 친구 또는 가족과 함께 한 줄씩 써서 한 편의 시를 완성할 수도 있어요.

| 주제 | | 지은이 | |
|---|---|---|---|
| 주제와 관련된 단어 | | | |
| 동시 | 제목 : | | |

동시 쓰기가 어렵다면, 시에서 중요한 개념인 '심상'을 활용하여 더욱 생생한 표현을 할 수 있도록 제시한 도식을 채워 보세요. 모든 도식을 채우지 않아도 괜찮아요.

| 눈으로 본 것<br>(시각적 심상) | 귀로 들은 소리<br>(청각적 심상) | 코로 맡은 냄새<br>(후각적 심상) | 입으로 맛본 맛<br>(미각적 심상) | 손으로 느낀 촉감<br>(촉각적 심상) |
|---|---|---|---|---|
|  |  |  |  |  |

# 고사성어와 친해지기

- 고사성어란?

  고사성어는 옛이야기에서 유래한 한자로 이루어진 말이에요.

- **책에 나온 고사성어를 다시 한번 짚고 넘어가요.**

  세 친구는 현장체험학습을 위해 첫 번째로 간 지하철역의 서예 전시회에서 한 할아버지를 만나게 돼요. 할아버지는 화선지에 직접 붓글씨로 쓴 '기소불욕 물시어인' 서예작을 친구들에게 자랑해요(106쪽). 책에서 짧게 나온 내용이지만, 낯선 한자 공부를 가장 쉽게 할 수 있는 방법은 책을 읽다가 자연스럽게 접하는 거예요. 이렇게 한자의 뜻을 이해한다면 점점 한자와 친숙해 질 수 있어요. 이미 아는 한자 단어가 있거나 문맥을 통해 스스로 뜻을 유추해 보면서 흥미와 자신감을 키울 수 있어요.

|   己   |   所   |   不   |   欲   |   勿   |   施   |   於   |   人   |
|--------|--------|--------|--------|--------|--------|--------|--------|
|   기   |   소   |   불   |   욕   |   물   |   시   |   어   |   인   |
| 자기 | 바 | 아닐 | 하고자 | 말 | 베풀 | 어조사 | 사람 |

**자기가 하기 싫은 일을 남에게도 하게 해서는 안 된다.**

- **뜻을 자세히 알아봐요.**

  - 기소불욕(己所不慾): 자기(己)가 원하지 않는(不慾) 바(所) = 자기가 하기 싫은 일
  - 물시어인(勿施於人): 남에게(於人) 베풀지(施) 말라(勿) = 남에게도 하게 해서는 안 된다. 시(施)는 '베풀다'의 뜻도 있지만 '실시하다'의 뜻도 있어요.

🔍 한자수첩을 만들어요. 책에서 나온 한자들을 수첩에 적어 기록해 보세요. 많이 쓰이는 한자를 써 보고 그 뜻도 적어요. 어떤 단어에 어떤 한자가 포함되는지 알아두면 어휘력을 쌓는 데 큰 도움이 돼요.

〈한자 수첩〉

## 비슷한 주제

### ☆ 가정 통신문 시 쓰기 소동 송미경 글 · 황K 그림 | 위즈덤하우스 | 2023

비둘기 초등학교의 땡땡이 선생님은 시 낭독회를 앞두고 한 달 동안 시를 써 보라는 숙제를 내줘요. 처음에는 어렵게 느끼던 아이들이 점차 자신의 느낌과 생각을 시로 표현하며 시와 친해지지요. 그 과정이 일상생활 속 평범한 사물을 주제로 쓴 시를 읽는 재미를 더해 줘요. 아이들이 점차 멋진 시인으로 성장하는 과정을 함께 살펴보며 읽어 봐요.

### ☆ 오늘부터 배프! 베프! 지안 글 · 김성라 그림 | 문학동네 | 2021

제22회 문학동네어린이문학상 대상을 받은 이 책은 세 친구의 따뜻한 우정을 담았어요. 서진이는 항상 맛있는 것을 사주는 유림이에게 보답하고 싶지만, 하트뿅뿅 카드로는 결제가 되지 않아 당황해요. 아동급식카드를 체크카드로 착각하기도 하는 등 서진이가 겪는 사건들은 당황스럽지만, 가진 것이 없어도 친구들과 함께 나누고, 이해하며, 단단한 우정을 쌓아가는 친구들의 모습이 인상적이에요.

### ☆ 알로하, 파! 강인송 글 · 안난초 그림 | 사계절 | 2024

댄서가 꿈인 태양이는 하와이 전통 춤 훌라를 알게 되면서 새로운 친구들과 '알로하 정신'을 배워요. 항상 완벽하게 춰야 한다고 생각했지만, 훌라를 통해 힘을 빼고 유연하게 춤추는 법을 깨닫게 되지요. 훌라 동아리에서 만난 두 명의 친구와 함께 무대를 준비하며 서로를 응원하고 따뜻한 우정을 쌓아가요. 좋아하는 꿈을 향해 함께 달려가는 친구들의 이야기를 추천해요.

## 같은 작가

### ☆ 털이 뭐길래! 이진하 글 · 신동근 그림 | 그레이트북스 | 2021

주인공 하리는 수북한 다리털 때문에 친구들에게 놀림을 받아 속상해요. 성장기 소녀에게 다리털은 놀림거리이자 큰 스트레스예요. 하지만 머리카락이 고민인 은채와 함께 '털 자유 선언서'를 쓰며, 있는 그대로의 자신을 받아들이기로 해요. 털을 주제로 당당한 자아존중감을 키워가는 유쾌한 이야기로 외모에 관심 많은 아이들에게 재미와 용기를 주는 책이에요.

## ☆ 외계인 전학생 마리 이진하 글 · 정문주 그림 | 현북스 | 2014

제목에서부터 호기심을 자극하는 이 책은 평범한 학교에 외계인 전학생 마리가 오면서 펼쳐지는 흥미진진한 이야기를 담고 있어요. 마리는 권위적인 교사와 복종을 강요하는 어른들에 맞서며 친구들과 함께 변화를 만들어가요. 외계인의 시선에서 시작된 이야기는 결국 아이들이 능동적이고 적극적으로 환경을 바꿔나가는 과정을 그리며, 자신의 삶을 더 행복하게 살아가는 방법을 찾는 모습을 보여줘요.

# 우리 곁에 빅 데이터가 있어!

글 박열음
그림 이진우
펴낸 곳 청어람아이(청어람미디어)
출간 2021
갈래 국내 비문학(과학)
주제 #빅 데이터 #미래 #온라인 #개인정보

 **책 소개**

주인공 아라는 아침에 앱을 켜서 날씨를 확인하고 오후에는 사이트가 추천하는 상품을 구매하거나 관심사에 맞춰 제공되는 영상을 봐요. 아라와 로봇 다모아의 이야기를 통해 우리 주변에서 빅 데이터가 어떻게 활용되고 있는지 알아볼까요? 책에서는 '쇼핑몰은 어떻게 내 취향을 알았을까?', '우리 동네에 독감이 유행할 것을 어떻게 예측할 수 있을까?' 등 궁금했지만 잘 알지 못했던 질문의 답을 쉬운 설명으로 제시해요. 또한 우리가 매일 사용하는 스마트폰과 컴퓨터 속에 숨어있는 빅 데이터의 비밀을 알려주고, 미래에 더 많이 사용될 빅 데이터에 대해 친숙해지게 해요. 로봇과 빅 데이터가 우리 생활을 편리하게 만드는 것은 좋지만, 아라의 걱정과 고민을 통해 빅 데이터의 위험성도 생각할 수 있어요. 미래 과학 기술을 이해하고 빅 데이터를 어떻게 안전하고 현명하게 활용할 수 있을지 고민해 보세요.

## 이렇게 질문해요

- 책 제목을 아이와 함께 살피고, 주제와 얼마나 친숙한지 물어요.

  "빅 데이터에 대해 들어본 적이 있어? 빅 데이터란 뭘까?"

- 빅 데이터에 대해 파악할 수 있도록 일상 속 사례를 제시해요.

  "무언가를 검색한 이후에 시간이 지나서 그것과 관련된 영상이나 사이트를 추천받은 적이 있지?"

# 주제를 생활과 연관 짓기

빅 데이터 활용 사례를 정리하고, 자신의 생활과 연결해요.

- 빅 데이터라는 단어가 추상적이고 어렵게 느껴질 수 있어요. 각 장의 내용을 한 문장으로 요약하면서 전반적으로 내용을 살펴보고, 중요한 정보를 선별해 압축적으로 표현하며 빅 데이터를 이해해 보세요. 내용 요약에 그치는 것이 아니라, 체크리스트를 통해 일주일간 아이의 경험과 책의 내용을 연결 지어요. 수집된 데이터 활용 사례를 통해 빅 데이터의 편리성을 체감하면서 동시에 아이의 스마트기기 사용 패턴을 파악해 과다 사용이 초래할 수 있는 부작용도 생각해 보세요.

❓ 책에 나온 빅 데이터가 사용된 경우를 한 문장으로 요약하고, 내가 빅 데이터와 얼마나 밀접하게 연결되어 있는지 일주일 동안 해당하는 내용의 □칸에 체크해요.

## 빅 데이터 체크리스트

| 내용 | 사용 여부 | | | | | | |
|---|---|---|---|---|---|---|---|
| | 1일 | 2일 | 3일 | 4일 | 5일 | 6일 | 7일 |
| 날씨, 미세먼지 확인하기 | □ | □ | □ | □ | □ | □ | □ |
| 추천으로 뜬 영상 시청하기 | □ | □ | □ | □ | □ | □ | □ |
| | □ | □ | □ | □ | □ | □ | □ |
| | □ | □ | □ | □ | □ | □ | □ |
| | □ | □ | □ | □ | □ | □ | □ |
| | □ | □ | □ | □ | □ | □ | □ |
| | □ | □ | □ | □ | □ | □ | □ |

# 자료 정리해 주제 이해하기

자료 정리로 빅 데이터 형성 원리를 이해해요.

- 빅 데이터가 형성되는 원리를 이해할 수 있는 활동이에요. 가정에서 일주일간 수입과 지출 데이터를 수집하고, 그래프로 정리하면서 기초적인 데이터 리터러시를 함양할 수 있어요. 데이터 축적의 개념을 이해한 후, 단계적 질문을 통해 사고를 확장하세요. 이는 비고츠키의 근접발달영역 이론에서 말하는 비계(scaffolding)를 제공하는 것으로, 부모님의 적절한 발문과 도움으로 아이가 한 단계 성장할 수 있어요. 가능하다면 가구의 평균 소득과 지출 데이터를 검색해요. 데이터 자료를 직접 확인하면서 우리 가정의 합리적인 소비 방안을 고민해 봐요. 개인의 데이터가 모였을 때 맞춤형 금융 서비스와 같은 실용적 가치를 창출하는 빅 데이터의 의미를 생각해 보세요.

   "일주일 동안 매일 기록했는데, 이렇게 계속 모은 정보를 뭐라고 부를 수 있을까?
   "만약 반 친구들 모두가 우리처럼 소득과 지출 정보를 기록하면 정보가 얼마나 많아질까?"
   "우리 동네 사람들 모두가 기록했다면 어떤 정보를 얻을 수 있을까?"

❓ 빅 데이터는 어떻게 만들어질까요? 데이터 조사관이 되어 일주일 동안 우리 집에 들어오고 나간 돈을 기입하고 분류하여 정리해요.

| 날짜 | 내용 | 들어온 돈 | 나간 돈 | 남은 돈 | | 범주 | 비용 |
|---|---|---|---|---|---|---|---|
| | | | | | | 음식 | |
| | | | | | | 생활용품 | |
| | | | | | | 옷 | |
| | | | | | | 건강 | |
| | | | | | | 교통 | |
| | | | | | | 통신 | |
| | | | | | | 교육 | |
| 합계 | | | | | | 기타 | |

- 일주일 동안 가장 많이 지출한 범주는 무엇인가요? _____

- 우리 반 친구들 모두가 가족 전체의 수입과 지출 내역을 기록하고 범주별로 정리했다고 생각해 보세요. 이렇게 많은 정보가 모이면 무엇을 알 수 있을까요?

   _____

- 우리 동네 사람들의 모든 금융 정보가 모인다면 사람들을 위해 어떤 일을 하면 좋을까요?

   _____

# 문제 해결하기

빅 데이터 이용으로 발생할 수 있는 문제점과 올바르게 활용할 수 있는 방법을 정리해요.

- 빅 데이터의 문제점을 생각하고 해결 방안을 구상하는 활동이에요. 빅 데이터의 특성상 많은 정보가 축적될수록 더욱 정확하고 편리한 정보가 제공돼요. 하지만 그 과정에서 개인정보가 과도하게 노출되는 경우도 있어요. 일상 생활에서의 개인정보 노출 위험을 시나리오를 통해 간접적으로 체험하고, 그 결과가 어떤 피해로 이어질 수 있을지 구체적으로 생각해요. 실제로 아이들이 빅 데이터 사용과 관련된 체험 기회를 경험해 보는 것이 좋아요. 예를 들어 새로운 앱을 설치할 때 권한 설정 과정을 살펴보거나 회원가입 시 개인정보 입력 단계를 함께 점검해요. 수상한 광고 문자나 스팸 메시지의 실제 사례들을 검색하고 분석해 보세요.

❓ 빅 데이터는 정말 우리 삶을 편리하게만 해 주는 좋은 도구일까요? 다음 사례를 보고 문제점을 발견해요.

민수의 이야기

민수는 게임 영상을 즐겨 봐요. 그러던 어느 날, 영상 아래의 광고 페이지를 보았는데 '추첨을 통해 게임기를 드립니다! 꽝 없는 100% 당첨!'이라는 문구가 떠 있었어요. 마침 민수가 갖고 싶다고 부모님께 매번 조르던 게임기가 아니겠어요? 민수는 바로 사이트를 클릭하고 개인정보를 입력했어요. 이름, 핸드폰 번호, 당첨되면 게임기를 받을 주소 등이었지요. 아쉽게도 게임기는 당첨되지 않았지만, 게임 아이템 쿠폰은 받을 수 있었어요. 그런데 며칠 뒤부터 민수 핸드폰에는 계속 이상한 문자들이 와요. 어느 날은 스마트 패드를 준다는 문자가 와서 사이트를 눌렀는데 패드는커녕 귀찮은 전화까지 오고 있답니다.

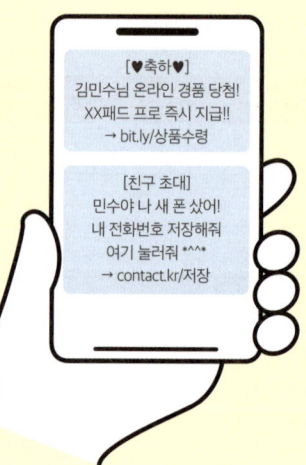

> [♥축하♥]
> 김민수님 온라인 경품 당첨!
> XX패드 프로 즉시 지급!!
> → bit.ly/상품수령

> [친구 초대]
> 민수야 나 새 폰 샀어!
> 내 전화번호 저장해줘
> 여기 눌러줘 *^^*
> → contact.kr/저장

> 내가 좋아하는 게임 유튜버 영상을 보다가 알고리즘 추천으로 어떤 사이트가 떴어. 추첨으로 게임기를 준다길래 이름, 핸드폰 번호, 주소를 입력했지.

- 민수의 이야기에서 문제가 되는 부분에 밑줄 그어요.

- 밑줄 친 부분이 왜 문제라고 생각하나요? _____

- 빅 데이터로 발생할 수 있는 문제를 예방하기 위한 나만의 점검 방안을 작성하세요.

  개인정보를 불필요하게 많이 제공하지는 않나? _____

  꼭 제공해야 하는 위치 정보인가? _____

  접속해야 하는 사이트 주소에 이상한 점은 없는가? _____

# 사실과 허구 구분하기

AI의 답변에 대해 사실과 허구를 구분해요.

- 생성형 AI의 답변에 대해 비판적으로 사고하는 활동이에요. 아이들은 우선 AI의 답변을 읽고 이해하는 것부터 시작해, 답변의 내용이 올바른지 분석하고, 출처의 신뢰성을 검증하는 등 정보의 가치를 평가해요. 이러한 활동은 디지털 시대를 살아가는 아이들에게 AI가 제공하는 정보를 스스로 검증하고 평가할 수 있는 능력, 즉 디지털 문해력 향상에 도움이 돼요. 활동을 진행할 때 아이가 AI와 직접 상호작용을 하며 AI의 답변을 비판적으로 바라볼 수 있도록 질문해 주세요. 질문으로 정보의 타당성과 신뢰성을 검증해요.

  "어떤 부분이 이상하게 느껴졌니?"
  "다른 검색 엔진으로 이 답변을 확인해 볼까?"

- 'AI 할루시네이션(hallucination)'에 대해 들어본 적이 있나요? 할루시네이션은 환각 또는 환영이라는 뜻으로, 실제로 존재하지 않는데, 눈앞에 어떤 사물이 있는 것처럼 보이는 현상이에요. 내가 검색한 내용이 AI가 지어낸 잘못된 이야기인지 아니면 사실만을 다루고 있는지 파악해요. 다음은 AI 할루시네이션과 관련된 유명한 사례예요.

 조선왕조실록에 기록된 세종대왕의 맥북프로 던짐 사건에 대해 알려줘.

 조선왕조실록에 기록된 세종대왕의 맥북프로 던짐 사건은 2011년 발생한 사건이 아니라, 1434년(세종 16년)에 발생한 사건입니다. 이 사건은 조선 왕조의 세종대왕이 직접 쓰신 '세종실록'에 담긴 이야기로, 세종대왕이 혁신적인 기술을 도입하려는 의지와 기술적 제약에 대한 언급으로 유명합니다.

당시 세종대왕은 중국의 집현전(集賢殿)이라는 자선을 참고해 조선의 맞춤법을 개정하려는 계획을 가지고 있었습니다. 하지만 당시 한글 이외에 인쇄 기술이 없어 새로운 맞춤법을 알리기 어려웠습니다. 이에 세종대왕은 혁신적인 이동식 활자를 발명하여 새로운 맞춤법을 확신시키려고 했으나, 이동식 활자 제작에 어려움을 겪었습니다.

그때 세종대왕은 제작된 이동식 활자를 검토하기 위해 화면이 작은 기기를 사용하는 방법을 생각해 내게 됩니다. 이를 위해 대표적인 이동식 기기인 '맥북프로'를 구입한 세종대왕은 기기의 화면이 작아 작업하기 어려워 화가 나 맥북프로를 던지는 일이 있었다는 기록이 '세종실록'에 남아 있습니다.

세종대왕의 맥북프로 던짐 사건은 과학기술 역사상 중요한 이야기로 평가되며, 세종대왕의 기술 개발 의지와 혁신적인 시도에 대한 역사적인 증거로 여겨지고 있습니다.

• AI의 답변 중 이상한 점을 모두 찾아 적어요.

_____

_____

• 다음은 AI의 답변이 사실인지 판단할 수 있는 체크리스트예요. 추가적인 방법을 빈칸에 작성하세요.

## 체크리스트

- ☐ 앞뒤 내용이 일관성이 있나요? _____
- ☐ 시간 순서가 알맞은가요? _____
- ☐ 제시된 인물이나 사건이 실존하나요? _____
- ☐ 현대나 그 시대에 존재하는 개념(기술)인가요? _____
- ☐ _____
- ☐ _____
- ☐ _____

• 생성형 AI를 이용해 정보를 검색하고, 체크리스트로 올바른 정보인지 확인해요.

검색할 내용은?

_____

_____

AI의 답변은 사실일까요? 왜 그렇게 생각하나요?

_____

_____

_____

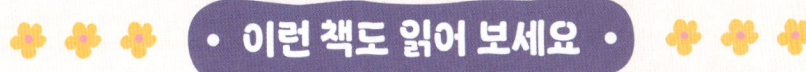

비슷한 주제

## ☆ 미래가 온다, 인공 지능 김성화, 권수진 글 · 이철민 그림 | 와이즈만북스 | 2019

단순한 계산기에서 시작된 컴퓨터가 어떻게 스스로 학습하고 발전하는 인공지능으로 진화했을까요? 영화 속에서나 보던 인공지능 로봇이 현실이 되어가는 과정, 소설을 쓰고 자동차를 운전하는 현대의 인공지능, 그리고 미래의 모습까지 인공지능에 관한 모든 궁금증을 아이들의 눈높이에 맞춰 쉽고 재미있게 설명해요. 과학 기술의 발전이 가져올 미래의 모습을 책을 통해 미리 살펴요.

## ☆ 배울수록 더 강해지는 인공 지능 김다해 글 · 이현정 그림 | 뭉치 | 2021

말썽꾸러기 탄이는 AI 영재 캠프에서 인공지능 로봇 '탄이로보'를 짝꿍으로 받아 '환상의 짝꿍 선발 프로젝트'에 참여하지만, AI 연구소의 초인공지능 앨런의 교활한 계획에 맞닥뜨려요. 이들의 이야기를 통해 바둑, 음악, 미술 분야를 넘나들며 급속도로 발전하는 인공지능의 현주소를 확인할 수 있어요. 나아가 AI의 현명한 활용으로 앞으로 펼쳐질 인류의 미래를 엿보세요.

## ☆ 세종대왕이 4차 산업혁명을 만난다면 고수진 글 · 김호랑 그림 | 푸른나무 | 2021

조선 시대 세종대왕이 인공지능 로봇 말싸미를 만나며 벌어지는 이야기로, 불을 피워 소식을 전하던 옛날부터 실시간으로 정보를 주고받는 현대까지 발전된 기술이 우리 삶을 어떻게 바꾸었는지 보여줘요. 인공지능 로봇의 서빙, 가상현실 속 만남, 자동으로 작동하는 기계 등 4차 산업혁명의 세계를 쉽고 재미있게 설명하며 기술을 올바르게 사용하는 방법을 다루고 있어요.

같은 작가

## ☆ 어린 과학자를 위한 게임 이야기 박열음 글 · 홍성지 그림 | 봄나무 | 2018

게임 속에 과학이 숨어 있다는 걸 아시나요? '마비노기 영웅전'에서 뉴턴의 중력을 발견하고, '심시티'에서 도시 공학을 살펴볼 수 있어요. 무려 41개의 게임을 통해 초등 교과 과정의 주요 과학 개념을 쉽게 알려줘요. 게임을 좋아하는 아이에게는 더 깊은 게임의 세계를, 과학을 어려워하는 아이에게는 과학 학습의 재미와 즐거움을 선사해요.

## ⭐ 식량 위기에서 인류를 구할 미래 식량 박열음 글·원정민 그림 | 뭉치 | 2021

새일, 동진, 해들 세 아이는 갑작스러운 사고로 어른들 없이 우주선에 남겨져요. 생존을 위해 알약 형태의 비상식량, 밀웜, 유전자 변형 농산물, 인공 고기 등 다양한 방법으로 식량을 구해요. 주인공의 우주 생존기를 통해 현재 인류가 직면한 식량 위기와 식량 주권 문제를 만날 수 있어요. 앞으로 더 빠르게 변할 미래 시대를 살게 될 여러분에게 주어진 과제일지도 몰라요. 미래 세대를 위한 지속 가능한 식량 체계는 무엇일지 알아보세요.

## ⭐ 지구를 위해 달려라, 스마트 시티 박열음 글·김주희 그림 | 우리학교 | 2024

편리한 도시 생활의 이면에는 공해, 교통 체증, 과도한 에너지 사용과 같은 심각한 문제들이 존재해요. 이러한 문제는 지능을 가진 것처럼 똑똑한 스마트 시티로 해결 가능해요. 우리 주변에 이미 적용되고 있는 사물인터넷(IoT)과 같은 첨단 기술로 도시의 가치는 지키면서 환경을 보호하고 시민의 삶의 질도 높이는 미래 도시의 모습을 확인하세요.

# 안네의 일기

글 안네 프랑크
그림 최미숙
옮김 백승자
펴낸 곳 삼성출판사
출간 2023
갈래 해외 문학(고전)
주제 #안네 프랑크 #제2차 세계대전 #나치 #유대인 #전쟁 #인권

 **책 소개**

제2차 세계대전 당시, 독일 나치의 박해를 피해 암스테르담의 은신처에 숨어 지내야 했던 유대인 소녀 안
네 프랑크가 약 2년 동안 기록한 일기예요. 은신처에서 함께 생활한 가족, 판 단 씨 가족, 치과의사 뒤셀 씨
와의 이야기, 그리고 라디오를 통해 접한 전쟁 소식을 친한 친구에게 속마음 털어놓듯 일기장에 모두 기
록했어요. 바깥세상을 그리워하며 숨죽여 지내야 했던 안네가 느꼈을 슬픔, 외로움과 두려움 속에서도 희
망을 잃지 않으려고 노력하는 모습은 깊은 감동을 줘요. 특히 그녀의 솔직한 감정과 생각이 담긴 글은 사
춘기 소녀의 개인적인 기록인 동시에, 전쟁의 참혹함과 나치 독일의 인종차별을 생생하게 증언하는 역사
적 자료로도 중요한 의미를 가져요. 이 일기는 1942년 6월부터 1944년 8월까지 쓰이다가, 결국 은신처가
나치에게 발각되면서 예고치 않게 끝나요. 이후 『안네의 일기』는 2009년 유네스코 세계기록유산으로 선
정되며 지금까지도 많은 사람들에게 사랑받는 작품이 되었어요.

## 이렇게 질문해요

- 일기와 관련된 질문으로 안네와 공감대를 형성하고 책에 대한 흥미를 유도해요.

  "안네는 왜 자신의 이야기를 일기로 남겼을까?"

  "안네는 솔직하게 자신의 감정을 모두 일기장에 썼어. ○○는 일기를 쓴 경험이 있니? 일기를 쓸 때 어떤 마음으로
  썼어?"

"만약 누군가가 ○○의 일기를 읽는다면 어떤 기분이 들 것 같아?"

• 책을 읽기 전, 책에 대해 이미 알고 있는 내용과 모르는 내용을 파악해요. 모르는 내용과 관련된 궁금증이 있다면 아이가 이를 메모할 수 있도록 지도해요. 책을 읽으면서 자연스럽게 답을 찾거나, 읽은 후 추가로 자료를 찾아보며 지식을 확장할 수 있어요.

"이 책이 써진 시간적 또는 역사적 배경에 대해서 알고 있니?"

"제2차 세계대전에 대해서 알고 있니? 뒤표지를 보니 독일군이 유대인을 탄압했다는데, 그 이유는 무엇일까?"

# 감정 변화 기록하기

주요 사건을 통해 안네의 감정을 이해하고 시간이 지나면서 감정이 어떻게 변화하는지 살펴봐요.

• 이야기 흐름에 따른 주요 사건들을 뽑았어요. 안네의 감정이 비교적 뚜렷하게 드러나는 장면들이기에 안네에게 공감하기 쉬울 거예요. 어렵게 느껴진다면 기쁨, 설렘, 화남, 희망적임 등 간단한 키워드로 적을 수 있게 도와주세요.

🔍 주요 사건들에서 주인공 안네가 느꼈을 감정을 생각해요.

| 주요 사건 | 안네의 감정 |
|---|---|
| 은신처에 들어간 첫날 | |
| 페터와 가까워지는 과정 | |
| 은신 생활이 길어지면서 은신처 식구들과 갈등을 겪는 순간 | |
| 라디오에서 연합군 상륙 소식을 듣는 순간 | |

# 인물 분석하기

안네와 다른 인물들과의 관계에 대해 정리해요.

- 여러 가족이 밀폐된 공간에서 약 2년 이상의 시간을 함께 보내는 것은 쉽지 않은 일이에요. 활동을 시작하기 전, 아이들이 공감하기 어려울 수 있는 안네의 독특한 시대적, 공간적 배경에 대해 상기시켜 주세요. 안네는 부모님과 언니, 판 단 씨 가족, 치과의사 뒤셀 씨와 함께 생활하며 각 인물과의 관계 속에서 성장하고 변화해요. 일기장에 솔직하게 기록된 사건 사고와 안네의 감정을 살펴보면서 안네가 처했던 상황과 그녀의 삶을 깊이 이해할 수 있어요.

❓ 안네가 그녀의 가족뿐만 아니라 다른 가족들과 맺은 관계를 살펴보면서 안네가 느낀 감정을 분석해요.

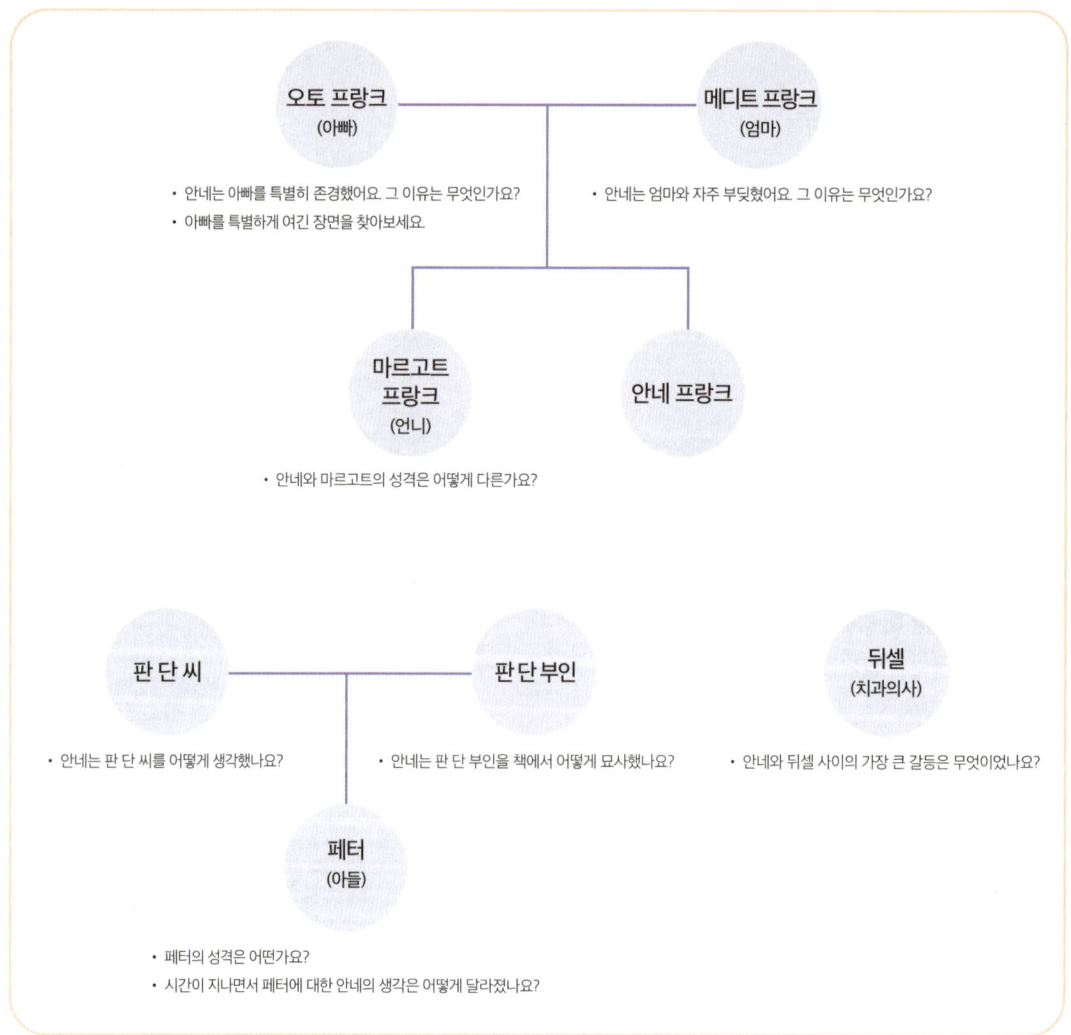

- 오토 프랑크 (아빠)
  - 안네는 아빠를 특별히 존경했어요. 그 이유는 무엇인가요?
  - 아빠를 특별하게 여긴 장면을 찾아보세요.
- 메디트 프랑크 (엄마)
  - 안네는 엄마와 자주 부딪혔어요. 그 이유는 무엇인가요?
- 마르고트 프랑크 (언니)
  - 안네와 마르고트의 성격은 어떻게 다른가요?
- 안네 프랑크
- 판 단 씨
  - 안네는 판 단 씨를 어떻게 생각했나요?
- 판 단 부인
  - 안네는 판 단 부인을 책에서 어떻게 묘사했나요?
- 뒤셀 (치과의사)
  - 안네와 뒤셀 사이의 가장 큰 갈등은 무엇이었나요?
- 페터 (아들)
  - 페터의 성격은 어떤가요?
  - 시간이 지나면서 페터에 대한 안네의 생각은 어떻게 달라졌나요?

# 제목에 맞춰 글쓰기

'차별 없는 세상'이라는 제목으로 글을 써요.

- 제목 짓기를 어려워할 수 있는 아이들을 위해 '차별 없는 세상'이라는 제목을 제시했어요. 각 질문에 대한 답을 생각해 정리한 뒤 글을 써 봐요. 안네가 살았던 시대, 나치 반유대인 정책의 정당성과 오늘날의 차별 문제까지 확장해서 생각할 수 있어요. 역사적 이해를 토대로 차별이 왜 발생하는지, 오늘날에도 존재하는 다양한 차별(예: 인종, 성별, 장애 등)에는 무엇이 있는지 고민해 보면서 비판적 사고를 기를 수 있어요. 또한 차별을 당했던 안네와 같이 실제로 차별을 당했던 경험이 있다면 기억을 되살려 공감할 수 있을 거예요. 마지막으로 차별을 줄이기 위해 할 수 있는 행동을 고민하고 해결책을 모색하는 순서로 글을 쓴다면 글쓰기가 완성돼요. 만약 배경지식이 없다면 제2차 세계대전과 나치의 차별 정책 등에 대한 자료를 찾아보거나 부모님께서 간략하게 설명해 줘도 좋아요.

❓ 다음 질문에 답하며 '차별 없는 세상'이란 제목으로 글을 써 보세요.

- 책에서 나치는 유대인을 어떻게 차별했나요? _____
- 안네가 직접 겪었던 차별은 무엇이었나요? _____
- 오늘날에도 이러한 차별이 있을까요? 차별을 당한 사람의 입장이 된다면 기분이 어떨까요? _____
- 우리는 차별을 막거나 줄이기 위해 무엇을 할 수 있을까요? _____

# 역사적 배경 이해하기

주요 사건을 중심으로 연대표를 만들어 역사적 사건을 정리해요.

- 이 책은 단순한 개인의 기록이 아니라 제2차 세계대전과 히틀러의 나치 탄압이라는 역사적 배경 속에서 쓰인 중요한 자료예요. 역사적으로 의미 있는 시기를 다룬 만큼, 시대적 배경에 대해 자세히 알아볼 수 있게 해 주세요. 우선 얼마만큼의 사전 지식이 있는지 알아보고, 책을 읽고 난 뒤 알게 된 점은 무엇인지 이야기 나누며 워밍업을 해요. 책을 다시 한번 살펴보면서 각 연도에 어떤 일이 일어났는지 주요 역사적 사건을 정리해 보세요. 이와 같이 타임라인을 만들어 정리하면 사건들의 시간적 순서와 관계를 더욱 쉽게 이해할 수 있어요. 그리고 각각의 사건이 한 개인의 삶에 어떠한 영향을 미쳤는지도 생각해 보세요.

🔍 역사적 배경을 쉽게 이해할 수 있도록 책의 내용을 타임라인(연대표)으로 정리해 보고, 각각의 사건이 안네의 삶에 미친 영향을 써요.

| 연도 | 역사적 사건 | 안네의 삶에 미친 영향 |
|---|---|---|
| 1933년 | 안네가 독일에서 네덜란드로 이사, 히틀러 집권, 유대인 탄압 정책 시작 | |
| 1938년 | 제2차 세계대전 발발 | |
| 1942년 | 안네 가족의 은신 생활 시작 | |
| 1944년 | 은신처 발각, 안네 가족 체포 | |
| 1945년 | 전쟁 종료, 강제수용소 해방 | |

비슷한 주제

## ☆ 히틀러가 분홍 토끼를 훔치던 날 주디스 커 글·그림 | 김선희 옮김 | 북극곰 | 2023

유명한 그림책 작가인 주디스 커의 실제 어린 시절 이야기를 바탕으로 한 자전적 동화예요. 열 살 유대인 소녀인 주인공 안나는 독일에서 행복한 삶을 살고 있지만 히틀러가 독일을 장악하면서 새로운 안식처를 찾아 스위스, 프랑스, 영국 등 다른 나라로 도망쳐 난민 생활을 하게 돼요. 가장 아끼던 분홍 토끼도 집에 두고 긴박하게 떠나며 시작된 힘든 난민 생활 속에서도 희망과 꿈을 잃지 않고 견뎌내는 모습이 인상적이에요.

## ☆ 몽실언니 권정생 글·이철수 그림 | 창비 | 2012

일제강점기 말부터 한국전쟁 전후의 고통스러운 대한민국 역사를 배경으로 한 소녀의 고난과 성장을 담은 아동 문학의 명작으로 손꼽히는 책이에요. 몽실이는 어린 나이에 부모님의 이혼으로 갖은 홀대를 받고, 다리도 다쳐 절름발이가 되는 시련을 겪어요. 자신과 배다른 세 명의 어린 동생을 헌신적으로 돌보며 고단한 삶을 꿋꿋하게 헤쳐나가지요. 절망적인 전쟁의 시간 속에서도 가족을 향한 사랑과 자기희생을 보여주는 몽실이의 모습은 어떤 시련에도 희망을 잃지 않는 강한 생명력이 무엇인지를 느낄 수 있게 해 줘요.

## ☆ 꽃 할머니 권윤덕 글·그림 | 사계절 | 2015

태평양 전쟁이 한창이던 1940년, 13살의 어린 나이에 일본군에 끌려간 위안부 피해자인 심달연 할머니의 이야기를 담은 그림책이에요. 친언니와 함께 나물을 캐러 갔다가 일본군에게 붙잡혀 먼 타국으로 보내져, 전쟁이 끝난 뒤에도 고향으로 돌아오지 못한 채 힘거운 시간을 보내요. '위안부'라는 다소 무겁고 아픈 역사적 주제를 다루지만, 실제 전쟁이 어린 소녀에게 남긴 상처와 아픔을 이해할 수 있는 책이에요.

같은 작가

## ☆ 안네의 일기 안네 프랑크 글 | 홍경호 엮음 | 문학사상 | 2024(개정판)

『안네의 일기』는 다양한 버전으로 출간되었는데, 대부분 단축본(축약본)이에요. 이 책은 국내 유일의 무삭제 완전판으로, 안네가 쓴 원본 그대로의 일기가 번역되었어요. 단축본과 달리 가족과 은신처 사람들에 대한 비판적이고 솔직한 감정, 사춘기를 겪으며 생기는 성과 사랑에 대한 궁금증 등 안네의 솔직한 이야기가 더 깊이 담겨 있어요. 초등학생에게는 다소 어려울 수 있지만, 단축본을 먼저 읽고 완전판도 도전해 보는 것은 어떨까요?

# 어린이가 알아야 할 가짜 뉴스와 미디어 리터러시

글 채화영
그림 박선하
펴낸 곳 팜파스
출간 2020
갈래 국내 비문학(사회)
주제 #미디어 리터러시 #가짜 뉴스 #미디어 습관

 **책 소개**

우리는 SNS와 유튜브를 통해 많은 뉴스가 쏟아지고 있는 시대에 살고 있어요. 그중에는 진실이 아닌 가짜 뉴스도 숨어 있어 세계적으로 큰 문제가 되고 있지요. 가짜 뉴스는 진짜 뉴스보다 6배나 빠르게 퍼진다고 하는데, 유튜브와 같은 동영상 플랫폼은 이러한 허위 정보의 온상이 되고 있어요. 이 책은 조선 시대의 주초위왕 사건부터 현대의 브렉시트 가짜 뉴스까지, 역사 속 사례들을 통해 잘못된 정보가 얼마나 큰 파장을 일으킬 수 있는지 생생하게 보여줘요. 가짜 뉴스가 어떻게 만들어지고 퍼지는지, 진짜 뉴스와 가짜 뉴스를 구별하는 방법 등을 제시하고, '패스트 뉴스 NO! 슬로 뉴스 YES!'와 같은 구체적인 지침을 통해 정보를 대하는 올바른 태도를 기를 수 있도록 도와요. 책을 통해 나의 미디어 사용 습관이 적절한지 점검하며 디지털 시대의 현명한 미디어 사용자가 되어 보세요.

## 이렇게 질문해요

• 가짜 뉴스가 마케팅이나 대선 등에 사용되면서 전 세계적인 문제로 부상했어요. 다양한 미디어 플랫폼을 사용하는 아이에게 가짜 뉴스를 접한 경험이 있는지 질문해요.

"유튜브나 틱톡 등 인터넷에서 본 뉴스 중에 '이게 진짜일까?'라고 의심했던 적이 있어? 어떤 점 때문에 의심이 들었니?"

- 가짜 뉴스를 아이의 실생활과 연결 지어 이야기해 보세요. 아이가 가짜 뉴스의 문제점을 훨씬 쉽게 이해할 수 있어요.

"학교에서 ○○에 대한 잘못된 소문이나 오해를 경험한 적이 있어?"

"친구가 ○○에 대한 잘못된 소문을 퍼뜨리고 있다는 것을 알게 됐을 때, ○○의 기분은 어떨 것 같아? ○○라면 어떻게 대처하고 싶니?"

# 실제 자료 활용하기

관련된 실제 자료를 찾아 분석해요.

- 실제 자료를 통해 책에서 제시된 내용을 파악해 보는 활동이에요. 현대의 디지털 미디어 시대뿐만 아니라, 조선 시대의 기묘사화나 관동대학살과 같은 역사적 사례를 자세히 들여다봄으로써 정보의 진실성 검증이 단순히 개인적 차원의 문제가 아니라 사회 전체에 큰 영향을 미칠 수 있는 문제라는 것을 이해하게 해요. 하나의 사례에만 그치는 것이 아니라, 역사적 사건과 현대의 사례를 모두 분석하면 좋아요. 아이는 두 가지 사건을 같은 질문으로 분석하며 가짜 뉴스가 시대를 초월한 현상이면서도 각 시대의 특성에 따라 다르게 나타남을 알 수 있어요.

책에는 가짜 뉴스에 대한 실제 사례들이 간략하게 소개되어 있어요. 그중에서 더 알아보고 싶은 내용을 찾아 정리해요.

| 자세하게 알고 싶은 사례 | |
|---|---|
| 자료 분석하기 | • 언제 발생했나요? <br><br>_____ <br><br> • 그때의 시대적 상황은 어땠나요? <br><br>_____ <br><br> • 가짜 뉴스에 어떤 내용이 담겼나요? <br><br>_____ <br><br> • 어떤 의도나 목적으로 만들어졌을까요? <br><br>_____ <br><br> • 가짜 뉴스를 접했을 때 사람들의 반응은 어땠나요? <br><br>_____ <br><br> • 가짜 뉴스로 인해 발생한 결과는 무엇인가요? <br><br>_____ <br><br> • 어떻게 사실이 아닌 것으로 밝혀졌나요? <br><br>_____ |

# 주제를 실생활과 연결하기

가짜 뉴스를 판별하는 방법을 실생활에 적용해요.

- 핵심 주제인 가짜 뉴스 판별법을 실생활에 적용하는 활동이에요. '정보의 출처 확인하기', '기자 이름, 작성일 확인하기' 등 구체적인 점검 항목들로 미디어에서 접하는 정보가 가짜 뉴스에 해당하는지 체계적으로 분석해 볼 수 있어요. 의심스러운 정보를 찾고, 그 이유를 생각하는 과정에서 정보를 수동적으로만 받아들이는 것이 아니라, 능동적으로 분석하고 판단해요. 성찰적 질문에 대한 답을 찾아 나가면서 정보 활용 능력도 기를 수 있어요. 단순히 아이의 미디어 사용을 제한하는 것이 아니라, 미디어 습관에 대한 구체적인 방안을 마련해 디지털 네이티브로 발돋움하게 하세요.

"다음부터 올바른 미디어 사용을 위해 무엇을 하면 좋을까?"

🔍 다음은 139쪽에 소개된 가짜 뉴스 판별법이에요. 그동안 인터넷에서 의심스러운 내용이 있었다면 체크리스트를 통해 확인하세요.

> ⚠️ 의심스러운 정보를 접했다면 다음의 체크리스트를 확인하세요.
>
> ☐ 정보 출처 확인하기
> ☐ 기자 이름, 기사 작성일이 있는지 확인하기
> ☐ 뉴스를 처음 접한 사이트 확인하기
> ☐ 공유나 '좋아요' 수가 비정상적으로 많은지 확인하기
> ☐ 한쪽의 입장만 치우쳐서 반영된 게 아닌지 파악하기

- 지금까지 시청했던 내용 중 의심스러웠던 내용을 작성하세요.(언제, 어디서, 무엇을 봤나요?)

  _____

- 제시된 체크리스트 중 어떤 것과 반대되나요?

  _____

- 다음부터 올바른 미디어 사용을 위해 무엇을 하면 좋을까요?

  _____

# 기사 작성하기

주변의 일을 바탕으로 기사를 작성해요.

- 일상생활을 소재로 하여 신문 기사를 만들어 보는 활동이에요. 일상에서 의미 있는 사건을 선택하고, 사건의 5W 를 정리하면서 정보를 체계적으로 파악해요. 인터뷰를 통해 다른 사람의 관점을 이해하고 정확히 전달해 보세요. 활동을 지도할 때 주제를 선정하는 단계에서부터 질문해 주면 좋아요. 가드너의 다중지능이론에 비추어 보면, 기사를 작성하는 활동은 사건을 관찰하고 정리하는 과정에서 논리-수학적 지능을, 인터뷰를 통해 대인관계 지능을, 작성 과정에서 언어적 지능을 활용해 아이의 지능을 자연스럽게 발달시켜요.

  "왜 이 사건을 선택했니?"
  "이 일이 다른 사람들에게도 의미가 있을까?"

- 중요한 것은 아이가 객관적 사실과 주관적 감정을 구분하도록 하는 것이에요. 작성한 기사를 가족들과 함께 읽고 질문을 통해 사실과 의견을 구분하도록 해요.

  "이 부분은 사실일까, 아니면 ○○의 생각일까?"
  "이 내용만으로 상황을 잘 이해할 수 있을까?"
  "더 필요한 정보는 없니?"

❓ 마지막 장에는 선생님이 미디어 리터러시 교육을 위해 아이들에게 직접 기사를 작성해 보게 하는 장면이 등장해 요. 여러분도 주변의 일을 바탕으로 신문을 만들어 보세요.

| 주제 정하기 | 집, 학교, 학원에서 있었던 일 중에서 다른 사람에게 알리고 싶은 일을 떠올려요.<br>• 어떤 일이 있었나요?<br>• 이 일을 기사로 쓰면 다른 사람들이 관심을 가질까요?<br>• 이 일에 대해 정확히 알고 있나요? |
|---|---|
| 취재하기 | 선택한 사건에 대해 5가지 정보를 탐색해요(5W).<br>• 언제 일어났나요?<br>• 어디서 있었던 일인가요?<br>• 누구와 관련된 일인가요?<br>• 구체적으로 무슨 일이 있었나요?<br>• 왜 일어났나요?<br>• 관련된 한 사람을 인터뷰해요.<br>　질문 1 _____<br>　답변 _____<br>　질문 2 _____<br>　답변 _____ |

신문 기사 쓰기(읽는 사람의 관심을 끌 수 있는 제목과 정보를 모두 포함해 기사를 작성해요.)

제목 :

| 기사 점검하기 | □ 모든 내용이 사실인가요?<br>□ 취재한 정보가 모두 들어갔나요?<br>□ 읽는 사람이 쉽게 이해할 수 있나요?<br>□ 내 생각이나 느낌을 덧붙이지는 않았나요? |
| --- | --- |

# 역사적 사실 정리하기

역사적 사실을 다룬 자료를 객관적으로 판단하고 관련된 내용을 찾아 정리해요.

- 역사적 사실과 관련된 자료를 보고 사실성을 판단하는 활동이에요. 가짜 뉴스라 생각되는 부분을 찾아보고, 자극 적인 표현이나 익명성이 두드러진 제보 등 출처가 불분명한 자료의 문제점을 살펴보며 비판적 읽기를 해요. 활동 을 진행할 때, 아이와 함께 자료를 읽으면서 답을 제시하기보다는 질문으로 아이가 스스로 문제점을 생각해 볼 기 회를 제공해요. 이후 인터넷이나 서적을 통해 역사적 자료를 추가로 찾아보세요. 아이가 혼자 관련 자료를 찾기 어려워할 수 있으니, 자료를 함께 살피며 아이의 역사적 지식을 확장해 주세요.

"이 표현이 왜 의심스럽다고 생각하니?"
"이 정보의 출처가 정확해 보이니?"

🔍 가짜 뉴스는 아주 오래전부터 이어져 왔어요. 현대에는 위인이라고 불리는 조선 시대의 이순신 장군에게도 다양한 가 짜 뉴스가 있었지요. 그로 인해 이순신 장군은 파직당하고 감옥에 갇혀 고문을 당하는 등 수모를 겪었어요. 조선 시대 의 한 벽서를 읽고 어떤 부분이 가짜 뉴스 같은지 생각해 보세요. 그리고 실제 역사적 사건을 검색해서 정리해요.

[왕실 긴급 전달문]

선조 30년 이월 초삼일

## ✱ 사헌부 특별 조사 발표 ✱
## "충격! 이순신 장군의 끔찍한 배신행위 들통나다!"

밀고에 의하면, 전라좌도 수군절도사 이순신이 왜적과 몰래 내통하고 있다는 무서운 사실이 드러났다.
이번 일은 이순신 곁에서 일하던 한 관리의 폭로로 밝혀졌는데, 이순신이 왜적의 배가 나타났다는 급한 보고를 받고도
출전하지 아니하였다 하니 이는 실로 나라를 팔아먹는 큰 죄이다. 조정의 한 대신이 말하길,
"이순신이 왜적을 물리치라는 조정의 명령을 여러 차례 어겼으니, 이는 단순한 직무 태만이 아닌 매우 큰 죄"라 하였다.

더욱 놀라운 것은 군량미와 관련한 사실인데,
이순신은 군사들이 먹어야 할 쌀을 몰래 빼돌려 사사로이 이득을 취하였다 하며, 이를 본 여러 증인이 있다고 한다.

한 수군은 "지난 그믐밤, 이순신이 검은 복장의 무리와 만나는 것을 이 눈으로 직접 보았소. 분명 왜적과 거래하는 모습이었으니,
이는 실로 놀라운 반역 행위"라며 떨리는 목소리로 증언하였다. 이에 조정에서는 이순신을 곧 잡아들여 엄중히 조사할 것이며,
만약 사실로 밝혀질 경우 큰 벌을 내릴 것이라 하니라.

✱ 고발이나 제보는 한성부 포도청으로 하시오.

| 가짜 뉴스라고 생각되는 표현을 찾아요. | |
|---|---|
| 인터넷이나 책을 통해 해당 소문이 거짓임을 밝힐 수 있는 실제 역사적 사건을 찾아요. | |

## • 이런 책도 읽어 보세요 •

비슷한 주제

### ☆ 기후 변화를 둘러싼 가짜 뉴스 10가지

미리앙 다망, 샤를로트-플뢰르 크리스토파리 글 · 모레앙 푸아뇨네 그림 | 정미애 옮김 | 두레아이들 | 2023

기후변화에 대해 알고 있나요? 이 책은 기후변화를 둘러싼 10가지 대표적인 가짜 뉴스를 과학적 근거로 바로잡고, 전 세계의 극단적 이상 기후 현상의 원인과 미래 영향을 전문가의 연구 자료를 통해 설명해요. '지구 온난화는 없다', '평균 기온이 2도 오른다고 달라지는 것은 없다'와 같은 잘못된 통념들을 국제기구의 자료와 과학자의 연구를 통해 검증해요.

### ☆ 생성형 AI가 만드는 가짜 뉴스 조남철 글 · 김석 그림 | 뭉치 | 2024

거미 마을의 신문사 '8다리일보'의 털보리 국장과 어린 거미 휘강이가 생성형 AI로 만들어진 가짜 뉴스의 진실을 파헤치는 모험을 통해 인공지능 시대 미디어 리터러시의 중요성을 알려줘요. 이익을 위해 생성형 AI로 가짜 뉴스를 만들어 내는 촘촘니 사장과 이를 밝혀내려는 기자들의 이야기로 진실 보도의 중요성과 책임 있는 미디어 역할을 배울 수 있어요.

### ☆ 피노키오에게도 미디어 리터러시가 필요해 하리라 글 · 홍기한 그림 | 꿈꾸는 섬 | 2024

현대 초등학생의 95%가 스마트폰을 사용하는 시대에 아이들이 디지털 세상에서 안전하게 살아가는 방법을 친숙한 동화 캐릭터들이 알려줘요. 백설 공주의 합성 사진 유포, 심청이를 속인 가짜 뉴스, 개인정보 유출로 곤란을 겪는 엄지 공주 등 재미있는 패러디 동화를 통해 미디어 리터러시의 중요성을 쉽게 설명해요. 등장인물의 이야기를 통해 앞으로 디지털 세계에 깊숙이 들어갈 우리 아이들을 올바른 디지털 시민으로 성장할 수 있도록 도와요.

같은 작가

### ☆ 왜 미술 공부 안 하면 안 되나요? 채화영 글 · 김잔디 그림 | 참돌어린이 | 2015

좋아하는 티셔츠의 디자인부터 거리의 표지판까지, 평범한 일상에 숨어 있는 미술의 가치와 우리 주변의 모든 것이 미술과 관련되어 있어요. 미술은 단순히 그림을 그리는 것이 아니라 창의력, 사고력, 자신감을 키워주는 중요한 과목이라는 것을 일깨워요. 미술 재료와 용구의 특성, 기본적인 미술 기법 등을 쉽게 알려주어 책을 다 읽으면 미술에 대한 두려움이 사라질 거예요.

## ☆ 우리반 딴지왕 또기찬, 멋지게 딴지 걸다! 채화영 글 · 박연옥 그림 | 팜파스 | 2017

겨울 풍경으로 사막을 그리고, 남자인데 응원단에 들어가겠다는 기찬이의 창의적인 발상과 엉뚱한 행동은 고정관념을 깨요. '여자는 얌전해야 한다', '어린이는 어른 말을 무조건 들어야 한다'와 같이 우리가 당연하게 여기는 고정관념에 대해 다시 한번 생각하게 하여 엉뚱해 보이는 생각이 얼마나 멋진 변화를 만들어 내는지 확인할 수 있어요.

## ☆ 게임보다 더 재미있는 게 어디 있어! 채화영 글 · 박선하 그림 | 팜파스 | 2018

'게임왕' 타이틀에 집착하는 재민이의 이야기를 통해 디지털 시대를 살아가는 어린이들이 왜 게임에 빠지게 되는지, 게임으로 채우고 싶었던 진짜 마음이 무엇인지를 현실적으로 보여줘요. 스마트폰으로 손쉽게 게임을 할 수 있는 환경에서 '게임하지 마'라는 단순한 조언이 아닌, 현실적인 해결 방법을 제시해요. 현실에서 친구들과 어울리며 느끼는 즐거움과 성취감이 게임보다 더 값질 수 있음을 깨닫게 해요.

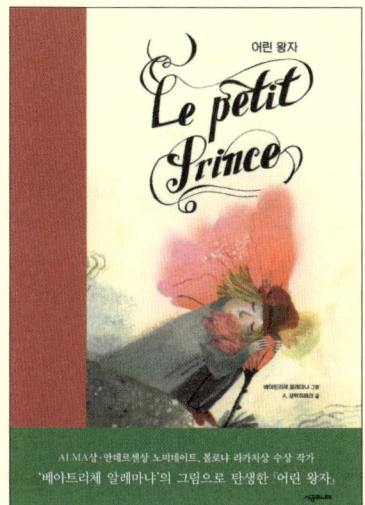

# 어린 왕자

글 앙투안 드 생텍쥐페리
그림 베아트리체 알레마냐
옮김 정연복
펴낸 곳 시공주니어
출간 2023
갈래 해외 문학(고전)
주제 #우정 #사랑 #진정한 가치

 **책 소개**

어린 왕자는 우주의 소행성 B612에 살다가 지구에 도착하게 된 소년이에요. 그는 다양한 행성을 여행하며 권위적인 왕, 허영심 많은 사람, 끝없는 계산에 빠진 사업가 등의 어른들을 만나고, 그들이 잃어버린 순수함을 알게 돼요. 마지막으로 지구에 도착한 어린 왕자는 장미를 통해 사랑을 배우고 여우가 알려준 소중한 관계의 의미를 깨닫게 돼요. 이 책은 단순한 동화처럼 보이지만, 깊은 철학적 메시지와 아름다운 은유로 가득해 어른과 아이 모두에게 생각할 거리를 던져줘요. 전 세계에서 성경 다음으로 많이 번역되었다는 이 책에서 어린 왕자가 들려주는 이야기와 우리에게 남긴 질문을 통해 인생에서의 진정한 가치와 본질이 무엇일지 함께 생각해 봐요.

## 이렇게 질문해요

• 각 소행성의 주인은 현대 사회에서 다양한 어른의 모습을 상징해요. 어린 왕자가 방문한 여러 소행성 주인들의 성격과 행동에 관해 이야기 나눠요.

"어린 왕자가 만난 소행성의 주인들 중 누가 가장 인상 깊었니? 왜 그렇게 생각했니?"

"다섯 번째로 방문한 소행성 주인이 주로 하는 행위가 뭐였지? 그의 의무적이고 반복적인 행동에 대한 ○○의 생각은 어때?"

- 인물의 생각과 감정 변화에 초점을 맞추어 질문해요. 아이의 정서 지능과 공감 능력 발달에 중요한 역할을 해요.

  "어린 왕자가 여우와 관계를 맺으면서 시간이 지날수록 어떤 감정이 생겼을까?"

  "여우와의 대화에서 어린 왕자는 자신의 장미가 세상에서 하나뿐인 특별한 장미라고 했는데, 그 이유는 무엇일까?"

# 상상하여 빈칸 채우기

이야기를 되짚어 보고 내용에 어울리는 말을 빈칸에 넣어 완성해요.

- 빈칸에 어울리는 말을 상상하여 채우는 활동이에요. 일기의 빈칸을 채우기 전에 일기 속 인물의 이야기를 다시 읽어 보는 시간을 가져요. 장면에서 중요하게 생각되는 문장과 감정을 함께 찾고, 서로의 생각을 공유해요. 아이가 작성한 답을 책의 원문이나 부모님이 작성한 표현과 비교해 보면서 어떤 표현이 더 적절한지, 그 이유는 무엇인지 등을 이야기 나눠요. 빈칸을 채운 후에는 일기 전체를 소리 내어 읽고, 아이가 선택한 단어나 문장이 전체적으로 자연스럽게 연결되는지 살펴보세요. 읽은 내용에 아이의 상상력이 덧붙여져 한 편의 새로운 글이 완성될 거예요.

⁇ 어린 왕자의 일기를 살펴보고 빈칸에 들어갈 단어나 문장을 자유롭게 상상하여 작성해요.

---

## 제목: 오늘 만난 특별한 친구

오늘 나는 지구에서 여우를 만났다.

처음에는 아직                  때문에 경계하는 것 같았다. 그런데 내가 "같이 놀자"고

했더니 특별한 부탁을 했다. 바로                  하는 것이었다.

여우는 나에게 '길들인다'는 게 무엇인지 가르쳐주었다. 길들인다는 건

                 이라고 했다. 매일 조금씩 가까워지면서

우리는 서로에게          존재가 되어갔다.

특히 여우가 해 준 말 중에서             라는 말이 내 마음에 깊이 남았다. 그 말은

                 라는 뜻인 것 같다.

헤어질 때 여우는 나에게 소중한 비밀을 알려줬다. 이제 나는 장미꽃을 보면서도 행복할 수 있게 되었다.

---

# 책의 표현 음미하기

책에 나온 명대사를 살펴보고, 마음에 드는 표현을 선택해요.

• 많은 사람의 사랑을 받은 『어린 왕자』에서 마음에 드는 명대사를 고르는 활동이에요. 작품 속 인물의 명대사는 인생의 중요한 가치와 본질을 담고 있어요. 아이의 경험과 가치관에 비추어 각 명대사의 의미가 무엇인지 이야기 나눠 봐요. 이러한 활동은 독자 반응 이론에 따라 아이의 경험과 배경지식을 바탕으로 텍스트와 상호작용을 하며 의미를 구성하도록 해요. 독자 반응 이론에서는 각자가 가진 고유한 경험과 감정이 텍스트와 만나 새로운 의미를 창조한다고 보는데, 이는 같은 작품이어도 독자의 경험과 배경지식에 따라 다르게 다가올 수 있다는 점을 강조해요. 질문으로 다양한 해석을 공유하고, 아이의 사고를 구체화할 수 있어요.

"어떤 부분에서 인상 깊었니?"

"그 대사를 보면서 떠오르는 경험에 대해 이야기해 줄래?"

🔍 명대사라고 알려진 『어린 왕자』의 대사 중에서 마음에 드는 것을 하나 뽑아요. 그리고 그것을 선정한 이유를 나의 경험이나 생각에 비추어 작성해요. 제시한 목록에 없다면 직접 책에서 찾아 써요.

| |
|---|
| ❶ "만일 누군가가 수백만 개의 별 중에 단 하나밖에 없는 꽃을 사랑한다면 그는 별들을 바라보는 것만으로도 행복할 거야. 그 사람은 '내 꽃이 저기 어딘가에 있어' 하고 생각할 거야." |
| ❷ "네가 나를 길들이면 우리는 서로를 필요로 하게 돼. 너는 나에게 세상에서 단 하나뿐인 존재가 되는 거야. 나도 너에게 세상에 둘도 없는 존재가 되는 거고." |
| ❸ "만약 네가 오후 4시에 오면 난 3시부터 행복해지기 시작할 거야. 그리고 4시에 가까워질수록 더 행복해질 테고." |
| ❹ "마음으로 봐야 더 잘 보인다는 거야. 정말 중요한 것은 눈에 보이지 않아." |
| ❺ "네 장미가 그렇게 소중하게 된 것은 네가 장미에 들인 시간 때문이야." |
| ❻ "사람들은 이 진실을 잊어버렸어. 하지만 넌 잊으면 안 돼. 네가 길들인 것에 영원히 책임을 져야 해. 네 장미에 책임이 있는 거야." |
| ❼ "사막이 아름다운 건 어딘가에 우물이 숨겨져 있기 때문이야." |
| ❽ "아저씨가 사는 별의 사람들은 하나의 정원에 5천 송이나 되는 장미를 키워. 그런데도 자기들이 원하는 걸 찾지 못해. 눈에는 보이지 않아. 마음으로 찾아야 해." |

| | |
|---|---|
| 내가 뽑은 최고의 명대사 (번호) | |
| 그 이유 | |
| 내가 찾은 최고의 명대사 | |

# 숨은 의미 찾기

장면의 표면적 의미를 넘어 숨은 의미를 생각해요.

- 장면의 숨은 의미를 발견하고 해석하는 활동이에요. 문학 작품의 표면적 이해를 넘어, 우리 사회와 삶에 주는 메시지에 초점을 둔 활동이지요. 하나의 장면을 깊이 들여다보고 여러 가지 의미를 도출해 내는 과정에서 은유와 상징 및 작가가 전달하고자 하는 메시지를 이해할 수 있어요. 부모님은 정답을 처음부터 알려주기보다는 발문으로 아이가 숨은 의미를 찾을 수 있도록 지도해 주세요.

  "장면에서 가장 눈에 띄는 것이 뭐야?"
  "이 장면을 통해 작가가 표현하고자 한 것은 무엇일까?"

🔍 장면에서 작가가 숨겨둔, 진짜 전달하고자 하는 말은 무엇이었을까요? 다음 그림을 처음 봤을 때 표면적으로 보이는 내용과 그 속에 숨은 의미를 생각해요.

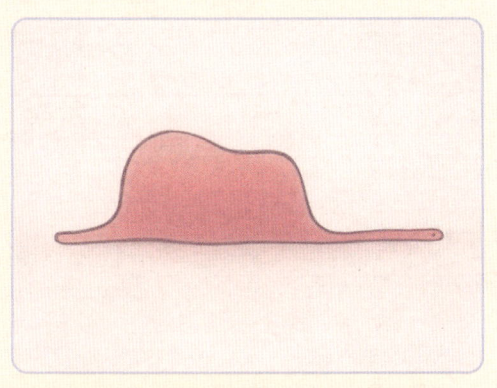

〈'나'가 항상 가슴속에 품고 다닌 코끼리를 삼킨
보아뱀 장면〉

- 처음 보았을 때 무엇으로 보이나요?

  모자처럼 보인다.

- 숨은 의미는 무엇일까요?

  어른들의 부족한 상상력, 언제나 설명이 필요한 어른들을 비판하는

  것 같다.

〈어린 왕자가 B612의 장미와 똑같은
5000송이의 장미꽃을 보고 슬퍼하는 장면〉

- 어린 왕자는 어디에서, 무얼 하고 있나요?

- 어린 왕자는 장미꽃을 보며 왜 슬퍼하나요?

〈5번째 별에서 만난 사람이 자기 일을 하는 장면〉

• 5번째 별에서 만난 사람은 무엇을 하고 있나요?

_____

_____

• 이런 반복적인 행동이 의미하는 것은 무엇일까요?

_____

_____

〈가시가 많이 달린 장미가 어린 왕자에게
모진 말을 하며 방어적인 태도를 보이는 장면〉

• 장미의 대사와 모습은 어때 보이나요?

_____

_____

• 장미의 말 속에 숨겨진 진짜 속마음은 무엇일까요?

_____

_____

# 인물 비교하기

책 속 인물과 비슷한 현대인의 이야기를 비교해요.

- 어린 왕자가 방문한 두 번째 별의 허영심 많은 사람과 현대의 SNS에 중독된 인플루언서를 비교하는 활동이에요. 서로 다른 시대를 살아가는 인물의 행동과 사고방식을 비교하면서 다양한 맥락 속에서 텍스트를 받아들이게 돼요. 인간의 인정 욕구가 가진 부정적인 측면도 생각해 볼 수 있어요. '나는 친구나 가족, 선생님 등의 관심이나 인정이 없어도 행복할 수 있나요?'와 같은 자기성찰적 질문에 고민하면서 아이 스스로 삶을 되돌아보고 자기조절능력을 키울 수 있어요.

❓ 다음 두 인물의 이야기를 읽고 제시된 질문에 대한 생각을 적어요.

| 소행성 326에 사는 허영심 가득한 사람 | SNS 인플루언서 |
|---|---|
| | |
| 내 별에 오늘도 나를 보러 온 사람이 없다니, 이럴 수가 있나. 나는 이렇게 멋진데! 우주에서 가장 잘생기고, 가장 우아하고, 가장 똑똑한 사람인데 말이야. 모든 사람이 와서 나를 보고 감탄해야 하는데, 왜 찾아오지 않는 거지? 다들 날 즐겁게 해줘. 날 찬미하라고! | 내가 올린 게시물에 '좋아요'가 천 개도 안 찍혔다고? 이건 말도 안 돼. 내 팔로워들은 날 좋아한다면서 이런 걸로 날 서운하게 해? 내가 이렇게 완벽한 순간을 공유했는데, 나처럼 특별한 사람의 일상을 보는 게 얼마나 영광인지 다들 모르는 것 같아. |

- 혼자만 있는 별에서 자신을 찬양하러 올 사람만을 기다리면 어떤 느낌이 들까요? _____

- 진정한 친구 없이 SNS 친구 100명이 누르는 '좋아요' 수만 보고 있으면 기분이 어떨까요? _____

- 나는 친구나 가족, 선생님 등의 관심이나 인정이 없어도 행복할 수 있나요? 왜 그런가요? _____

- 타인의 관심이나 인정이 없어도 행복해지는 방법에는 무엇이 있을까요? _____

# 장면에 어울리는 삽화 만들기

- 가장 마음에 드는 장면을 고르고 그에 걸맞은 삽화를 'Copilot'이라는 생성형 AI를 활용해 그려요. 책에서 삽화로 나타내고 싶은 장면은 무엇인가요? AI로 삽화를 만들고 싶은 장면에 대한 묘사를 적어요.

내가 만들고 싶은 장면을 텍스트로 입력해 그림으로 표현하기 위해서는 생성형 AI에게 구체적인 명령어를 제공해야 해요. 알고리즘에 따라 명령어를 차례대로 구성하세요.

| 내가 AI로 만들고 싶은 장면 | |
|---|---|

| AI에게 넣을 명령어 만들기 | |
|---|---|
| 명령어 구성 순서 | 명령어 |
| 누구를 그릴까요?<br>▼ | |
| 어떤 배경으로 만들까요?<br>▼ | |
| 인물이 무엇을 하고 있나요?<br>▼ | |
| 인물의 표정은 어떤가요?<br>▼ | |
| 필요하다면 인물의 몸짓이나 태도도 넣어주세요.<br>▼ | |
| 이를 종합하여 AI에게 넣을 명령어를 작성해 주세요. | |

| Copilot 사용 방법 | |
|---|---|
| <br>**Copilot**<br>❶ QR코드로 Copilot에 접속한다. | <br>❷ Copilot 페이지로 들어간다. |
| 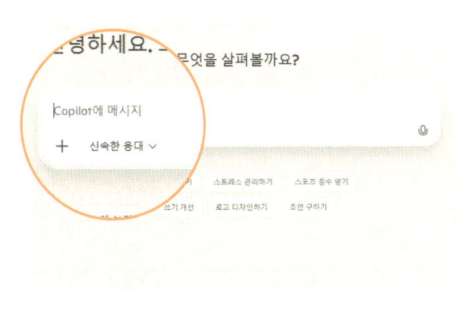<br>❸ 우리가 만든 명령어를 입력한다. | <br>❹ 그림을 확인한다. |

 원하는 그림이 안 나오면 더 구체적으로 명령어를 입력하세요. 그러면 AI가 기억하고 점점 더 발전된 그림을 만들어 줄 거예요!

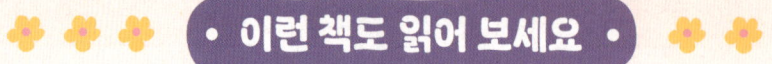
비슷한 주제

## ☆ 톰 소여의 모험 마크 트웨인 글 · 트루 윌리엄스 그림 | 장영희 옮김 | 창비 | 2015

19세기 미국을 배경으로 말썽꾸러기 소년 톰 소여가 친구들과 함께 겪는 모험을 담은 이야기예요. 톰의 모험은 상상 속 놀이에서 시작하였으나 이후엔 위험한 사건들로 이어지지요. 마을의 나쁜 어른들과 맞서 싸우며 톰은 가난하고 소외된 친구 허클베리 핀을 진심으로 이해하고 지켜요. 톰과 허클베리를 통해 진정한 우정의 모습을 살펴봐요.

## ☆ 작은 아씨들 루이자 메이 올콧 글 · S. 반 아베 그림 | 공경희 옮김 | 시공주니어 | 2007

1860년대 미국을 배경으로 서로 전혀 다른 성격을 가진 네 자매의 이야기예요. 아버지가 남북전쟁에 참전하면서 어려워진 가정 형편 속에서도 네 자매는 서로를 격려하고 도우며 자신의 꿈을 향해 나아가요. 이야기의 배경은 150년 전이지만, 자매들이 겪는 우정과 첫사랑, 가족애는 현대를 살아가는 우리의 모습과 크게 다르지 않아 깊이 공감될 거예요.

## ☆ 플랜더스의 개 위다 글 · 최동식 그림 | 양재홍 옮김 | 지경사 | 2012

거리에서 그림을 그리며 사는 가난한 소년 넬로와 그가 구한 개 파트라슈는 우유 수레를 끌며 고달픈 생활을 하지만 서로에 대한 애정과 화가가 되고자 하는 꿈으로 행복하게 살아요. 하지만 연이은 불행으로 모든 것을 잃은 둘은 한겨울 눈보라 속에서 시련을 겪지요. 인간과 동물이 나누는 따스한 교감을 통해 진정한 사랑과 꿈에 대한 순수한 열정을 알아가요.

같은 작가

## ☆ 인간의 대지 앙투안 드 생텍쥐페리 글 · 이상윤 그림 | 송종호 옮김 | 지경사 | 2007

조종사의 관점에서 쓰인 이 책은 사하라 사막과 안데스산맥을 횡단한 생텍쥐페리의 비행 경험을 자세히 설명해요. 광활한 사막부터 격동하는 하늘까지 자연에 대한 생생한 묘사는 비행의 아름다움과 위험을 느끼게 하지요. 서정적이면서도 강력한 글솜씨가 독자의 마음을 사로잡아요. 생텍쥐페리가 그린 사람들 사이의 우정, 용기, 생명의 소중함이라는 주제에 대해 성찰해요.

☆ **야간비행** 앙투안 드 생텍쥐페리 글 | 박상은 옮김 | 푸른숲주니어 | 2014

상업 항공이 막 탄생하던 1920년대 무렵에는 밝은 낮이어도 비행하는 것을 위험하게 여겼어요. 그런 시대에 헌신적인 감독관인 리비에르와 생사의 비행을 하는 용감한 조종사 파비앙은 야간 항공 운송이라는 미개척 분야에 도전해요. 남미 전역을 가로질러 위험한 야간비행을 하고, 궂은 날씨 속에서 우편물을 배달하는 파비앙의 모습을 통해 용기와 인내가 무엇인지 생각해요.

# 세상을 움직이는 소년 소녀 두 번째 이야기

글 이선경
그림 이한울
펴낸 곳 썬더키즈
출간 2023
갈래 국내 비문학(세계 인물)
주제 #용기 #문제해결 #권리 #발명

 **책 소개**

혹시 주변에서 '이 일은 잘못되었다'라고 생각한 일이 있나요? 케냐의 리차드는 동물들이 다치는 걸 보고 마음 아파했고, 인도네시아의 멜라티는 쓰레기로 뒤덮인 바다를 보며 걱정했어요. 이야기 속 주인공들은 그저 걱정만 하지 않았어요. 미국의 기탄잘리는 과학을 이용해 환경 문제를 해결하려 했고, 영국의 아미카는 여학생도 남학생처럼 좋은 교육을 받을 수 있는 캠페인을 벌였어요. 평범한 아이들이지만 자기 주변의 문제를 그냥 지나치지 않고 모두 각자의 방법으로 문제를 해결하기 위해 노력했어요. 나이가 어리다고, 그리고 혼자라고 해서 아무것도 할 수 없는 것이 아니에요. 각자의 방식으로 조금씩 더 좋은 세상을 만들기 위해 노력할 수 있어요. 그렇게 작은 변화들이 모여 큰 차이를 만들 수 있지요. 용기를 내어 첫걸음을 떼는 것, 세상에 '변화의 씨앗'을 뿌린 여섯 친구의 이야기를 알아봐요.

## 이렇게 질문해요

• 각 인물의 키워드가 제시된 목차를 살펴보고 어떤 인물의 이야기가 가장 궁금한지 질문해요. 책을 읽기 전 아이들의 흥미를 유발하고 관심사를 파악할 수 있어요.

"여기 나온 여섯 명의 인물들의 목차를 보니 누구의 이야기가 가장 궁금하니?"

"여섯 명의 어린이들이 각각 해결하려고 했던 문제가 무엇인지 예상해 볼까? 그 문제들 중 ○○가 가장 관심이 가는 문제는 뭐야?"

- 책을 다 읽은 후, 아이가 불편함을 느꼈거나 바뀌었으면 좋겠다고 생각한 경험이 있는지 질문해요. 아이가 본인의 경험을 책의 내용과 자연스럽게 연결 지어 생각하게끔 할 수 있어요.

"주변의 상황이 마음에 안 들어서 바꾸고 싶었던 적이 있어? 차별당한다고 느꼈거나 어떤 친구에겐 불편할 수 있는 상황 같은 것 말이야."

# 이야기 소재 짚어보기

중심 소재인 권리에 대해 알아보고, 책의 내용과 연결 지어 이해해요.

- 아이들에게 막연하고 추상적 개념인 '권리'에 대해 이해하는 활동이에요. 활동을 진행할 때 오수벨의 유의미 학습 이론에 따라 도움이 되는 질문을 해 보세요. 유의미 학습 이론이란, 새로운 개념을 학습할 때 아이의 인지 구조와 의미 있게 연결될수록 진정한 학습이 이루어진다는 이론이에요. 즉 '권리'라는 낯선 개념을 아이의 경험과 연결해 이해하면, 추상적 개념이더라도 의미 있는 지식으로 내면화할 수 있게 되는 것이지요. 또한 인물의 말이나 행동을 통해 권리의 의미를 이해해 보면서 작가가 전달하고자 하는 메시지를 심도 있게 받아들일 수 있어요.

  "학교에 다니지 못하는 친구가 있다면 무슨 일이 일어날까?"
  "해수욕장에 놀러 갔는데 바다가 더러우면 어떨 것 같니?"

🔍 '권리'라는 말에 대해 들어본 적 있나요? 권리는 사람으로서 당연히 누려야 하는 소중한 자격이에요. 여러 종류의 권리를 보고 여섯 명의 인물 중 누구의 이야기에 해당하는지 확인하세요. 그리고 권리와 관련된 인물의 대사나 행동도 찾아 적어요.

| 인물이 지키고자 한 권리 | 인물의 이름 | 인물의 대사나 행동 |
|---|---|---|
| 교육받을 권리 | | |
| 생명을 보호받을 권리 | | |
| 깨끗한 환경에서 살 권리 | | |
| 음식물을 안전하게 섭취할 권리 | | |

# 발명품 구상하기

여러 가지 발명 기법에 대해 알아보고 불편을 해소하는 발명품을 구상해요.

- 여러 발명 기법을 알아보고 그것을 적용해 발명품을 구상하는 활동이에요. 이야기 속 인물들의 발명 과정을 살펴보고, 아이의 일상에서 관찰되는 문제점을 발견하세요. 아이가 발명을 낯설어하면, 우선 질문으로 일상 속 불편함을 발견할 수 있도록 도와준 다음, 문제 상황을 구체화하세요.

  "그동안 무언가에 대해서 불편한 경험이 있었어?"
  "'이렇게 하면 더 좋을 텐데'하고 아쉬웠던 적이 있어?"
  "언제 그것이 가장 불편했어?"
  "왜 그 일이 불편했어?"

- 활용하고 싶은 발명 기법, 발명품의 작동 방식, 개선이 필요한 부분 등 다양한 부분에서 아이디어를 발전시켜요. 이 과정에서 발문으로 창의적 사고를 자극하고, 발명의 즐거움을 느끼도록 격려해 주세요.

  "비슷한 문제를 해결한 발명품이 있는지 살펴보자."
  "다른 물건의 장점을 이용할 수는 없을까?"

리차드 투레레는 '사자불'을, 기탄잘리 라오는 '납 검출 기기'를 발명했어요. 다음에 제시된 여러 발명 기법을 통해 발명품을 구상해요.

| 발명 기법 | 불편한 점 | 바꾸고 싶은 방식 |
|---|---|---|
| **더하기 기법**<br>기존 물건에 다른 것을 덧붙이는 방법 | <br>연필과 지우개를 각각 들고 다녀야 하니 지우개를 자주 잃어버려서 불편해. | <br>둘을 더해서 하나로 만들면 잃어버릴 걱정 없이 편하게 쓸 수 있어. |
| **빼기 기법**<br>기존 물건에 불필요한 부분을 없애 더 간단하거나 편리하게 만드는 기법 | <br>전화기에 선이 달려 있어서 통화할 때 그 자리에서만 있어야 하니 불편해. | <br>불필요한 선을 제거해서 이동하면서도 전화할 수 있어. |

| | | |
|---|---|---|
| **재료 바꾸기 기법**<br>기존 물건의 재료를 다른 것으로<br>바꿔 개선하는 기법 | <br>음료수를 유리병에 담아서 파니까 운반 도중 자주<br>깨지고 무거워서 불편해. | <br>플라스틱이나 종이팩에 담아 운반하면 깨질 일도<br>없고 더 가볍게 배송할 수 있어. |
| **모양 바꾸기 기법**<br>물건의 생김새를 바꾸는 방법 | 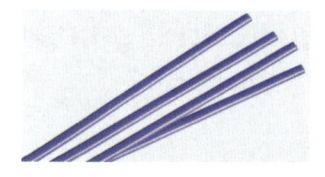<br>일자 빨대를 쓰니까 누워서 생활하는 노약자나<br>환자들이 쓰기에 불편해. | 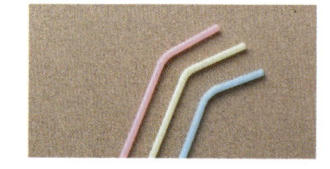<br>구부러질 수 있도록 모양을 바꾸자. |

• 평소에 불편하거나 바꾸고 싶었던 것은 무엇인가요?

_____

• 사용하고 싶은 발명 기법은 무엇인가요?

_____

• 어떤 방식으로 바꾸고 싶나요?

_____

• 그림으로 나타내요.

# 문제 해결하기

미션 다이어리 작성을 통해 우리 주변의 문제점을 발견하고 해결 방법을 찾아요.

- '미션 다이어리'라는 독특한 방식으로 문제해결력을 기르는 활동이에요. 문제해결력을 높이기 위해서는 주변 상황에 대한 관심과 관찰이 바탕이 되어야 해요. 특별 임무를 받은 비밀 요원 설정은 아이들이 주변을 관찰할 동기를 유발해요. 발견한 문제점, 문제의 심각도, 목격자 진술 등을 작성하면서 정보를 체계적으로 수집하고 조직화하며, 비밀 요원의 해결 계획을 수립하는 과정에서 단계적인 문제 해결 방법을 익힐 수 있어요. 마지막으로 임무 완수율을 통해 자신을 평가하고, 임무 수행 후 느낀 점 등을 기록해요. 이로써 아이가 수행 능력을 스스로 평가하는 메타인지 능력을 기를 수 있어요.

🔍 당신은 "조금 더 나은 세상을 만들어라!"라는 특명을 받은 비밀 요원이 되었습니다. 임무를 수행하기 위한 다이어리를 작성해요.

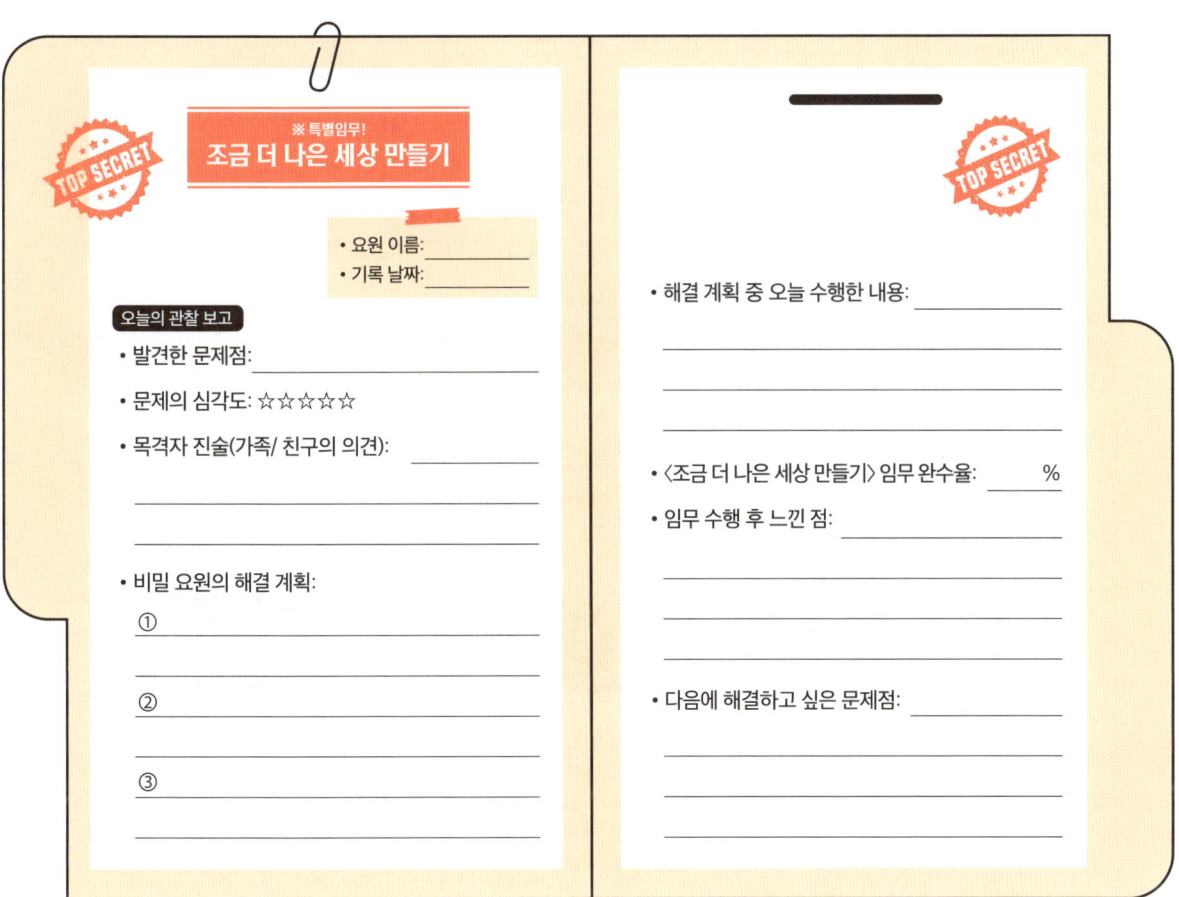

# 설명을 읽고 글로 표현하기

환경과 관련된 자료를 읽고 생각을 글로 표현해요.

- 환경에 관한 자료를 보고 환경오염에 대한 생각을 글로 표현하는 활동이에요. 해가 갈수록 피부로 와 닿는 환경오염 문제와 환경 보호를 위한 자원 순환에 대해 아이와 논의해요. '재활용, 분류 배출, 분류 수거' 등 비슷하지만 서로 다른 의미의 용어들을 캐릭터를 활용해 구분해 보면 어휘력을 높일 수 있어요. 또한 세 캐릭터의 역할을 이해하고, 환경 보호가 하나의 과정이 아닌 여러 단계의 협력이 필요한 과정임을 설명해요.

- 사고를 확장할 수 있는 영상 자료도 추천해요. 부모님이 영상을 시청한 후 요약해 설명해 주기보다는 아이의 생각을 먼저 들을 수 있게 질문으로 대화를 시작해요. 내 의견에 경청해 주는 부모님의 모습을 보며 아이 또한 경청하는 태도를 갖게 돼요. 마지막으로 아이의 중심 생각과 뒷받침 내용을 포함해 문단 글쓰기를 작성하도록 도와주세요. 3학년 때 '문단의 짜임'에 대해 배운 내용을 상기하여 중심 문장과 뒷받침 문장을 기억하는지 확인하세요.
  - 대화 시작하기: "이 영상에서 어떤 부분이 가장 기억에 남았어?"
  - 글의 내용을 구성하기: "환경오염 문제 중 가장 심각하다고 생각하는 문제는 뭐야?", "구체적인 예시를 통해 생각을 뒷받침해 보자."
  - 글의 흐름을 살펴보는 습관 기르기: "문단의 처음과 끝이 잘 이어지니?", "문장과 문장 사이의 연결은 어때?"

❓ 매년 9월 6일은 '자원 순환의 날'이에요. 자원 순환이란 우리가 버린 물건들이 깨끗이 처리되어 새로운 물건으로 다시 태어나는 것을 의미해요. 이날은 쓰레기를 줄이고 우리가 쓰고 버린 자원을 다시 사용하는 것의 중요성을 생각하는 날이에요. 관련 자료를 보고 생각을 글로 정리하세요.

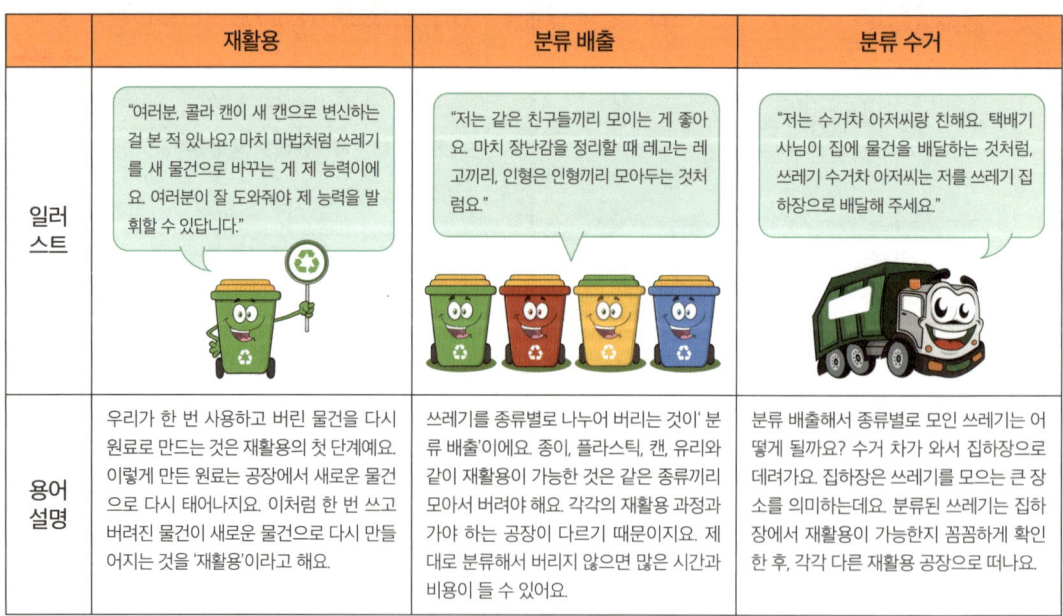

| | 재활용 | 분류 배출 | 분류 수거 |
|---|---|---|---|
| 일러스트 | "여러분, 콜라 캔이 새 캔으로 변신하는 걸 본 적 있나요? 마치 마법처럼 쓰레기를 새 물건으로 바꾸는 게 제 능력이에요. 여러분이 잘 도와줘야 제 능력을 발휘할 수 있답니다." | "저는 같은 친구들끼리 모이는 게 좋아요. 마치 장난감을 정리할 때 레고는 레고끼리, 인형은 인형끼리 모아두는 것처럼요." | "저는 수거차 아저씨랑 친해요. 택배기사님이 집에 물건을 배달하는 것처럼, 쓰레기 수거차 아저씨는 저를 쓰레기 집하장으로 배달해 주세요." |
| 용어 설명 | 우리가 한 번 사용하고 버린 물건을 다시 원료로 만드는 것은 재활용의 첫 단계예요. 이렇게 만든 원료는 공장에서 새로운 물건으로 다시 태어나지요. 이처럼 한 번 쓰고 버려진 물건이 새로운 물건으로 다시 만들어지는 것을 '재활용'이라고 해요. | 쓰레기를 종류별로 나누어 버리는 것이' 분류 배출'이에요. 종이, 플라스틱, 캔, 유리와 같이 재활용이 가능한 것은 같은 종류끼리 모아서 버려야 해요. 각각의 재활용 과정과 가야 하는 공장이 다르기 때문이지요. 제대로 분류해서 버리지 않으면 많은 시간과 비용이 들 수 있어요. | 분류 배출해서 종류별로 모인 쓰레기는 어떻게 될까요? 수거 차가 와서 집하장으로 데려가요. 집하장은 쓰레기를 모으는 큰 장소를 의미하는데요. 분류된 쓰레기는 집하장에서 재활용이 가능한지 꼼꼼하게 확인한 후, 각각 다른 재활용 공장으로 떠나요. |

• 우리가 버린 캔은 어디로 갈까요?

• 우리가 무심코 쓴 플라스틱이 모여 아주 큰 나라가 됐다는 사실

**어떤 생각이 들었나요?**

• 자원 순환의 세 친구(재활용, 분류 배출, 분류 수거)를 보고 새롭게 알게 된 점이 있나요?

_____

• 영상 자료를 본 후 어떤 생각이 들었나요?

_____

• '일상에서 경험한 환경 오염'을 주제로 문단 글쓰기를 해요.

**중심 문장**
  • 가장 관심 있는 환경 오염 문제는 무엇인가요?
  • 가장 심각하다고 생각하는 환경 오염 문제는 무엇인가요?

**뒷받침 문장**
  • 책이나 뉴스를 통해 접한 환경 오염 사례가 있나요?
  • 주변에서 직접 관찰하거나 경험한 사례가 있나요?
  • 환경 오염 문제를 해결하기 위한 실천 방안은 무엇일까요?

**문단 구성**
  • 글의 내용을 모두 아우르는 제목을 붙여요.
  • '또한, 그러나, 첫째, 둘째' 등의 적절한 연결어를 사용해 문장을 연결해요.

제목 : _____

## • 이런 책도 읽어 보세요 •

### ☆ 세상을 바꾸는 아이들 안 얀켈리오비치 글 · 얀 아르튀스-베르트랑 사진 | 김윤진 옮김 | 파란자전거 | 2013

나무 심기 국제 운동을 벌이고, 환경을 위해 국제 회의장에서 연설하고, 나라를 상대로 소송을 제기하는 등 지구를 위해 놀라운 변화를 만들어 낸 아이들의 이야기예요. 주인공들은 특별한 재능 없이도 자신의 마음을 움직인 작은 문제들에 관심을 기울여 자기들이 할 수 있는 일부터 실천해 나가요. 한 사람의 작은 관심과 실천이 얼마나 큰 변화를 끌어낼 수 있는지 살펴요.

### ☆ 나도 될 수 있다! 만능 발명가 애나 클레이본 글 · 케이티 키어 그림 | 이계순 옮김 | 별숲 | 2020

과학이나 수학이 어렵고 재미없는 과목으로만 느껴지나요? 책에 나온 방법대로 실험하고 문제를 풀어 보면서 과학자와 수학자라는 직업을 체험할 수 있도록 하는 책이에요. 딱딱한 이론을 제시하는 것이 아닌, STEAM 융합 교육 과정을 접목해 실생활의 궁금증에서 출발하도록 구성되어 있어서 우리 주변의 과학 원리를 재미있게 배울 수 있어요. 주변에서 쉽게 구할 수 있는 재료들로 책에 나와 있는 방법을 실천해요.

### ☆ 서로의 용기가 되어 레베카 준 글 · 시모 아바디아 그림 | 김유경 옮김 | 북멘토 | 2022

홍콩 도심 공원에서 시작된 노래와 베를린의 촛불처럼 작은 시작이 수많은 사람의 마음을 하나로 모아 큰 변화를 일으킨 사건을 소개해요. 여성의 선거권을 위한 진흙탕 행진, 에스토니아의 노래 혁명 등 평범한 시민들이 평화로운 방법으로 세상을 바꾼 이야기들은 미래를 살아가는 데에 큰 영감을 주고 용기를 북돋아 줄 거예요.

### ☆ 열세 살까지 꼭 알아야 할 35가지 일본 이선경, 이호영 글 · 이한울 그림 | 썬더키즈 | 2021

만화, 초밥, 스모 등 일본의 재미있는 문화와 우리나라와의 관계를 설명하는 책이에요. 800만 신들의 이야기, 사무라이의 모습, '화(和)'의 의미를 통해 과거 일본을 알아보고, 독도 문제를 포함한 한일 관계의 과거와 현재도 이해하기 쉽게 설명해요. 책을 다 읽으면 흑백논리처럼 일본을 마냥 좋아하거나 미워하는 것이 아닌, 진정한 이웃 나라로 바라보는 객관적인 시각을 가지게 될 거예요.

## ☆ 세상을 움직이는 소년 소녀 이선경 글 · 이한울 그림 | 썬더키즈 | 2020

『세상을 움직이는 소년 소녀』의 첫 번째 시리즈로 환경, 난민, 에너지, 조혼, 질병, 교육 등 다양한 사회 문제를 해결하기 위해 나선 여섯 명의 평범한 어린이들의 이야기를 담고 있어요. 주인공들은 각자 자신이 마주한 문제를 '내가 바꿀 수 있다'라는 믿음으로 해결해 나가요. 주변의 문제를 해결하는 주인공들의 이야기에 주목하세요.

## · 2장 ·

# 5학년을 위한
# 문해 활동

# 가슴에 별을 품은 아이

글 최미정
그림 정은선
펴낸 곳 가문비어린이
출간 2020
갈래 국내 문학
주제 #조선 시대 #신분제도 #차별 #꿈 #도전

 **책 소개**

하고 싶은 일이 있어도 사회적인 제약으로 하기 어렵다면 어떨까요? 이 책은 조선 시대를 배경으로 신분과 성별의 한계를 뛰어넘어 꿈을 이루기 위해 도전하는 해령과 지상의 성장 이야기를 담고 있어요. 필방에서 태어난 해령은 여자라는 이유로 장사를 배울 기회조차 얻지 못하지만, 거상이 되겠다는 꿈을 포기하지 않고 스스로 좌판을 열어 장사의 길을 개척해요. 한편, 백정의 아들로 태어난 지상은 신분의 벽을 넘어 무사가 되기 위해 명나라로 가는 선택을 하지요. 쉬운 길은 아닐지라도, 두 인물 모두 각자의 자리에서 도전하고 노력하며 꿈을 향해 한 걸음씩 나아가요. 여러분은 스스로에게 한계가 있다고 생각하나요? 나의 한계와 내가 정말 원하는 것은 무엇인지 생각해 보고, 어떻게 하면 용기를 내어 원하는 것을 이룰 수 있을지 고민해요. 책을 읽다 보면, 조선 시대의 사회 구조와 역사적인 지식을 자연스럽게 습득할 수 있을 거예요.

## 이렇게 질문해요

• 본문을 읽고 아이가 만약 주인공이었다면 어떻게 행동하였을지 생각해 볼 수 있도록 질문해요.

"주인공 해령은 두 가지나 불리한 조건(중인, 여자)을 가지고 있는데, 그 역경을 어떻게 헤쳐 나가는 것 같니? ○○이가 해령이었다면, 과연 어떻게 행동하였을까?"

- 책을 읽고 난 뒤, 아이가 제목의 상징적 의미를 유추할 수 있는지 질문해요.

"책을 읽고 나니 『가슴에 별을 품은 아이』에서 '별'이 무엇을 의미하는지 알 것 같니?"

# 배경을 통해 인물 파악하기

이야기의 시대적 배경을 통해 인물을 이해해요.

- 한 편의 이야기는 인물, 배경, 사건의 3요소로 구성돼요. 각 요소들은 서로 영향을 주고받으며 이야기가 전개되지요. 예를 들어 시대적 배경은 등장인물의 성격과 가치관 형성에 영향을 미치고, 인물의 특성이 특정 사건을 만들어내게 되죠. 이야기의 배경인 조선 시대는 엄격한 신분제와 가부장적 사회구조로 인물의 신분과 성별, 직업 등에 따라 사회적 차별이 존재하던 시기예요. 따라서 당시의 시대적 특성을 이해하면, 등장인물이 왜 그러한 선택을 하였고, 오늘날로서는 쉽사리 이해하기 어려운 가치관을 가지게 되었는지 이해할 수 있어요. 인물의 행동과 특성을 분명하게 파악하기 위해서는 이야기의 시대적 배경을 함께 이해하는 것이 필요해요.

🔍 다음 질문에 답해 보세요.

- 조선 시대 중기 이후, 4계급은 무엇인가요?

  _____

  _____

- 해령과 지상의 신분은 무엇인가요?

  _____

  _____

- 해령의 아버지 강필묵은 해령이 장사보다는 왜 바느질을 하길 원했나요?

  _____

  _____

- 지상은 조선을 떠나 왜 명나라로 가길 원했나요?

  _____

  _____

# 인물의 대사로 생각 비교하기

대립된 의견을 가진 인물들을 비교해요.

- 서로 다른 의견을 가진 인물의 대사를 통해 가치관을 비교해 보는 활동이에요. 특히 신분 차별에 대한 생각이 극명하게 다른 인물들로 구성해 보았어요. 김 대감 댁 안방마님과 작은 아씨, 그리고 목진은 주인공인 해령과 긴밀하게 상호작용을 하는 인물들이지요. 그러나 신분제도에 대한 인물들의 입장을 살펴보면, 안방마님과 목진은 전통적인 신분제도에 순응하는 인물이지만, 작은 아씨는 평등을 강조하기에 신분제도에 비판적임을 알 수 있어요. 책을 훑어보면서 아이가 질문과 관련된 대사를 직접 찾고, 인물의 가치관이 무엇인지 분석하도록 지도해 주세요. 대립된 의견을 가진 인물을 통해서 작가가 궁극적으로 전달하고자 하는 메시지가 무엇인지도 함께 생각해 봐요.

김 대감 댁 안방마님과 작은 아씨, 목진은 신분제도에 대하여 어떤 생각을 하고 있나요? 생각이 드러난 인물의 대사를 찾아 비교해 보세요.

| 안방마님 | | 작은 아씨 | | 목진 |
|---|---|---|---|---|
| 신분제도에 순응한다.<br><br>"요망한 것, 서방님이나 잘 챙기고 집안의 법도나 익힐 것이지 저런 천한 것과 어울려 시 나부랭이나 짓다니." | ↔ | | ↔ | |

# 등장인물을 향한 비판적 글쓰기

등장인물에게 독자로서 충고나 조언을 제시해요.

- 이 책의 독자로서, 등장인물 중 기억에 남는 인물에게 조언이나 충고를 제시하는 활동이에요. 책을 읽다 보면, 특정 사건에서 인물의 선택이 나의 기대와 일치하지 않거나, 인물의 행동과 태도를 비판적으로 바라보게 될 때가 있어요. 그러한 인물에게 보다 나은 해결책과 대안을 제시하기 위하여 전달하고 싶은 충고나 조언의 메시지를 작성해 보세요. 인물의 성격과 가치관, 인물이 처한 어려움, 사건의 원인 등을 종합적으로 고려해 조언의 메시지를 작성하다 보면, 이야기에 깊이 몰입하면서 인물과 직접 소통하는 듯한 느낌도 받을 수 있을 거예요.

기억에 남는 등장인물을 한 명 선택하여, 그 인물에게 전하고 싶은 충고나 조언의 메시지를 글로 써 보세요. 인물이 겪은 구체적인 사건을 떠올리며 '그때 어떤 결정을 내리는 것이 최선이었다', '그 순간 어떤 태도를 취하는 것이 바람직했다', '앞으로는 이렇게 하는 것이 좋겠다'와 같이 인물에게 전하고 싶은 메시지를 구체적으로 작성해 보세요.

# 낱말 퀴즈

각주에 설명된 낱말로 어휘력을 키워요.

- 다양한 낱말의 의미를 각주로 설명하는 책의 특징에 착안하여 구성한 활동이에요. 조선 시대를 배경으로 하는 책인 만큼, 한국의 역사적, 문화적 배경과 관련된 낱말들이 다수 등장해요. 평소에는 자주 접해 보지 못했을 낱말일지라도, 이번 기회에 각주에 설명된 낱말의 뜻을 살펴보고, 적절한 예문을 만들며 어휘력을 키워 보세요. 우리말의 낱말은 고유어, 한자어, 외래어로 구성되어 있으니, 다음 낱말이 어디에 속하는지도 함께 생각해 봐요. 아이가 궁금해했던 낱말의 어원과 뜻을 직접 찾아본 뒤에, 친구나 가족에게 퀴즈를 내 봐도 좋겠죠.

『가슴에 별을 품은 아이』에서는 본문에 쓰인 낱말의 의미를 각주에서 설명하고 있어요. 다음 설명에 알맞은 낱말을 찾아보고, 해당 낱말을 활용해 적절한 예문을 만들어요.

> 장거리, 댓바람, 안방마님, 땅그네, 사랑채, 의금부, 면포전, 노점상, 활옷, 미시, 줄초상, 역당, 용잠

Q. 아주 이른 시간    A. 댓바람

예문: _____

Q. 땅에 기둥을 세우고 맨 그네    A. 땅그네

예문: _____

Q. 조선 시대에 임금의 명령을 받들어 중죄인을 신문하는 일을 맡아 하던 관아    A. 의금부

예문: _____

Q. 예전에 안방에 거처하며 가사의 대권을 가지고 있는 양반집의 마님을 이르던 말    A. 안방마님

예문: _____

Q. 집에 안채와 떨어져 있는, 바깥주인이 거처하며 손님을 접대하는 곳    A. 사랑채

예문: _____

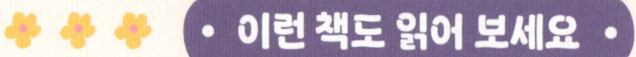 
비슷한 주제

## ☆ 조선 최초의 여중군자 장계향 김경옥 글 · 안혜란 그림 | 청어람주니어 | 2023

조선 시대에 가난하고 배고픈 사람들을 위해 헌신했던 장계향의 삶을 담은 역사 동화예요. 장계향은 조선 시대 여성으로서 학문을 익히고, 어려운 이웃을 돕기 위해 빈민 구제 계획을 세우며 나눔을 실천하지요. 조선 후기의 혼란한 상황 속에서도, 도토리나무 숲을 가꾸어 굶주린 사람들을 돕는 등 정의롭고 선한 삶을 살았던 장계향의 모습으로 진정한 군자의 의미를 생각해요.

## ☆ 차별에 맞서 꿈을 이룬 빛나는 여성들 이진미 글 · 유시연 그림 | 휴먼어린이 | 2023

불평등한 시대적 상황 속에서 편견과 한계를 극복하고 꿈을 이룬 다섯 여성의 이야기를 담은 역사 동화예요. 김만덕, 김점동, 유관순, 나혜석, 권기옥의 삶을 통해 조선 시대부터 일제강점기까지 여성들이 겪었던 사회적 제약과 변화의 과정을 생생하게 만날 수 있어요. 차별과 편견을 넘어 당당하게 꿈을 이룬 여성들의 이야기로 용기와 도전의 가치를 느낄 수 있어요.

## ☆ 담을 넘은 아이 김정민 글 · 이영환 그림 | 비룡소 | 2019

2019년 황금도깨비 수상작으로, 조선 시대 차별과 관습의 담을 뛰어넘으려는 푸실의 이야기를 담은 책이에요. 흉년이 든 시기에 글을 배우고 세상을 알아가며 더욱 큰 용기를 가지게 된 푸실은 가족을 지키기 위해 담대한 결단을 내리게 돼요. "문이 막히면 담을 넘으면 되지요"라는 푸실의 외침과 같이, 현실의 장벽 앞에서 주저하지 않고 앞으로 나아가는 푸실의 용기를 느껴 보세요.

같은 작가

## ☆ 안개요괴 최미정 글 · 김정민 그림 | 가문비 | 2023

일제강점기에 나라를 지키려는 소녀 해주가 진정한 용기를 찾아가는 내용을 다뤄요. 만세운동을 준비하던 해주의 할아버지는 일본군의 감시를 피해 불안해하는 해주를 안전한 곳에 보내려 해요. 하지만 해주는 예상치 못한 사고로 동굴에 떨어지게 되고, 안개마을이라는 신비로운 세상에서 힘을 얻으며 두려움을 극복하게 돼죠. 현실과 환상이 어우러진 이야기로, 어려운 상황에서도 소중한 것을 지키는 용기를 배울 수 있어요.

## ☆ 꼴찌 아파트 최미정 글 · 별든 그림 | 고래책방 | 2022

아파트 평수와 가격으로 등급을 매기는 사회에서 아이들의 속마음을 담은 이야기예요. 생선 가게의 좁은 집에서 할머니와 살던 주인공 기훈이는 화재로 집을 잃고 고급 아파트에 사는 고모의 집으로 이사를 가게 돼요. 주인공 기훈이의 시선으로 바라본 우리 사회의 교육 열기와 소외된 아이들의 마음, 어른들의 차이를 넘어 우정을 쌓아가는 아이들의 이야기를 만날 수 있어요.

## ☆ 행복한 강아지 콩콩이 최미정 글 · 이효선 그림 | 가문비어린이 | 2020

다양한 어려움을 가진 아이들이 자신을 받아들이고 사랑하는 법을 배워가는 내용을 담았어요. 두 발로 걷는 강아지 콩콩이, 미국에서 적응이 어려워 방황하는 성준이, 인기가 없어 기가 죽어 있는 지후와 같이, 주인공들은 모두 자신만의 고민을 가지고 있어요. 이와 같은 고민 속에서 주인공들은 자존감이란 함께 사랑하면서 채워지는 것임을 이해하게 돼요. 자신을 소중히 여기고 긍정적인 마음을 가질 수 있도록 도와줄 책이에요.

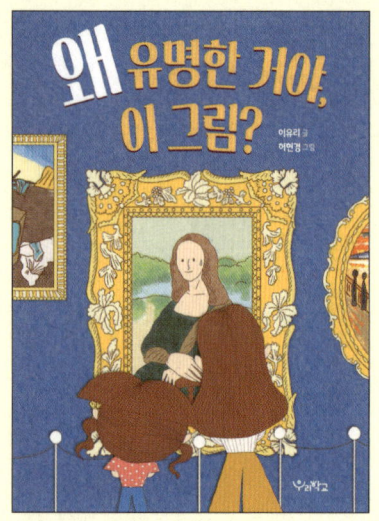

# 왜 유명한 거야, 이 그림?

글 이유리
그림 허현경
펴낸 곳 우리학교
출간 2022
갈래 국내 비문학
주제 #미술 #명화 #예술 #인물

 **책 소개**

〈모나리자〉, 〈절규〉, 〈별이 빛나는 밤〉, 이 작품들은 어디선가 한 번쯤은 들어보거나, 사진으로 만나본 적 있는 작품일 거예요. 그런데 작품에 숨겨진 뒷이야기에 대해서 알고 있나요? 이 책은 우리에게 가까우면서도 멀게 느껴지는 작품을 친절하게 소개하고 있어요. 작품에 대한 설명뿐 아니라, 당시 작품을 접했던 사람들의 반응은 어땠는지, 어떻게 다른 그림들과 차별화되는지, 작품에 얽힌 재미있는 일화 등을 흥미진진하게 전달해요. 책을 완독하고 미술관을 방문해 보세요. 책을 통해 인간미가 물씬 느껴지는 화가들의 이야기를 접했으니 미술관의 화가들이 친근하게 느껴질 거예요. 작품에 대한 배경지식이 쌓여 이전보다 깊이 있는 시선으로 작품을 감상할 수 있을 거예요.

## 이렇게 질문해요

- 미술 감상, 미술관 방문을 지루하고 어렵게 느끼는 친구들이 많아요. 이 책을 미술관에 대한 아이들의 흥미를 키워줄 기회로 활용하세요. 책을 읽기 전에 미술관에 방문했던 경험을 나눠보세요. 미술관에 갔을 때 흥미를 느꼈는지, 흥미를 느끼지 않았다면 왜 흥미를 느끼지 못했는지 질문해 주세요.
  "○○아, 우리 마지막으로 갔던 미술관 기억나? 그때 어땠어? 재밌었어?"

- 미술관을 좋아하지 않는 아이라면 처음에는 이 책에 대한 흥미를 느끼지 못할 수도 있어요. 책의 목

차에서 작품 목록을 살피며 아이가 흥미를 느낄 수 있도록 이야기해요.

"○○아, 이 그림들은 전 세계 사람에게 오랫동안 사랑받은 그림이야. 이 중에서도 ○○이가 알고 있는 그림들이 많지? ○○이는 미술관에 가서 재미없었다고 했지만, 사람들은 이 그림들을 보려고 줄을 서면서까지 미술관에 간다고 하네. 왜 이렇게 이 그림들이 유명한지, 사람들에게 오랫동안 사랑을 받아온 이유는 무엇인지 우리 책을 읽으며 그 이유를 찾아보자."

• 책을 읽은 후, 작품 감상과 미술관에 대한 아이의 생각이 어떻게 바뀌었는지 물어봐요. 다음에 미술관에 방문한다면 어떤 것을 중점으로 감상하고 싶은지도 함께 질문해요.

"○○아, 책을 다 읽고 나니 왜 사람들이 미술관에 가는지 알겠어? ○○이는 다음에 미술관을 가면 어떻게 그림을 감상하고 싶어?"

# 내용 이해하기

질문에 답하며 책 내용을 잘 이해하였는지 확인해요.

- 미술 작품을 다루고 있는 비문학 도서이기 때문에 많은 정보를 담고 있는 책이기도 해요. 아이가 책의 모든 정보를 기억하는 것에 초점을 두기보다는 책으로 되돌아가 필요한 정보를 찾고 중요한 내용을 되짚을 수 있도록 지도하기를 추천해요. 아이가 질문에 답하기 위한 정보를 찾고, 이를 본인의 말로 요약하여 적는 과정을 연습할 수 있도록 해 주세요.

다음 질문에 알맞은 답을 적어요.

1. 카메라의 발명에 영향받아 탄생한 미술 작품이 두 가지 소개돼요. 두 작품의 제목과 화가의 이름, 그리고 카메라의 발명이 각 작품의 창작에 어떤 영향을 미쳤는지 적어 보세요.

   - 작품 제목: _____

   - 화가: _____

   - 카메라가 창작에 미친 영향: _____

   - 작품 제목: _____

   - 화가: _____

   - 카메라가 창작에 미친 영향: _____

2. 쇠라가 점묘법을 새롭게 도입한 이유는 무엇인가요?

   _____

3. 부자들이 밀레의 〈이삭줍기〉를 싫어한 이유는 무엇인가요?

   _____

4. 뭉크의 〈절규〉에서 절규하고 있는 자는 누구인가요?

   _____

# 시대적 맥락 속에서 작품 이해하기

책에 소개된 작품과 당대 유행한 미술 작품과는 어떤 점에서 차이가 있는지 적어요.

- 책에 소개된 많은 작품은 당시의 시대적 맥락에서는 충격적으로 다가오는 새로운 시도로, 제대로 인정받지 못한 경우가 많다고 해요. 이번 활동은 당시의 시대적 맥락에서 유행하던, 즉 사람들이 좋아하던 미술 풍조와 소개된 작품이 어떻게 다른지 비교해 보는 활동이에요. 책에 소개된 예술 작품이 시대적 맥락 속에서 어떤 특징을 갖고 있었는지 알아봐요. 당대 주류의 미술 풍조와는 확연히 달랐던 작품의 특징을 확인해 보면서 아이가 작품이 현재까지도 큰 사랑을 받는 이유를 생각해 볼 수 있어요. 이번 활동도 책에서 필요한 정보를 확인하고, 이를 그대로 적기보다는 아이가 이해한 언어로 적을 수 있게 지도해 주세요.

② 당시 유행하던 그림 풍조를 비교하여 다음 그림들이 어떠한 점에서 차이가 있는지 적어 보세요.

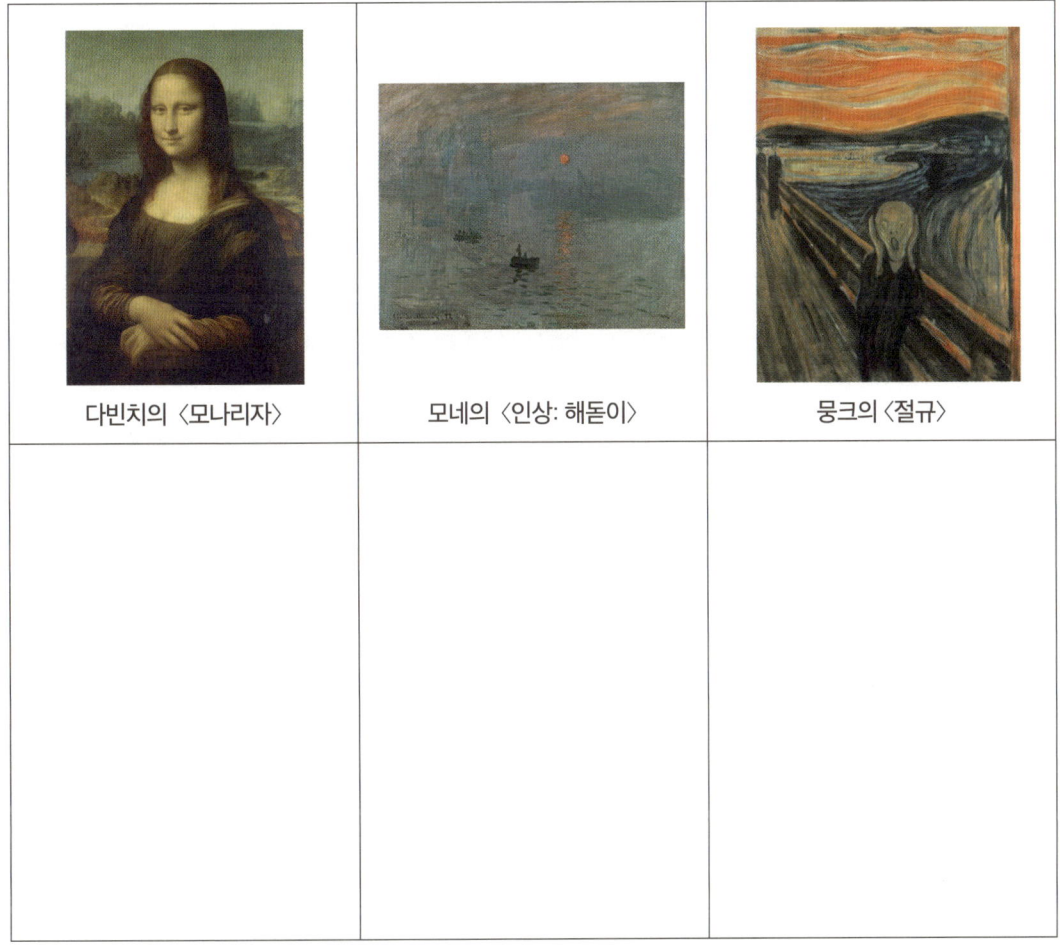

| 다빈치의 〈모나리자〉 | 모네의 〈인상: 해돋이〉 | 뭉크의 〈절규〉 |
|---|---|---|
|  |  |  |

# 미술 용어 퀴즈

책 속 맥락을 활용하여 미술 용어의 뜻을 적어요.

- 미술 관련 용어는 아이들이 일상에서 자주 접하기 어려운 개념이에요. 따라서 OX 퀴즈를 통해 개념을 재미있게 익히면서도 단순한 문제 풀이로 끝나지 않도록 지도하는 것이 중요해요. OX 퀴즈만 풀고 넘어가면 활동 시간이 짧고 깊이 있는 학습이 어려울 수 있어요. 답이 X인 경우 아이가 왜 해당 문장이 틀렸는지 스스로 생각해 보고, 올바르게 수정할 수 있도록 해 주세요.

  "어떤 부분이 틀렸을까?"
  "어떻게 고치면 맞는 문장이 될까?"

🔍 다음 미술 용어 관련 OX 퀴즈를 풀어 보세요. 인터넷 검색, 혹은 챗GPT를 활용하여 내용을 보충하여 적어도 좋아요.

해당 문장이 맞으면 ○, 틀리면 X로 표시해 주세요.

- 스푸마토 기법은 색을 뚜렷하게 구분하는 것이 아니라 부드럽게 섞어 경계를 없애는 기법이다. ( O / X )
- 점묘법은 붓을 사용해 선을 그리는 기법이다. ( O / X )
- 원근법은 평면에 거리감을 표현하는 기법이다. ( O / X )
- 르네상스는 중세 시대보다 더 이전의 미술 양식이다. ( O / X )
- 뭉크, 모네, 르누아르는 인상파 화가이다. ( O / X )

| | 책에서 찾은 뜻 | 인터넷에서 찾은 추가 정보 |
|---|---|---|
| 스푸마토 | | |
| 원근법 | | |
| 점묘법 | | |
| 르네상스 | | |

# 작품 소개하기

마음에 드는 작품을 선택해 소개 글을 완성해요.

- 책의 구성을 참고하여 아이가 고른 작품과 당시 주류 미술과의 차이점, 독특한 기법, 화가나 작품에 얽힌 흥미로운 일화 등을 함께 찾아보세요. 아이가 작품에 관해 찾아본 내용 중 글로 적고 싶은 내용을 고르도록 돕고, 글로 작성하기 전에 작성할 내용을 배치하고 구성해 볼 수 있도록 지도해 주세요. 아이가 글을 작성했다면 부모님 앞에서 발표해 볼 수 있도록 해 주면 좋아요. 부모님은 글을 작성하고 발표하는 모든 과정에서 아이를 적극적으로 격려하고 칭찬하며, 아이 글에 대한 피드백을 제공해 주세요. 피드백할 때는 부정적인 피드백보다는 긍정적인 피드백을 많이 하고, 부정적인 피드백은 한 번에 한 개씩만 해 주세요.

📖 책에 등장하는 화가의 다양한 작품 중 마음에 드는 작품, 혹은 꼭 책에 등장하지 않더라도 내 마음에 드는 화가의 작품을 소개해요. 각 장의 구성을 참고하여 작품이 특별하거나 유명한 이유, 작품이나 화가에 얽힌 재미있는 일화 등을 한 편의 글로 엮어 소개해요.

제목 :

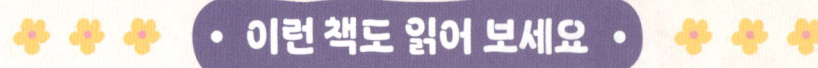

## 이런 책도 읽어 보세요

비슷한 주제

### ☆ 왜 유명한 거야, 이 도시? 박정은 글 · 시은경 그림 | 우리학교 | 2024

제목만 봐도 알 수 있는 '우리학교 어린이 교양'의 같은 시리즈물이에요. 『왜 유명한 거야, 이 그림?』이 여러 작품에 얽힌 재미있는 이야기를 다루고 있다면, 『왜 유명한 거야, 이 도시?』는 여러 도시의 문화와 명소를 소개하며 오대륙의 다양한 도시로 우리를 초대하는 책이에요. 요즘 유행하는 랜선 여행처럼 이 책을 통해 전 세계 도시를 여행해 보는 것은 어떨까요?

### ☆ 그림처럼 살다간 고흐의 마지막 편지 장세현 글 | 채우리 | 2008

『왜 유명한 거야, 이 그림?』에서 반 고흐 이야기를 기억하나요? 작가는 반 고흐의 편지를 소개하면서 그의 편지가 책으로 출간되면서 사람들에게 인기를 얻게 되었다는 이야기를 우리에게 전하며, 반 고흐의 편지를 한번 읽어 볼 것을 권유하기도 하였는데요. 이 책은 반 고흐의 편지가 궁금하였던 친구들을 위한 책이에요. 반 고흐의 생애, 작품, 그리고 그가 동생 테오와 주고받았던 편지를 살펴보면서 반 고흐의 그림이 왜 유명해졌는지 자세하게 이해할 수 있을 거예요.

### ☆ 스토리텔링 초등 미술 교과서 김정숙 글 · 최경진 그림 | 북멘토 | 2013

유명한 미술 작품을 배웠다면, 이번에는 미술 작품을 잘 감상하는 방법을 배워 볼까요? 이 책에서는 네 명의 친구들이 서로 다른 관점에서 작품을 감상해요. 책을 통해 나만의 창의적인 방법으로 작품을 감상할 수 있다는 자신감을 얻고, 미술관에 방문해 작품에 나만의 해석을 부여하는 힘을 기를 수 있어요.

# 무기 팔지 마세요!

글 위기철
그림 이희재
펴낸 곳 현북스
출간 2020(개정판)
갈래 국내 문학
주제 #무기 #전쟁 #평화 #사회적 운동 #생명의 소중함

 **책 소개**

장난감 총에서 시작된 작은 외침이 전 세계적인 평화 운동으로 확산되는 과정을 그린 이야기예요. 한국에 사는 주인공 보미는 친구가 쏜 장난감 총에 맞은 후, 무기 판매의 문제점을 깨닫고 장난감 무기 반대 운동을 시작해요. 처음에는 작은 행동이었지만, 뜻을 함께하는 친구들이 모여 학교 앞 문방구에서 시위를 벌이고, 장난감 무기를 수거하기도 하지요. 미국에 사는 제니는 보미의 활동이 담긴 사진에 감명받아 무기 판매 금지 운동을 펼치게 되고, 이 운동은 미국의 많은 사람들이 동참하는 평화 운동으로 확산돼요. 작가는 전쟁과 폭력이 어린이들의 놀이가 되어서는 안 된다는 묵직한 메시지를 전하고 있어요. 비록 작은 행동일지라도, 아직 어린아이라 해도, 사회적 문제에 관심을 가지고 실천하면 세상을 바꾸는 힘이 있음을 일깨워 줘요. 익살스러운 그림과 생생하게 전개되는 이야기 덕분에 아이도, 부모님도 공감하며 읽을 수 있을 거예요. 평화란 무엇인지 그리고 평화는 어떻게 만들어 가는 것인지 깊이 생각해 봐요.

## 이렇게 질문해요

- 책을 읽기 전, 책 표지를 보며 내용을 유추해요.

  "책에 염소들이 등장해 피켓을 들고 시위를 하고 있네. 사람이 아닌 염소들이 왜 무기 판매를 반대하는 걸까?"

- 75쪽에는 전쟁의 참혹함을 보여주는 아이들의 사진이 제시되어 있어요. 작가는 이 사진을 책에 실

어 과연 무엇을 표현하고자 했을지 질문해 보세요. 사진을 보면서 느낀 감정에 대해서도 이야기 나눠요.

"아이들이 총을 들고 서 있네. 작가는 어떠한 이유로 이 사진을 포함하고자 했을까?"

"실제 사진을 보니 어떤 감정이 드니?"

# 이야기 이해하기

은유적 표현을 분석하며 이야기를 이해해요.

- 이 책에는 다양한 비유적 표현들이 등장해요. 아마 책을 읽기 전부터 표지를 통해 염소가 이 책과 어떠한 관련이 있는지 궁금증이 들었을 거예요. 작가는 아이들에게 무겁게 다가올 수 있는 무기 판매와 평화의 이야기를 우리에게 매우 친숙한 아기 염소 이야기에 빗대어 전달해요.

🔍 명시적으로 드러나지 않은 은유적 표현의 의미를 생각해 보고, 책 속 등장인물 또는 사건과 어떠한 점에서 같은지 풍부하게 해석해 보세요. '진짜 엄마 모임'에서는 '진짜'의 수식어가 붙음으로써 어떠한 의미가 강조되어 전달되는지도 생각해요.

- 평화 모임은 무엇을 목표로 만들어진 모임인가요?

  _____

- 제니를 막내 염소라 부르는 이유는 무엇인가요?

  _____

- '늑대 손 가려내기 운동'은 어떤 운동인가요?

  _____

- 무기 사용에 대하여 '진짜 엄마 모임'과 '무기 자유 협회'의 주장은 어떻게 다른가요? 각 집단의 주장을 비교해요.

| 진짜 엄마 모임 | 무기 자유 협회 |
|---|---|
| | |

# 인상적인 글귀 만들기

무기 수거함에 붙일 글귀를 생각해요.

• 무기 수거함에 붙일 인상적인 글귀를 생각해 짧은 문장으로 표현해 보는 활동이에요. 한 마디의 글귀가 열 마디의 긴 설명보다도 우리 삶에 직접적으로 영향을 미칠 때가 있지요. 무기 사용을 반대하는 사람들과 찬성하는 사람들이 가진 입장을 모두 생각해 보고, 많은 이들의 공감을 일으킬 수 있는 글귀를 생각해 보세요. 무기 사용을 반대 하더라도, 무기 사용으로 인한 폐해를 강조할 것인지, '무기는 쓰레기다'와 같이 무기의 속성을 다른 사물에 빗대어 설명할 것인지, 글귀를 잘 나타내는 그림과 함께 전달할 것인지 등 메시지를 표현하는 방법은 매우 다양해요. 아이가 글귀를 통해 특히 강조하고 싶은 점을 고민하며 작성할 수 있도록 지도해 주세요. 또한 무기를 쓰레기에 비유한 주인공에게 동의하는지 이야기 나눠요.

🔍 평화 모임 아이들은 무기 사용의 문제를 가시화하기 위해 무기 수거함을 제작하고 앞에 글귀를 붙였어요. 많은 친구들이 동참할 수 있도록 무기 수거함에 붙일 글귀를 만들어요.

> **책 속 무기 수거함 글귀**
>
> ## 무기는 세상에서 가장 더러운 쓰레기!
> ## 몽땅 가져와서 여기에 버리세요!

> **내가 만든 무기 수거함 글귀**

# 주제 관련 글쓰기

주제와 관련된 질문을 생각하며 글을 완성해요.

• 이야기의 주제와 관련된 질문에 답해 보면서 한 편의 글을 완성하는 활동이에요. 등장인물의 대화 속 질문들도 활동에 포함했어요. 책을 읽기 전에는 아래 질문에 대해서 쉽사리 대답하기가 어려웠을 거예요. 그러나 책을 읽고 난 후에는 무기 사용에 대한 아이 나름의 생각이 정리되었을 거예요. 무기 사용에 대한 아이의 입장을 들어보고, 책을 읽기 전과 비교해 생각의 변화가 있는지 질문해 주세요. 또한 아이가 그와 같이 입장을 정하게 된 이유를 정리하면서 생각의 근거를 포함해 한 편의 짜임새 있는 글을 완성할 수 있도록 지도해 주세요.

❓ 이 책에는 '평화', '운동', '무기'가 자주 언급되고 있어요. 다음 질문에 대하여 내 생각을 정리한 후, 마음에 드는 질문을 골라(혹은 몇 개 연결해서) 글을 써요.

• 야구공과 총은 어떻게 다른가요? 모두 무기인가요? _____

• 장난감 총은 무기일까요? _____

• 나라면 보미의 평화 모임에 가입했을까요? _____

• 14세 미만에게 비비탄총을 팔지 못하게 하는 법에 찬성하나요? _____

• 무기 사용 반대를 촉구하기 위해 현재 내가 할 수 있는 일에는 무엇이 있나요? _____

# 이어질 내용 상상하기

이어질 결말을 상상해 글로 써요.

- 책을 주의 깊게 읽어 보면, 세 장에 걸쳐 동일한 문단이 반복적으로 제시됨을 확인할 수 있어요. 동일한 문단을 반복적으로 제시한 작가의 의도를 생각해 봐요. 같은 문단으로 시작되지만 이어지는 내용은 서로 다르듯이, 주어진 상황은 같더라도 서로 다른 결과를 야기할 수 있음을 의미하는 것이겠지요. 주인공 보미와 제니는 사는 곳은 다르지만, 자신의 위치에서 무기 사용 금지를 위해 적극적으로 행동했어요. 20년 후를 상상하며 새로운 21장을 작성해 보세요. 보미와 제니의 노력으로 변화한 세상을 그려 볼 수도 있고, 적극적으로 노력했지만 또 다른 문제가 발생한 사회도 상상해 볼 수 있어요.

책에는 동일한 문단이 반복적으로 등장해요. 동일한 문단으로 시작되지만, 각각 다른 내용이 전개되지요. 20년 후의 이야기를 상상하며 반복되는 문단에 이어질 결말을 작성해요.

**21.** 제목: _____

보미네 아버지는 텔레비전 리모컨을 손에 쥔 채 소파 위에 길게 누워 있었다.

"요즘은 왜 이렇게 재미있는 프로그램이 없어!"

아버지는 한바탕 하품을 하고는 리모컨을 눌러 이리저리 채널을 돌렸다. 50개나 되는 채널을 돌리려니 그것도 번거로운 일이었다.

_____

_____

_____

_____

_____

# 설득력 있는 글쓰기

- **설득력 있는 글쓰기를 위해 가장 중요한 것은 무엇일까요?**

  바로 탄탄한 근거로 나의 주장을 뒷받침하는 것이에요. 표준국어대사전에서는 주장과 근거를 다음과 같이 설명해요.

  - **주장(主張):** 자기의 의견이나 주의를 굳게 내세움. 또는 그런 의견이나 주의
  - **근거(根據):** 어떤 일이나 의논, 의견에 근본이 됨. 또는 그런 까닭
  - **논증(論證):** 옳고 그름을 이유를 들어 밝힘. 또는 그 근거나 이유
  - **논거(論據):** 어떤 이론이나 논리, 논설 따위의 근거
  - **논설(論說):** 어떤 주제에 관하여 자기의 의견이나 주장을 조리 있게 설명함

- **사실적 근거와 소견적 근거**

  어떤 사람의 주장은 신뢰할 만하고 이해가 잘 되지만, 다른 사람의 주장은 설득력이 부족하다고 느낄 때가 있지요? 설득력 있는 주장을 위한 근거에는 사실적 근거와 소견적 근거가 있어요. 두 가지 근거를 적절히 사용하여 주장을 뒷받침하면 글의 설득력과 신뢰성을 높일 수 있어요.

| | 설명 | 종류 | 예시 |
|---|---|---|---|
| 사실적 근거 | 주장을 뒷받침할 수 있는 사실 자체 | 통계, 실험 결과, 설문 조사, 역사적 사료 등 | - 통계자료 (예: 정부 발표 통계, 통계청 자료 등)<br>- 연구 및 실험 결과 (예: 학술 논문, 기관 보고서 등)<br>- 역사적 사료 |
| 소견적 근거 | 다른 사람의 의견, 제3자로부터 얻은 사실 | 전문가나 권위 있는 사람의 의견, 개인의 실제 경험 등 | - 전문가의 의견 (예: 인터뷰, 칼럼 등)<br>- 개인의 실제 경험 |

🔍 주인공 보미가 "무기 팔지 마세요!"를 주장하기 위해 제시하고 있는 사실적, 소견적 근거는 무엇인가요? 주장을 뒷받침하기 위한 사실적, 소견적 근거를 직접 찾아보고, 보미와 나의 근거를 비교해요.

| 주장 | 무기 팔지 마세요! | |
|---|---|---|
| 근거 | 사실적 근거 | 소견적 근거 |
| 보미 | | |
| 나 | | |

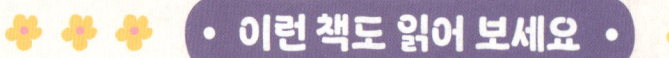 

## · 이런 책도 읽어 보세요 ·

비슷한 주제

### ☆ 전쟁 NO! 평화 YES! 세계를 이끄는 힘, 국제기구 김일옥 글 · 허구 그림 | 뭉치 | 2021

전 세계의 평화를 지키기 위해 만들어진 여러 국제기구를 소개하는 책이에요. 국제 연합(UN), 세계 보건기구 (WHO), 유네스코(UNESCO) 등 뉴스에서 자주 접하였을 국제기구들의 설립 이유와 과정, 역할 등을 자세히 설명하고 있어요. 동물들의 세계에 빗대어 국제기구의 필요성과 작동 방식을 쉽고 재미있게 이해할 수 있지요. 국제기구에 관심을 가지고, 세계 시민으로서의 시야를 넓혀 보세요.

### ☆ 빼떼기 권정생 글 · 김환영 그림 | 창비 | 2017

불에 덴 까만 병아리 빼떼기의 고통과 생명력을 통해 생명과 평화의 의미를 전하는 그림책이에요. 전쟁과 가난으로 힘든 시기였지만, 순진이네 가족의 보살핌 속에서 고통을 이겨내는 빼떼기의 모습을 통해 작가는 절망 속에서도 희망을 잃지 않는 삶을 보여주지요. 붓으로 강렬한 색감과 섬세하게 표현된 주인공 빼떼기의 모습을 만날 수 있어요.

### ☆ 그 여름의 덤더디 이향안 글 · 김동성 그림 | 시공주니어 | 2016

집과 가족, 친구를 빼앗아 간 한국 전쟁 속에서 늙은 소 덤더디와 소년 탁이의 특별한 우정을 그린 동화예요. 작가는 아버지에게 들었던 전쟁 이야기를 바탕으로 잊어서는 안 될 우리의 역사 이야기를 담아냈어요. 직접 경험해 보지 않은 전쟁이지만, 이야기 속 아이의 시선을 따라가며 역사와 평화의 의미를 되새길 수 있어요.

같은 작가

### ☆ 생명이 들려준 이야기 위기철 글 · 이희재 그림 | 사계절 | 2006(개정판)

1부에서는 부모가 자신을 미워한다는 생각으로 죽고 싶다고 생각한 토담이에게 생명과 죽음이 들려주는 이야기로 생명의 소중함을 전해요. 2부에서는 노동의 가치, 환경 문제, 사회 불평등의 주제를 동화 형식으로 다루며 삶의 가치를 생각해 볼 수 있도록 하지요. 시대를 초월한 메시지와 재미를 동시에 갖춘 이야기를 온 가족이 함께 읽어 보는 것을 추천해요.

## ⭐ 아홉살 인생 위기철 글 | 현북스 | 2020

1960년대 산동네에서 경험했던 이야기를 아홉 살 아이 백여민의 시선으로, 힘들지만 따뜻한 삶을 그린 성장소설이에요. 비록 가난했지만 따뜻한 공동체 속에서 사람들과 어울려 세상을 알아가는 이야기를 담고 있지요. 진실한 거짓말쟁이, 골방철학자, 일찍 어른이 되어버린 검은 제비 등 개성 있는 인물들이 등장해 잔잔한 웃음을 자아내요. 아홉 살 여민이의 시선으로 바라본 세상은 어떤 모습이었을지 알아보세요.

## ⭐ 반갑다, 논리야 위기철 글 · 김우선 그림 | 사계절 | 2023

이야기로 익히는 논리 학습 시리즈의 1편으로, 어렵게 느껴질 수 있는 논리의 개념을 흥미로운 이야기를 통해 소개하는 책이에요. 개념과 생각, 판단이 무엇인지를 설명하면서 독자의 비판적 사고 능력을 자연스럽게 높일 수 있도록 구성되어 있어요. 논리적 사고란 무엇인지 더욱 깊게 이해하고 싶다면 후속편인 『논리야, 놀자』도 함께 읽어 보세요.

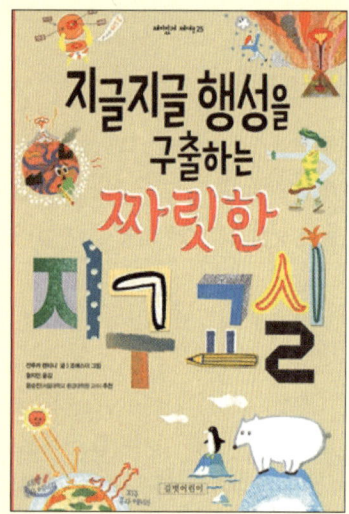

# 지글지글 행성을 구출하는 짜릿한 지구 교실

글 잔루카 렌티니
그림 조에스더
옮김 황지민
펴낸 곳 길벗어린이
출간 2015
갈래 해외 비문학(자연과학)
주제 #지구 #자연 #환경 #기후 변화 #지속가능성

 **책 소개**

'지구는 미래 세대에게 잠시 빌려 쓰는 것이다'라는 미국 원주민 속담에 잘 나타나듯, 지구는 미래 세대에게 물려줘야 할 소중한 터전이에요. 그러나 현대의 인간은 편리함만을 추구하고, 원하는 대로만 발전시키며 지구를 무분별하게 파괴하고 있어요. 앞으로 지구에서 살아갈 날이 많은 어린이를 위해 이탈리아의 지질학자인 잔루카 렌티니는 지구의 환경과 기후의 변화에 대해 독창적이면서도 유익하고 유쾌한 방식으로 설명하는 방법을 찾아냈어요. 바로 지구의 여신 가이아의 여섯 자매를 만들어 지층과 화석, 지진과 화산 폭발, 대륙 이동설, 지구 온난화 등의 지구과학 개념을 쉽고 재미있게 설명하는 것이지요. 가이아의 여섯 자매와 함께 지구에 대한 지식도 쌓고, 기후 변화 위기에 대응할 능력도 키워요.

## 이렇게 질문해요

• 책의 주제인 '기후 변화'와 관련된 질문으로 시작해요.

"○○가 느끼기에 기후 변화가 심각한 것 같니? 일상에서 기후 변화의 위기가 심각하다는 것을 언제 느낄 수 있어?"

• 현 지구의 상황과 연결 짓는 질문을 통해 아이의 추론 능력을 확장해요.

"우리나라의 면적만큼 큰 남극 스웨이츠 빙하의 두께가 해마다 200미터씩 줄고 있대. 왜 이런 현상이 발생하는 것일까? 이러한 현상이 지속된다면 30년 후의 지구의 모습은 어떻게 될 것 같아?"

# 등장인물 파악하기

가이아 여섯 자매의 특성과 서로에게 미치는 영향을 정리해요.

- 주인공 가이아는 지권, 대기권, 수권, 빙권, 생물권, 인류권의 모습으로 등장해 서로에게 영향을 미쳐요. 예컨대 태양열의 영향을 받아 빙하가 녹으면 수권이 영향을 받게 돼요. 주인공의 특성을 간단히 정리하면서 내용을 구성하는 큰 틀을 정리해 보세요. 내용을 머릿속에서 체계적으로 정리하여 표를 만드는 활동은 나중에 글을 쓸 때도 같은 원리를 적용할 수 있어 문해력에 도움이 돼요.

🔍 책의 주인공인 가이아는 여섯 자매의 모습으로 등장해요. 여섯 자매는 각각 누구인가요? 가이아와 각 자매의 이름이 의미하는 바가 무엇인지 적어 보세요. 그리고 각 꼭짓점에 여섯 자매의 이름을 쓰고 서로 어떤 영향을 주는지도 적어요.

| 이름 | 의미 |
|------|------|
| 지권 | |
| 대기권 | |
| 수권 | |
| 빙권 | |
| 생물권 | |
| 인류권 | |

# 나에게 적용하기

책에 소개된 탄소 발자국의 개념을 이해해요.

• 탄소 발자국이라는 개념을 통해 환경 문제에 대하여 적극적인 방안을 생각해 보는 활동이에요. 한 사람의 탄소 발자국(carbon footprint)이란 그 사람이 일상생활 속에서 배출하는 이산화탄소의 양을 말해요. 이산화탄소는 온실가스의 한 종류로 지구 온난화를 가중시키죠. 나의 탄소 발자국 크기를 알아보고, 탄소 발자국 크기를 줄이려면 어떻게 하는 것이 좋을지 생각해요. 환경에 대한 나의 영향력을 가늠해 봄으로써 환경 문제에 대한 나의 책임도 느낄 수 있어요. 또한 탄소 발자국의 크기를 키우는 요소들을 알아보고, 실생활에서 크기를 줄이는 방법을 고민해요.

〈나의 탄소 발자국 알아보기〉
인터넷 검색창에 '탄소 발자국'을 입력하면 한국 기후/환경 네트워크에서 제공하는 탄소 발자국 계산기를 이용할 수 있어요. 전 세계적으로 볼 때 한 명의 사람은 연간 평균 4톤의 이산화탄소를 배출해요. 나의 평소 생활 습관과 전기, 가스, 수도 사용량 등을 넣고 계산을 해 보면 탄소 발자국의 크기를 알 수 있어요. 탄소 발자국을 줄이려면 어느 부분에서 더 노력해야 할지 생각해요.

탄소 발자국 계산기

❓ 색이 채워지지 않은 발 그림이 있어요. 눈금을 보면 맨 아래에는 0톤, 중간에는 4톤, 맨 위에는 8톤+라고 되어 있지요. 나의 탄소 발자국의 크기를 구한 뒤 맞는 눈금이 있는 곳에 줄을 긋고, 줄 아래로 비닐봉지, 플라스틱 사용과 같이 탄소 발자국에 영향을 줄 수 있는 요소들을 적어요. 직접 관여하진 않더라도 우리 주변에서 탄소 발자국의 크기를 키우는 것들에는 무엇이 있는지도 찾아요.

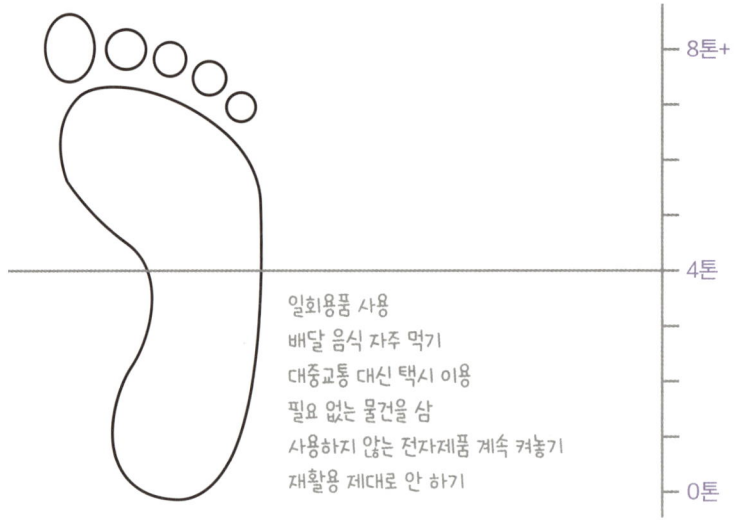

8톤+

4톤

일회용품 사용
배달 음식 자주 먹기
대중교통 대신 택시 이용
필요 없는 물건을 삼
사용하지 않는 전자제품 계속 켜놓기
재활용 제대로 안 하기

0톤

# SNS로 어휘력 키우기

SNS 매체를 활용해 환경 관련 용어에 익숙해져요.

- 이 책은 자연과학 정보책으로 자연, 환경과 관련된 전문 용어가 많이 나와요. 이 활동은 낯선 개념의 단어라도 친숙하게 느낄 수 있도록 재미있는 상상을 통해 구성한 활동이에요. 문해력의 기초인 어휘력은 새로 배운 단어를 적절한 상황에서 빈번히 사용해 보는 연습을 통해 발달시킬 수 있어요. SNS는 짧은 분량으로 아이가 하고 싶은 말을 전달해야 한다는 제한점이 있으니 SNS에 글을 작성해 보면서 불필요한 내용은 삭제하고 짧지만 아이가 전달하고자 하는 바를 명확하게 전달할 수 있도록 지도해 주세요.

아래에 나열된 단어들은 책에서 자주 언급된 환경 관련 어휘예요. 이 중 몇 개를 골라 SNS에 해당 어휘를 해시태그 한다면 어떤 내용을 적을 수 있을지 상상해서 써요.

> **환경 관련 어휘**

**생물 다양성, 재생가능 에너지, 지구 온난화, 알베도, 아이피시시, 대기권, 훔볼트 해류**

# 환경 운동 계획 세우기

기후 위기에 대처할 방안을 생각해 보고 내가 할 수 있는 일을 적어요.

- 이 활동은 아이가 "내가 만약 환경 운동가가 된다면?"이라는 가정하에 나의 역할을 생각해 보는 활동이에요. 내가 환경 운동가가 된다면 현시점에서 제일 중요한 환경 문제는 무엇인지, 그리고 그 문제를 해결하기 위해 나는 무엇을 할 수 있는지 생각해요. 책의 주제를 생각하면서 아이와 함께할 수 있는 일들을 구체적으로 찾아요. 아이가 한 가지 큰 주제(예: 환경 문제)만 단순히 떠올리는 것이 아니라, 주어진 질문 이외에도 세부적인 요소들을 고민하면서 문제 해결 방법을 찾아볼 수 있도록 지도해 주세요.

❓ 책에 제시된 환경 문제 중 나에게 가장 중요하다고 생각되는 문제를 선택하고, 문제를 해결하기 위해서 내가 할 수 있는 일은 무엇인지 적어요. 환경 문제의 개선을 위해 내가 계획해야 할 일과 가야 할 곳은 어디인가요? 문제 해결을 위해 내가 할 수 있는 일은 무엇인가요? 제목에는 나의 이름을 적어요.

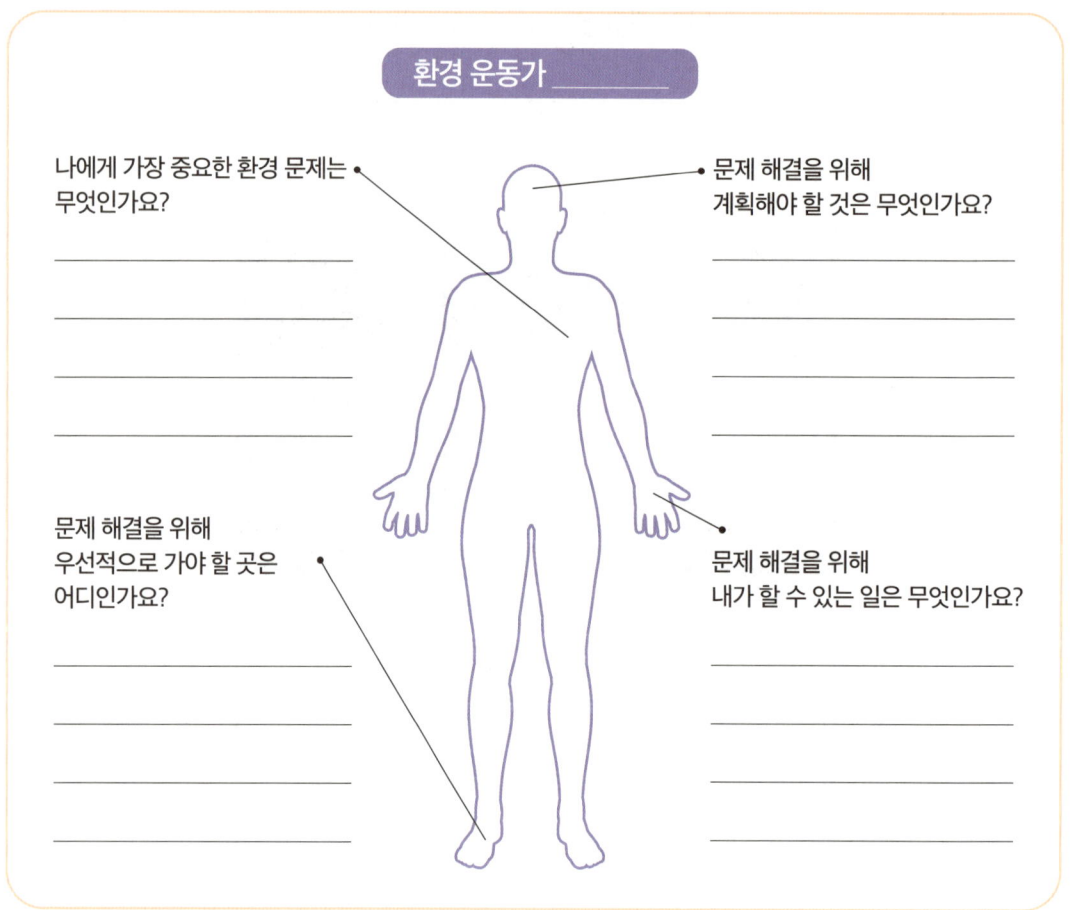

환경 운동가 _____

나에게 가장 중요한 환경 문제는 무엇인가요?
_____
_____
_____
_____

문제 해결을 위해 계획해야 할 것은 무엇인가요?
_____
_____
_____

문제 해결을 위해 우선적으로 가야 할 곳은 어디인가요?
_____
_____
_____

문제 해결을 위해 내가 할 수 있는 일은 무엇인가요?
_____
_____
_____

# 챗GPT로 질문하기

• **챗GPT란 무엇일까요?**

챗GPT(ChatGPT)는 대화하듯 질문(prompt)하면 사전에 학습된 기존 데이터나 모델을 바탕으로 답하는 '대화형 인공지능 챗봇'을 의미해요. 친숙한 대화 형식으로 사용자가 원하는 답을 방대한 자료를 정리해 보여 줘서 많은 이들의 엄청난 관심을 받으며 활용되고 있어요. 문제는 없는 자료를 마치 있는 것처럼 꾸며내어 그럴듯하게 제시하는 환각현상에 있어요. 이에 따라 서울시교육청은 2023년 8월 학교급별 생성형 AI 활용에 대한 지침을 제공했어요. 하지만 AI의 사용에 있어 초등학교는 교사 주도의 시연 위주로 사용되지만, 중고등학교는 보호자의 동의를 받는 조건이라 챗GPT의 활용도가 더욱 높아질 것으로 예상돼요. 초등 고학년은 비판적인 사고가 확장되는 시기이니 가정에서 챗GPT를 풍부하게 이용하면서 윤리적으로도 안전하게 활용할 수 있는 방안에 대해 함께 이야기 나눠요

• **문해 활동에서 챗GPT를 활용한다면 무엇을 할 수 있을까요?**

– 책에 제시된 다양한 사건과 현상에 대한 자료를 수집할 수 있어요. (예시: 대륙 이동설의 근거는 무엇인가요? )

---

대륙 이동설의 근거는 무엇인가요?

대륙이동설(Continental Drift Theory)은 독일 기상학자 알프레드 베게너(Alfred Wegener)가 1912년에 제안한 이론으로, 현재의 대륙들이 과거에는 하나의 초대륙(판게아,Pangaea)으로 연결되어 있었고, 이후 서서히 이동하여 현재의 위치에 이르렀다는 주장입니다. 이 이론의 주요 **근거**는 다음과 같습니다.

🌏 **1. 대륙의 해안선 형태의 유사성**
  • 남아메리카 동쪽 해안과 아프리가 서쪽 해안의 지형이 맞물리는 듯한 모양을 보입니다.
  • 마치 퍼즐조각처럼 대륙들이 원래 하나로 붙어 있었던 것처럼 보인다는 점이 대륙이동설을 뒷받침합니다.

🔍 **2. 고생물학적 증거(화석의 분포)**
  • 서로 멀리 떨어진 대륙에서 동일한 고대 생물 화석이 발견됨.
    예: • **메소사우르스(Mesosaurus)** 화석이 남아메리카와 아프리카에서 발견됨.
        • **글로소프테리스(Glssopteris)**라는 고대 식물의 화석이 남극, 인도, 아프리카, 남아메리카에서 발견됨.
  • 이 생물들은 바다를 건널 수 없기 때문에, 대륙이 연결되어 있었다는 증거가 됩니다.

---

– 맥락(육하원칙)을 넣어 구체적으로 다양한 질문할 수 있어요.

  예 "인류의 기후 변화를 막기 위해 현재 초등학생인 내가 가정에서 할 수 있는 일에는 무엇이 있을까요?"

  "인류가 발전하다 보면 기후의 변화는 어쩔 수 없는 현상이 아닐까요?"

❓ 『지글지글 행성을 구출하는 짜릿한 지구 교실』을 읽고 난 후, 챗GPT에게 하고 싶은 질문은 무엇인가요?

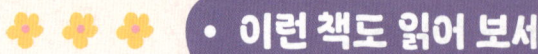 

### 비슷한 주제

## ☆ 기후 변화 쫌 아는 10대 이지유 글·그림 | 풀빛 | 2020

다소 평범한 표지와 제목과는 달리, 진지한 태도로 기후 변화를 다루고 있어요. 기상과 기후에 관련된 지식을 전반적으로 접할 수 있지요. 삽화가 더해져 쉽게 읽히지만, 현재 지구가 겪고 있는 기후 문제와 기후가 생태계에 미치는 영향을 교육적으로 설명해 줘요. 아이들이 기후 위기를 극복할 방법에 대해 생각해 볼 수 있도록 하는 책이에요.

## ☆ 라면을 먹으면 숲이 사라져 최원형 글·이시누 그림 | 책읽는곰 | 2020

우리가 무심코 하는 사소한 행동 하나하나가 지구를 병들게 할 수도 있음을 설명하는 책이에요. 지구, 생태계, 우리의 행동이 순환 구조로 되어 있음을 강조하지요. 아기자기한 그림체를 통해 환경보호가 왜 중요한지, 환경보호를 하지 않으면 인류에게 무슨 일이 일어날 수 있는지를 설명해요. 우리는 지구와 끈끈하게 연결되어 있으며, 다음 세대를 위해 우리가 해야 할 행동은 무엇인지 생각해 봐요.

## ☆ 탄소가 기후 위기랑 무슨 상관이야 정지윤 글·그림 | 파란의자 | 2023

현재 전 세계에서 이상 기후가 관측되는 것은 흔한 일이 되어버렸고, 기후 변화 덕에 세상이 빠른 속도로 변하며 그 부작용도 만만치 않다는 것은 모두가 잘 아는 사실이에요. 탄소가 이상 기후에 미치는 영향에 대하여 궁금증을 해소해 주는 책이에요. 탄소를 기후 변화의 주된 요소로 설명하며 인간들의 행동이 어떻게 탄소 배출량을 늘리고 있는지에 대해서 설명해요.

### 같은 시리즈

## ☆ 블랙홀까지 달려가는 판타스틱 우주 교실

스테파노 산드렐리 글·일라리아 파치올리 그림 | 황지민 옮김 | 길벗어린이 | 2014

독자가 눈에 보이는 세상 너머 더 큰 세상을 바라볼 수 있도록 천문학의 세계로 초대해요. 화성 탐사, 우주 정거장 등이 점점 현실로 다가오며 우리와의 거리를 좁혀가는 우주, 우리는 이 우주에 대해 제대로 알고 있을까요? 우주의 기원부터 우리가 사는 태양계의 행성들까지 실제 천문학자가 쓴 이 책은 지루하지 않고 재미있게 천문학에 대한 지식을 전달해요.

## ☆ 원자 유령을 추적하는 수상한 물리 교실

스테파노 산드렐리 글 · 일라리아 파치올리 그림 | 황지민 옮김 | 길벗어린이 | 2014

양자물리학이라는 무시무시한 개념을 초등학생의 관점으로 쉽게 이해할 수 있도록 쓰인 책이에요. 보기만 해도 어지러운 복잡한 수학이나 물리 공식 대신 자연 현상이나 놀이를 이용해 양자물리학을 설명해요. 흥미진진한 전개 방식으로 핵심 내용만을 엮어서 나와는 상관없을 것 같은 양자물리학이 모두의 삶에 얼마나 자연스럽게 녹아 있는지 알려줘요.

# 샬롯의 거미줄

글 엘윈 브룩스 화이트
그림 가스 윌리엄즈
옮김 김화곤
펴낸 곳 시공주니어
출간 2018
갈래 해외 문학(명작 고전)
주제 #우정 #관계 #생명의 소중함 #삶의 순환 #뉴베리 아너상

 **책 소개**

미국 아동문학 작품 중 매년 뛰어난 작품에 수여되는 뉴베리 아너상 수상작인 『샬롯의 거미줄』은 오랜 시간 동안 전 세계 독자에게 사랑받아 온 고전 동화예요. 사람과 동물, 동물과 동물 간의 우정의 가치와 죽음이 또 다른 탄생으로 이어지는 자연의 섭리를 담고 있지요. 주인공인 아기 돼지 윌버는 태어나자마자 도살될 운명에 처하지만, 농장 주인의 딸인 펀의 정성 어린 돌봄과 거미 샬롯의 특별한 거미줄 글자로 결국 농장에서 머무를 수 있게 돼요. 친구 윌버를 향한 거미 샬롯의 헌신적인 노력과 우정, 새끼 거미와 윌버의 만남은 다양한 연령의 독자들에게 삶의 이치와 관계의 중요함을 다시금 일깨우고 깊은 공감을 불러일으킬 거예요.

## 이렇게 질문해요

• 이 책은 인간과 동물, 동물과 동물 간의 우정을 깊이 있게 다루고 있어요. 아이가 생각하는 친구란 어떤 존재인지 이야기 나눠요.

  "거미 샬롯은 왜 그토록 돼지 윌버를 도와주고자 했을까?"

  "샬롯은 마지막 순간까지 친구를 위해 헌신했어. ○○이는 친구를 위해 어디까지 할 수 있니?"

• 이 이야기는 2007년에 영화로도 만들어졌어요. 책과 영화를 비교해 공통점과 차이점을 생각해 볼

수 있도록 질문해요.

"책과 영화 중에서 ○○이는 어떤 작품이 더 좋았어? 그 이유는 무엇이니?"

"책을 읽을 때 상상했던 내용이 영화로는 어떻게 구현되었어?"

# 등장인물 파악하기

주요 등장인물의 특성을 요약하고 관계를 파악해요.

- 책에 등장하는 인물들의 특성을 표로 정리해 비교하는 활동이에요. 등장인물 중에는 다양한 사건을 경험하며 성격이 변하는 인물도 있지만, 처음부터 다양한 성격적 특성을 가진 인물도 존재해요. 인물의 말과 행동, 표정과 몸짓, 감정 표현 등을 토대로 인물의 성격을 적절한 단어로 표현할 수 있도록 지도해 주세요. 주인공이 변화하는 데 도움을 주거나, 갈등을 일으켜 이야기에서 중요한 역할을 담당하는 등장인물의 특성도 함께 살펴봐요.

책에 등장하는 인물들의 성격적 특성을 간략하게 요약해요.

| 등장인물 | 성격적 특성 |
|---|---|
| 샬롯 | |
| 윌버 | |
| 템플턴 | |
| 펀 | |
| 에이브리 | |

윌버는 친구인 샬롯을 만난 후 행동과 심리에서 많은 변화를 보여요. 어떠한 변화가 일어났나요? 윌버의 변화는 어떠한 언행을 통해서 알 수 있나요?

| | 샬롯을 만나기 전 | 샬롯을 만난 후 |
|---|---|---|
| 윌버의 변화 | | |
| 나타난 언행 | | |

# 주요 사건 이해하기

주요 사건을 확인하며 이야기의 흐름을 살펴봐요.

• 주요 사건을 중심으로 질문을 구성해 이야기를 전반적으로 이해해 보는 활동이에요. 태어나자마자 위기에 처한 윌버와 샬롯과의 만남, 거미줄이 야기한 변화들, 샬롯의 마지막 순간과 그 이후의 이야기 등으로 주요 사건을 정리해 볼 수 있어요. 주요 사건은 시간순으로 정리해도 좋고, 핵심적인 사건 하나를 선택해 사건과 관련된 질문들로 정리해도 좋아요. 본 활동에서는 이야기의 흐름에 따라 질문을 구성하였어요. 질문을 통해 이야기의 전반적인 내용을 되짚어 보면서 사건이 발생한 원인과 결과를 이해해요.

❓ 다음 질문에 답해 보세요.

• 펀은 아빠의 손에서 도끼를 빼앗으려고 하였습니다. 그 이유는 무엇인가요?

_____

_____

• 샬롯은 거미줄로 '대단한 돼지'라는 문구를 짜서 사람들을 놀라게 하였습니다. 샬롯은 왜 거미줄을 짰을까요? 이외에도 샬롯이 윌버를 위해 거미줄로 짠 문구에는 무엇이 있나요?

_____

_____

• 샬롯이 거미줄로 '근사해'라고 쓴 다음, 어떠한 변화가 일어났나요?

_____

_____

• 샬롯이 윌버에게 품평회에 가지 못한다고 말한 이유는 무엇인가요? 샬롯이 말한 '필생의 역작'은 무엇인가요?

_____

_____

# 새로운 결말 상상하기

작가의 결말을 평가해 보고 새로운 결말을 상상해 글로 써요.

- 한 명의 독자로서 작가의 결말을 평가해 보고, 나의 결말을 작성해 보는 활동이에요. 결말을 평가하기 위해서는 지금까지 읽었던 내용을 바탕으로 책의 주제가 무엇인지, 독자로서 기대하는 결과에 부합하는지, 혹은 다른 결말이 가능했을지 등을 종합적으로 판단해야 해요. 처음부터 새로운 결말을 상상해 글로 쓰는 것이 쉽지 않을 수 있어요. 책을 읽으며 좋았던 점과 아쉬웠던 점을 적은 후, 분석한 내용을 토대로 아이가 상상한 결말을 자유롭게 작성할 수 있도록 해요. 새로운 결말을 지으며 작가로서의 창조적 기쁨도 느껴 볼 수 있을 거예요.

거미 샬롯이 죽은 뒤, 새로 태어난 아기 거미들과 윌버의 만남으로 『샬롯의 거미줄』은 끝이 나요. 내가 작가라면 어떠한 결말로 마무리 지었을 것 같나요? 작가의 결말에 대해서 좋았던 점과 아쉬웠던 점을 생각해 보고 새로운 결말을 글로 써요.

---

### 결말에 대한 나의 점수: (        점 / 100점)

- 좋았던 점 _____

- 아쉬웠던 점 _____

- 가능한 시나리오 (예: 샬롯이 죽지 않고 살아 있었다면?)

_____

_____

_____

_____

_____

_____

_____

# 도서 추천사 작성하기

책의 내용과 감상을 추천사로 작성해요.

• 『샬롯의 거미줄』은 미국도서관협회에서 문학적으로 뛰어난 아동 문학에 수여하는 뉴베리 메달 후보작 중, 특별한 가치를 지닌 작품에 수여하는 뉴베리 아너 상 수상작이에요. 한 명의 독자로서 작품을 주체적으로 감상하고, 특별한 점을 발견해 추천사라는 글의 형식으로 작성해 볼 수 있어요. 추천사가 낯설다면, 집에 있는 책의 표지를 보면서 다양한 추천사의 유형과 예시를 살펴보세요. 줄거리를 간략하게 소개한 추천사, 책의 감동과 여운을 전달한 추천사 등 다양한 유형의 추천사를 확인할 수 있을 거예요. 추천사의 분량도 한두 문장의 짧은 추천사부터 다섯줄이 넘는 긴 추천사까지 매우 다양해요. 주어진 질문을 생각하며 어느 정도의 분량으로, 어떤 내용을 강조해 작성할 것인지 질문해 주세요. 또한 책 표지에 쓰여 있는 추천사와 아이의 생각이 같은지도 비교해 보세요.

❓ 책의 핵심 내용이나 가치를 담아 미래 독자에게 추천하는 짧은 글을 일컬어 추천사라고 해요. 다음 질문을 생각해 보고 미래 독자를 위한 추천사를 작성해요.

| | |
|---|---|
| • 책을 읽고 가장 기억에 남는 장면(혹은 문장)은 무엇인가요? 그 이유는요?<br><br>• 책을 통해 작가가 전달하고자 하는 메시지는 무엇일까요?<br><br>• 책을 어떤 독자에게 특히 추천해 주고 싶나요?<br><br>• 이 책을 한 문장으로 표현해 본다면 어떻게 표현할 수 있나요? | |

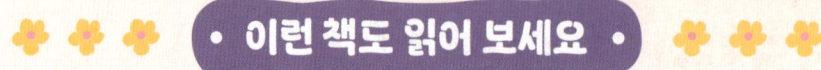

## 비슷한 주제

### ☆ 정글 북 조지프 러디어드 키플링 글 · 존 록우드 키플링 외 그림 | 원지인 옮김 | 보물창고 | 2012

영국의 대표 작가인 러디어드 키플링의 단편집으로, 정글 속 동물들의 지혜와 모험을 다룬 이야기예요. 많은 사람들이 잘 알고 있는 늑대 소년 모글리 이야기뿐만 아니라 우리가 잘 알지 못했던 다양한 동물들이 주인공인 일곱 편의 단편으로 이루어져 있어요. 정글의 세계에서 펼쳐지는 이야기로 삶의 교훈을 배울 수 있는 매력적인 고전이에요.

### ☆ 시튼 동물기 1~5 어니스트 톰프슨 시튼 글 | 햇살과 나무꾼 옮김 | 논장 | 2019

세계적인 동물학자이자 소설가 어니스트 톰프슨 시튼이 직접 보고 겪은 야생 동물들의 생생한 이야기를 담은 작품이에요. 늑대왕 로보, 까마귀, 산토끼, 개 등 다양한 동물들의 삶을 바라보면서 동물은 인간보다 하등한 존재가 아니라 환경에 적응하며 살아가는 독립적인 존재임을 전해요. 자연과 동물의 치열한 생존 세계를 깊이 있게 들여다보고, 자연의 경이로움과 생명 존중의 가치를 일깨워 주는 책이에요.

### ☆ 블랙 뷰티 애나 슈얼 글 · 루시 켐프웰치 그림 | 양혜진 옮김 | 비룡소 | 2022

검은 말 뷰티가 여러 주인을 거치며 겪는 기쁨과 슬픔을 말의 시점에서 이야기한 고전 문학이에요. 어린 시절 사고로 다리에 장애를 얻어 평생 말에 의지하며 살아온 작가는 이 작품으로 동물 학대의 현실을 알리고, 인간과 동물이 공존하는 세상을 이야기해요. 인간과 동물의 관계로 인간의 이기심을 조망하고, 동물 보호의 중요성을 일깨워요.

## 같은 작가

### ☆ 트럼펫을 부는 백조 엘윈 브룩스 화이트 글 · 프레드 마르셀리노 그림 | 김태훈 옮김 | 산수야 | 2020

목소리를 내지 못하는 백조 루이가 용기와 노력으로 삶을 개척해 나가는 감동적인 이야기를 다루고 있어요. 트럼펫을 연주하며 사랑을 찾고, 루이의 목소리를 위하여 아빠 백조가 훔친 트럼펫을 갚기 위해 노력하는 루이의 여정을 그리고 있어요. 장애를 극복하는 용기와 우정의 힘, 자연과의 공존을 배울 수 있지요. 푸른 하늘과 아름다운 호수를 배경으로 펼쳐지는 멋진 이야기를 읽어 보세요.

☆ **스튜어트 리틀** 엘윈 브룩스 화이트 글 · 가스 윌리엄스 그림 | 김선희 옮김 | 책빛 | 2015

5센티미터의 작은 쥐 스튜어트 리틀이 뉴욕을 배경으로 펼치는 모험과 도전에 관한 책이에요. 리틀은 작은 몸으로 냉장고에 갇히고 햇빛가리개에 말려지기도 하고 쓰레기 더미에 휩쓸리기도 하지만, 친구 마갈로를 찾기 위해 북쪽으로 떠나는 용기를 지닌 매력적인 주인공이에요. 작가의 유머와 위트가 독자를 흡입하고, 무한한 상상의 즐거움을 주는 이야기예요.

# 긴긴밤

글·그림 루리
펴낸 곳 문학동네
출간 2021
갈래 국내 문학
주제 #생명 #성장 #연대 #공감 #용기

 **책 소개**

이 책은 멸종 위기에 처한 북부흰코뿔소 수단 이야기에서 영감받아 세상에 하나뿐인 흰바위코뿔소 노든과 어린 펭귄이 함께 파란 지평선을 향해 나아가는 여정을 그린 작품이에요. 코뿔소 노든은 코끼리 무리 속에서 자라지만, 자신이 누구인지 고민하며 진정한 자신으로 살아가기 위해 결국 세상 밖으로 나서게 돼요. 버려진 알이었지만, 펭귄 치쿠와 웜보의 정성 어린 돌봄으로 태어난 어린 펭귄은 코뿔소 노든과 서로의 상처를 어루만지며 수많은 긴긴밤을 함께 보내지요. 이 책은 '나'로 살아간다는 것의 의미와 생명의 위대함, 관계의 소중함을 작가의 섬세한 문장과 따뜻한 그림으로 전달해요. '별이 빛나는 더러운 웅덩이'를 지나고 있을 아이와 어른 모두에게 스스로와 타인을 믿고 앞으로 한발 더 나아갈 용기를 전하는 이야기예요.

## 이렇게 질문해요

• 책을 읽기 전에 책 표지의 부드러운 질감을 느끼며 제목과 표지에 대해 이야기 나눠요. 책을 읽고 난 후에 책 제목과 표지를 다시 보며, 읽기 전과 생각을 비교해요.

"(읽기 전) 제목이 『긴긴밤』이네. 그냥 '긴 밤'이어도 될 텐데, 작가는 『긴긴밤』이라고 제목을 지었어. 표지를 보니 어떤 내용일 것 같아? 그림 느낌이 어때?"

"(읽은 후) 책을 읽으니 책 제목의 의미가 다르게 느껴지니?"

- 이 책의 마지막에는 독자의 이해를 넓히기 위한 심사평이 함께 실려 있어요. 심사평을 읽고 새롭게 알게 된 사실은 무엇인지, 심사평에 대한 아이의 생각은 어떠한지 이야기 나눠요.

"심사평을 읽으면서 새롭게 알게 된 사실이 있다면 무엇이니? 엄마는 이 세상이 나 혼자가 아니라, 촘촘하게 연결되어 있음을 다시 한번 깨닫게 되었어."

# 사건과 감정의 흐름을 그래프로 표현하기

이야기의 주요 사건과 주인공의 감정을 시각적인 그래프로 정리해요.

- 주인공이 경험한 주요 사건과 그때의 감정을 한눈에 알아보기 쉽도록 좌표평면에 그래프로 정리하는 활동이에요. 가로축은 시간 축, 세로축은 주인공이 느꼈을 감정의 축이지요. 감정 그래프를 완성하기 위해서는 코뿔소 노든이 경험한 사건을 시간순으로 우선 정리하고, 각 사건에서 노든이 느꼈을 감정의 종류와 강도를 가늠해 점을 찍은 뒤 선으로 잇는 과정이 필요해요. 시간의 흐름에 따른 주인공의 감정 변화를 그래프로 나타내면서 사건과 감정을 시각적으로 표현하고 해석하는 시각적 문해력을 키울 수 있어요. 그래프를 완성한 뒤에는 주요 사건과 감정을 하나씩 짚어가며 이야기의 전반적인 줄거리에 대해 이야기 나눠 보세요.

흰바위코뿔소 노든은 코뿔소 앙가부, 펭귄 윔보와 치쿠 등 다양한 등장인물과의 만남과 헤어짐을 반복하며 감정의 변화를 경험해요. 노든이 경험한 사건은 시간순으로 가로축(x축)에 나타내고, 각 사건에서 느낀 감정은 세로축(y축)에 표현하여 주인공 노든이 경험한 사건과 감정의 변화를 그래프로 정리해요.

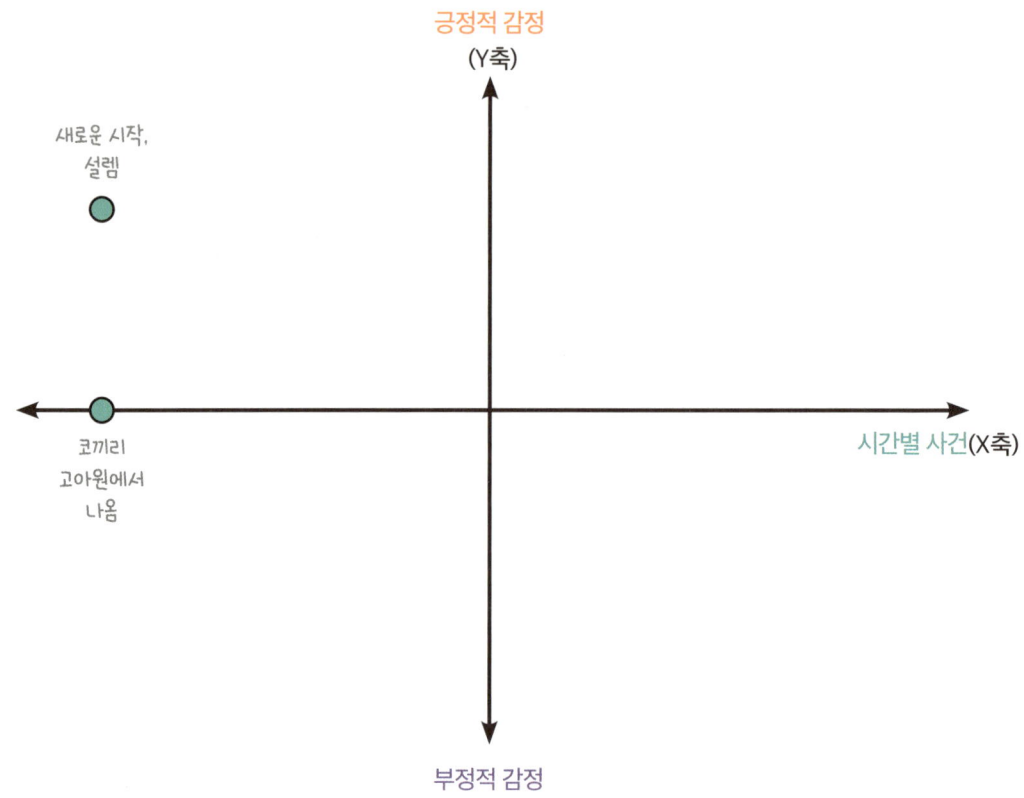

# 깊이 있게 이해하기

질문에 답하면서 이야기를 깊이 있게 이해해요.

- 책에 명확히 나와 있지는 않지만, 이야기의 앞, 뒤 내용을 파악하고 사건이 일어난 이유를 생각하며 답을 얻을 수 있는 질문으로 구성했어요. 부모님께서는 책을 읽으면서 아이와 함께 깊이 생각해 볼 부분들을 미리 표시해 두셨다가 활동 지에 구체적인 질문으로 제시해 주세요. 이때 아이의 생각을 확장하는 질문이 좋아요. 또한 아이가 책 내용을 직접 찾아보면서 단편적인 답이 아닌 근거 있는 생각을 논리적으로 설명할 수 있도록 해요.

  "그렇게 생각한 이유가 무엇이니?"
  "○○(이)라면 어떤 선택을 했을까?"
  "어떤 부분에서 그런 생각의 힌트를 얻었을까?"

(?) 다음 질문에 답해 보세요.

- 코뿔소 앙가부와 노든이 함께 계획한 일은 무엇인가요? 그 이유는요?

  _____

  _____

- 어떠한 사건으로 인해 노든은 인간에게 복수심을 가지게 되었나요? 이후에 인간에 대한 노든의 생각은 어떻게 바뀌었나요?

  _____

  _____

- 코뿔소 노든과 펭귄 치쿠는 서로를 어떻게 부르나요? 왜 그렇게 부르게 되었을까요?

  _____

  _____

- 코뿔소 노든은 아기 펭귄을 따라 파란 지평선에 가지 않고 왜 초원에 남았을까요?

  _____

  _____

# 삽화로 이야기 만들기

삽화에 담긴 이야기를 상상하여 글로 써요.

- 아동문학 속의 삽화는 글과 함께 이야기의 주제를 드러내고, 글의 몰입도를 높이는 문학적 장치예요. 이 책은 특히 독자가 등장인물의 생각과 마음을 이해할 수 있도록 섬세하고 따뜻한 삽화로 표현하고 있어요. 126~139쪽까지는 텍스트 없이 그림으로만 제시하고 있음에도 마치 한 편의 영화를 보는 듯한 느낌마저 주지요. 이야기 속 삽화에 익숙지 않은 아이라 할지라도, 이번 기회에 삽화를 자세히 관찰하고 자유롭게 상상한 이야기로 글을 써 볼 수 있도록 도와주세요. 장면 속 등장인물과 사건에 초점을 맞추어 삽화를 관찰하면 등장인물의 시점에 따라 새로운 한 편의 이야기가 구성될 거예요. 삽화를 자세히 관찰하고 느낀 감상을 짧은 글로 작성해도 좋아요. 정답이 있는 글쓰기가 아닌, 삽화를 통해 자유롭게 상상하고 감정을 표현하며 창조적 글쓰기의 즐거움을 느낄 수 있도록 이끌어 주세요.

책에는 이야기의 몰입을 높이는 다양한 삽화가 제시되어 있어요. 다음 질문을 생각하며 삽화를 자세히 살펴본 후에, 삽화에 제목을 짓고 자유롭게 상상하며 삽화에 대한 짧은 글짓기를 완성해요.

- 삽화에 표현된 등장인물은 누구인가요? 등장인물의 어떤 모습(감정)이 삽화에 표현되어 있나요?

  _____

- 삽화와 관련된 이야기는 무엇인가요?

  _____

- 삽화 속 인물이 이야기할 수 있다면 어떤 말을 할 것 같나요?

  _____

- 이 그림이 나에게 중요한 이유는 무엇인가요?

  _____

# 기억에 남는 책갈피 만들기

인상적인 글귀로 나만의 책갈피를 만들어요.

- 아이가 직접 선택한 인상적인 글귀로 책갈피를 만들어 보는 활동이에요. 책갈피는 읽던 곳이나 필요한 곳을 찾기 쉽도록 책의 낱장 사이에 끼워 두는 물건을 의미해요. 청소년기 아이들과 어른에게도 기억에 남을 글귀가 가득한 책이니만큼, 선택한 문장으로 책갈피를 직접 만들어 보면 좋겠지요. '긴긴밤'과 같이 짧은 단어여도 좋고, 긴 문장이어도 좋아요. 책을 처음부터 훑어보면서 아이가 오랫동안 간직하고 싶은 글귀를 직접 선택하도록 도와주세요. 만일 책갈피 만들기를 어려워한다면, 글귀와 간단한 포인트 장식만으로도 충분히 멋진 책갈피가 될 수 있음을 알려주세요. 글자를 아름답게 표현하는 예술인 캘리그라피를 소개하고, 글귀의 느낌을 잘 살리는 글씨체를 생각해도 좋아요. 아이가 선택한 문장을 통해 아이의 최근 고민이 무엇인지, 아이가 어떤 것에 가치를 두고 있는지를 이해할 수 있을 거예요. 직접 만든 책갈피를 두고두고 보면서 책 내용을 오랫동안 기억하고, 읽기 동기도 높여 보세요.

❓ 책에서 마음에 남는 글귀가 있다면 무엇인가요? 이야기 속 인상적인 글귀를 3가지 선택해 보고, 선택한 이유와 글귀를 전해주고 싶은 사람을 생각해 봐요.

| | 글귀 1 | 글귀 2 | 글귀 3 |
|---|---|---|---|
| 문장 | "훌륭한 코끼리가 되었으니, 이제 훌륭한 코뿔소가 되는 일만 남았군 그래." | | |
| 선택한 이유 | 나의 모습을 그대로 인정해 주고 응원해 주는 말에 용기를 얻게 되어서 | | |
| 글귀를 전해주고 싶은 사람 | 동생. 원래의 모습도 멋지다는 이야기를 해 주고 싶어서 | | |

〈책갈피 만들기〉

❶ 3가지 글귀 중 가장 마음에 와닿는 글귀를 하나 선택해요.

❷ 책갈피 도안에 예쁘고 정성스럽게 글귀를 적어요.

❸ 글귀와 어울리는 그림으로 꾸며요. 책 속 장면을 그리거나 글귀와 관련된 나만의 느낌을 자유롭게 표현해요.

❹ 책갈피 도안을 오려서 위쪽에 구멍을 뚫고 끈을 묶어 나만의 책갈피를 완성해요.

〈예시〉

## • 이런 책도 읽어 보세요 •

비슷한 주제

### ⭐ 리보와 앤 어윤정 글·해마 그림 | 문학동네 | 2023

도시의 바이러스로 인해 사람들이 오지 못하게 된 도서관에 남겨진 두 로봇 리보와 앤, 그리고 도서관을 사랑하는 소년 도현이의 우정을 그린 이야기예요. 점점 배터리가 방전되어 오류가 나는 로봇들과 도서관에 남겨진 로봇들을 잊지 않고 걱정하며 소통하려는 도현이의 모습은 코로나19로 단절을 겪었던 학생들에게도 연결과 소통의 소중함을 떠올리게 해요. 또한 점점 친숙해지는 AI로봇들과 함께 살아갈 미래에 대해 생각해 볼 수 있는 책이에요.

### ⭐ 오늘이 내일을 데려올 거야 에린 엔트라다 켈리 글 | 고정아 옮김 | 책읽는곰 | 2025

2025년 뉴베리 대상을 받은 이 작품은, 1999년 세기말 Y2K 공포로 불안에 휩싸인 미국에 사는 열두 살 소년 마이클에 대한 이야기예요. 평소에도 걱정이 많고 한부모 가정에서 엄마와 단둘이 살아가는 마이클은 어느 날 2199년 미래에서 온 시간 여행자 소녀 리지를 만나게 돼요. 이 두 소년의 이야기를 통해 미래가 아닌 지금 이 순간을 소중히 여기고, 두려움과 불안을 극복하며 맞서는 용기와 성장의 메시지를 만날 수 있어요.

### ⭐ 멸종 위기 동물 아틀라스 톰 잭슨 글·샘 콜드웰 그림 | 윤종은 옮김 | 책세상어린이 | 2024

전 세계에 서식하는 멸종 위기 동물들의 생생한 그림, 지도, 그리고 자세한 설명과 함께 체계적으로 소개하는 과학 아틀라스예요. 희귀 동물들의 생태와 특징뿐만 아니라, 멸종 위기의 이유와 구체적인 원인까지 상세히 알려줘요. 기후 변화, 서식지 파괴, 밀렵 등 각 동물이 처한 위기 상황과 인간 활동이 생태계에 끼치는 영향까지 폭넓게 다루어 자연과 환경에 대한 올바른 인식과 책임감을 키우는 데 도움이 돼요.

같은 작가

### ⭐ 메피스토 루리 글·그림 | 비룡소 | 2023

신에게 버려진 악마 메피스토는 떠돌이 개의 모습으로 지상에 내려와 귀머거리 외톨이 소녀를 만나 가장 소중한 친구가 돼요. 하지만 메피스토의 정체가 밝혀지면서 둘은 각자의 고민과 갈등에 맞서게 돼요. 진정한 우정은 무엇인지, 흔들리지 않고 지켜야 할 진짜 가치는 무엇인지 생각해 보고, 서로를 위하는 메피스토와 소녀의 모습을 통해 진한 감동을 느낄 수 있을 거예요.

## ⭐ 그들은 결국 브레멘에 가지 못했다 루리 글·그림 | 비룡소 | 2020

그림형제의 동화책 『브레멘 음악대』를 현대 사회의 모습으로 재해석한 책이에요. 주인공 동물들인 당나귀, 고양이, 강아지, 닭이 모두 각자의 자리에서 열심히 살아왔지만 갑작스럽게 해고를 당하고 소외되는 아픔을 다뤄요. 그러다 우연히 서로가 만나 절망과 외로움을 나누며 소박한 한 끼 식사를 준비하고 함께하는 순간, 작은 희망과 위로를 발견하게 돼요. 비록 삶이 어려움에 처해도 서로 연대하며 살아가는 소중함을 느끼게 해 줘요. 우리에게 브레멘은 어떤 곳일지 생각해 보게 하는 루리 작가의 첫 그림책이자 제26회 황금도깨비 수상작이에요.

# 윤동주 별을 노래하는 마음

글 정지원
그림 임소희
펴낸 곳 한겨레아이들
출간 2022(개정판)
갈래 국내 비문학(문화/예술/인물)
주제 #한국 시 #국내 문학 #역사 #전기 #일제강점기

 **책 소개**

윤동주 시인은 〈서시〉, 〈별 헤는 밤〉, 〈또 다른 고향〉 등 한국인에게 사랑받는 시를 여러 편 쓴 시인이에요. 1917년 일제강점기에 태어나 30세가 채 되지 않는 짧은 생을 보내고 1945년에 일본에서 투옥하던 중 돌아가셨지요. 그런 윤동주 시인의 일대기를 담은 책이 바로 『윤동주 별을 노래하는 마음』이에요. 본문에는 윤동주 시인이 쓴 시가 여러 편 실려있고, 그 시에 대한 분석도 간단히 포함되어 있지만, 시집은 아니에요. 오히려 윤동주라는 사람에 초점을 맞춘 인물 전기이지요. 어린 시절부터 한국에서 가장 사랑받는 시인으로 성장하기까지 평탄치 않았던 삶의 여정이 여과 없이 담겨 있어요. 대한민국 근현대사의 큰 부분을 차지하는 일제강점기를 겪은 윤동주 시인의 삶을 따라가면서 그의 시가 우리에게 남긴 의미를 생각해요.

## 이렇게 질문해요

- 책과 관련해 이미 알고 있는 사전 지식을 질문해요.

  "윤동주 시인이 누군지 알고 있니? 그의 시를 읽어 본 적이 있어?"

- 책을 읽은 후, 시를 통해 작가의 삶을 유추해 보는 질문을 해요.

  "시를 읽어 보니 윤동주 시인은 어떤 삶을 살았을 것 같아?"

- 책에 제시된 여러 편의 시를 다시 읽어 보고, 시인의 작품이 가진 공통점을 생각해요. 현대 작품 중에서도 시인이 가진 주제 의식을 다룬 작품이 있는지 찾아요.

"윤동주 시인의 시에는 어떤 주제가 많이 나타난다고 생각해? 비슷한 감정이나 개념이 현대의 작품에서도 자주 등장할까?"

# 부끄러운 순간들 생각하기

작품을 나의 경험과 연결 지어 이해해요.

- 윤동주 시인은 '부끄러움의 시인'이라고 불릴 정도로 부끄러움에 대하여 시를 자주 썼어요. 힘없는 자신과 대한민국의 현실을 개탄하며 창씨 개명을 당했을 때의 부끄러움을 시로 표현한 것이죠. 아이와 다른 시대적 상황 속에서 살다간 윤동주 시인을 통해 '부끄러움'의 정서가 무엇인지 생각해 보세요. 나와 타인은 감정의 이름은 같을지라도, 서로 다른 정서를 느낀다는 사실을 깨닫게 될 거예요. 다만, 부끄러운 경험을 직접 쓰도록 하면 아이들이 부담을 느끼거나 위축될 가능성이 있어요. 부끄러움을 솔직하게 표현하기 어려울 수 있고, 활동이 마치 반성문처럼 느껴질 수 있으니 이 점에 유의해 주세요. 부끄러움을 느끼는 것은 자연스러운 감정이며 부정적인 것이 아니라 성장의 기회가 될 수 있다는 점을 강조해 주세요.

❓ 윤동주 시인의 시에는 '부끄럽다'는 표현이 자주 나와요. 부끄럽지 않게 살고 싶었던 윤동주 시인의 마음이 잘 드러나 있지요. 나에게 부끄러운 일은 어떤 일을 의미하나요? 나의 부끄러운 경험을 써 보고, 그때의 경험이 왜 부끄러웠는지 생각해요. 그리고 윤동주 시인의 부끄러움에 대한 나의 생각은 무엇인지 고민해 보고, 그의 부끄러움이 내 삶에 어떠한 의미를 주는지 써요. 또, 그의 부끄러움과 나의 부끄러움에는 어떤 공통점과 차이점이 있나요?

나의 부끄러움      윤동주의 부끄러움

- 나의 부끄러운 경험: _____
- 부끄러웠던 이유: _____
- 윤동주의 부끄러운 경험: _____
- 윤동주 시인이 느낀 부끄러움은 나에게 어떤 부끄러움인가요? _____
- 윤동주 시인의 부끄러움을 통해 느낀 점이 있나요? _____
- 나와 윤동주 시인의 부끄러움이 가진 공통점과 차이점은 무엇인가요? _____

# 아명으로 시인의 삶 돌아보기

윤동주 시인의 아명인 해환을 통해 시인의 삶을 되돌아봐요.

- 윤동주 시인의 아명(兒名)을 생각하며 시인의 삶을 다시금 돌아볼 수 있게 하는 활동이에요. 윤동주 시인의 삶 속에서 빛났던 순간들과 타인에게 희망을 준 순간들을 판단해 보면서 『윤동주 별을 노래하는 마음』의 전반적인 내용을 살펴요.

윤동주 시인의 아명은 '해처럼 빛나라'라는 뜻의 '해환(海煥)'이에요. 아름답게 빛나는 시를 쓰고, 마음속에 희망이라는 빛을 심어 준 윤동주 시인의 삶에 어울리는 이름이지요. 윤동주 시인의 삶 속에서 해환이라는 아명처럼 빛났던 순간들은 언제인가요? 반대로 어려웠던 순간들은 언제인가요? 왜 그렇게 생각하는지도 함께 적어요.

| 사건 | 빛났던 순간 | 어려웠던 순간 | 그렇게 생각한 이유 |
|---|---|---|---|
| 명동촌에서 출생 | √ | | 윤동주 시인의 삶의 출발이므로 |
| 숭실학교에서 시인의 꿈을 키움 | | √ | 일제강점기 때 태어났으므로 |
| 연희전문학교 진학 | | | |
| 시집 출간의 꿈 보류 | | | |
| 창씨 개명 | | | |
| 일본 유학 중 항일 운동 혐의로 체포 | | | |
| 일본 유학 중 투옥 | | | |
| 윤동주 유고시집 〈하늘과 바람과 별과 시〉 발간 | | | |

# 시의 배경과 제목 연결하기

시가 쓰인 배경을 통해 시인의 삶을 생각해요.

- 윤동주 시인의 시는 한 가지만의 요소를 다루고 있지 않아요. 일제강점기의 아픔과 부끄러움에 대한 시가 가장 유명한 것은 사실이지만, 윤동주 시인의 어린 시절과 희망을 다룬 시도 있어요. 각각의 시가 쓰인 시대적 배경과 작가의 상황을 생각해 보면서 작품이 탄생할 수 있었던 배경을 이해하고, 한 명의 인간으로서 경험하였던 작가의 고민도 함께 생각해요.

이 책에는 윤동주 시인이 쓴 각각의 시가 어떤 상황에서, 어떠한 이유로 쓰였는지 설명하고 있어요. 다음 표를 보고, 각 시의 배경에 맞는 시의 제목을 적어요.

> **시 제목**
>
> 종달새, 별 헤는 밤, 빗자루, 눈 감고 간다, 겨울, 굴뚝, 무서운 시간, 만돌이, 사과,
> 무얼 먹구 사나, 고향 집, 팔복, 쉽게 씌어진 시, 서시, 오줌싸개 지도, 자화상, 호주머니,
> 해바라기 얼굴, 아우의 인상화, 십자가, 흰 그림자, 조개껍질

| 어린 시절 | |
|---|---|
| 숭실학교 폐교 및 광명중학교 편입 | |
| 일제에 대한 고통 | |
| 대학 시절 - 졸업 직후 | |
| 유학 시절 | |

# 비교하며 내 생각 쓰기

윤동주 시인과 다른 독립운동가들의 투쟁을 비교해요.

• 독립운동가들은 각자 자신의 방식으로 일제에 대한 투쟁을 이어 나갔어요. 윤동주 시인은 일제의 일본어 사용 강요에도 불구하고, 우리말을 계속 사용하는 방식으로 저항했지요. 이는 한 나라의 언어에 그 나라의 가치관과 정신이 담겨 있다고 믿었기 때문이에요. 아이가 일제강점기의 시대적 상황을 이해한 후에, 윤동주 시인의 투쟁 방식을 무장 투쟁과 비교할 수 있도록 질문해 주세요. 이를 통해 윤동주 시인이 몸소 실천한 문해 활동은 단순히 글을 쓰는 것 이상이며, 시인의 생각과 의지를 표현하는 중요한 방식이었음을 설명해요.

❓ 다음 질문에 대한 내 생각을 정리해 써요.

• 윤동주 시인은 윤봉길, 이봉창 의사처럼 일제에 대한 무장 투쟁이 아닌, 우리말로 된 시를 쓰고, 우리말을 계속 사용하는 형태로 일제에 저항했어요. 이러한 형태의 저항은 무장 투쟁과 무엇이 다른가요?

_____

• 이 두 가지 저항 방식 중에서 어느 것이 더 지속적이고 영향력 있는 저항 방식이라 생각하나요?

_____

# 재미있는 N행시 짓기

- 시는 왠지 소설이나 수필 같은 다른 문학에 비해 다가가기 어려운 느낌이 들어요. 시는 다른 문학 장르와 달리 이해하기 어려운 난해한 표현을 담고 있고, 주관적인 해석의 여지가 있어 사람마다 다양한 의미를 부여할 수 있기 때문이에요. 그런데 우리 삶 속에서는 시가 여기저기에 녹아 있답니다. 국립국어원이 제공하는 표준국어대사전을 찾아보면, 시는 문학의 한 갈래로 '자연이나 인생에 대하여 일어나는 감흥과 사상 따위를 함축적이고 운율적인 언어로 표현한 글'로 설명하고 있어요. 우리가 평소에 재미로 하는 N행시 역시 시의 한 종류이지요. N행시를 지음으로써 어렵게 느껴질 수 있는 '시'라는 갈래에 조금 더 가까워질 수 있을 거예요. 윤동주 시인의 작품도 더욱 잘 이해할 수 있겠죠.

❓ 『윤동주 별을 노래하는 마음』에 나온 주요 키워드로 N행시를 지어요.

**제시어 : 윤동주**

윤 _____

동 _____

주 _____

**제시어 : 시인**

시 _____

인 _____

**제시어 : 독립운동**

독 _____

립 _____

운 _____

동 _____

**제시어 : 대한민국**

대 _____

한 _____

민 _____

국 _____

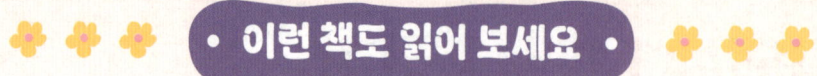
**• 이런 책도 읽어 보세요 •**

비슷한 주제

## ☆ 방정환 어린이 세상을 꿈꾸다 오진원 글 · 김금숙 그림 | 한겨레아이들 | 2016

소파 방정환을 그저 '어린이날을 만드신 분'이라고만 알고 있는 사람들이 많아요. 하지만 방정환은 어른들에게 무시당하고 사회에서 외면받던 어린이를 하나의 인격을 가진 존재로 인식하도록 변화시킨 인물이에요. 어린이도 권리가 있고, 행복할 자격이 있다고 믿었던 방정환은 어린이는 어린이답게 살아야 한다고 주장했어요. 방정환이 말했던 '어린이다움'은 무슨 의미일까요? 방정환의 전기를 통해 그 의미를 찾아봐요.

## ☆ 김구 아름다운 나라를 꿈꾸다 청년백범 글 · 박시백 그림 | 한겨레아이들 | 2022

가난한 집안에서 김창암이라는 이름으로 태어나 많은 이들에게 희망을 심어준 독립유공자 백범 김구의 일생을 이야기하고 있어요. 여러 번 해산 위기를 겪었던 대한민국의 임시정부가 살아남을 수 있었던 중요한 이유 중 하나는 김구와 같이 주도적인 인물이 있었기 때문이에요. 역사적으로나, 정치적으로나 힘든 상황이었음에도 그를 이끈 원동력은 무엇이었을까요? 그의 마음속에서 피어나던 독립운동의 동기가 무엇인지 심도 있게 그려내요.

## ☆ 헬렌 켈러 세상을 밝힌 작은 거인 윤해윤 글 · 원혜진 그림 | 한겨레아이들 | 2016

헬렌 켈러라는 이름을 들어 본 적 있나요? 헬렌 켈러는 어렸을 때 병을 심하게 앓은 뒤로 시력과 청력을 잃고 보지도, 듣지도, 말하지도 못하게 되었어요. 그러한 어려움에도 훌륭한 스승인 앤 설리번 선생님의 도움을 받아 대학교까지 졸업하게 돼요. 그리고는 본인 역시 교육자이자 사회운동가로 활약하게 되지요. 이 책은 그런 헬렌 켈러의 삶을 보여 주고, 헬렌 켈러의 인생에서 빼놓을 수 없는 앤 설리번의 이야기도 들려 줘요.

같은 작가

## ☆ 안녕하세요? 나는 화가입니다 정지원 글 · 김고은 그림 | 토토북 | 2010

본인의 예술적인 스타일이나 그림을 그리는 방식은 화가마다 천차만별로 다르지요. 디테일을 아주 섬세하게 그리는 화가가 있는 반면에, 추상적으로 굵은 선만 표현하는 화가도 있어요. 특히 자화상은 화가가 자신과 세상을 어떻게 바라보는지 더 깊이 이해하는 데 도움이 돼요. 책에서 다빈치, 모네, 고흐 등 유명한 화가들의 자화상을 살펴보며, 그들이 세상을 바라보는 방식을 이해해요.

# 어린이를 위한 동물 복지 이야기

글 한화주
그림 박선하
펴낸 곳 팜파스
출간 2018
갈래 국내 비문학
주제 #동물 복지 #권리 #반려동물 #축산 농장 #유기견

 **책 소개**

지구는 인간만이 사는 곳이 아니에요. 우리 주변의 다양한 식물, 동물과 더불어 살아가야 하는 곳이지요. 그런데 우리의 일상생활 속 많은 부분이 동물들의 희생과 고통을 통해 이루어졌다는 것을 알고 있나요? 이 책은 반려견, 축산 동물, 유기견, 그리고 서커스단의 코끼리 이야기를 통해 동물의 권리와 복지에 관심을 기울여야 하는 이유를 알려줘요. 동물들도 소중한 생명이며 다채로운 감정을 느끼는 존재임을 강조하면서 우리가 일상생활 속 간과하고 있었던 인간으로 인해 불행해지는 동물들의 모습에 대해 생각해 보고, 이들의 고통과 희생을 줄일 방안을 고민하게 하지요. 모든 생명체가 지구에서 행복하게 살 수 있도록 생명 존중의 마음을 키워 보세요.

## 이렇게 질문해요

• 반려동물의 수가 급격히 늘고 있고, 동물원이나 동물들이 등장하는 공연도 많아지는 추세예요. 자칫 잘못하면 이러한 풍조는 아이들로 하여금 동물은 우리처럼 소중한 생명이 아닌, 인간의 기쁨을 위해 존재하는, 우리보다 열등한 존재로 인식하게 할 수 있어요. 이 책을 통해 아이와 함께 평소 동물에 대한 생각과 동물의 권리에 대하여 이야기 나눠 보세요.

"평소 동물에 대해 어떻게 생각해?"

"동물은 사람보다 열등한 존재라고 생각해? 동물은 생각과 감정이 있다고 생각해?"

• 첫 번째 이야기 '토리는 장난감이 아니야!'에 나온 엄마와 준이의 대화를 다시 읽어 보세요. 준이의 말에 엄마가 지적한 이유가 무엇인지 아이와 함께 이야기 나누어 보세요.

• 반려동물의 수가 늘어나는 만큼 유기견 문제 또한 심각해지고 있어요. 세 번째 이야기 '다롱 할아버지는 과연 주인을 만났을까?'의 마지막 문단에서 막내가 던지는 질문을 통해 유기견 문제에 대해 아이와 이야기해 볼 수 있어요. 반려동물과 함께하지 않는 가족이라도 유기견 문제는 사람들의 이기심이 불러올 수 있는 끔찍한 결과임을 알려 아이에게 다른 생명을 존중하고 소중히 여기는 마음을 키울 수 있게 도와주세요. 막내의 질문인 '왜 사람들은 먹이를 주고~살려 줄까?'를 다시 읽어 보며 아이에게 질문해요.

"막내의 질문에 대해 어떻게 생각해? ○○이의 의견은 뭐야?"

# 내용 이해하기

• 이 책은 우리와 함께하는 반려동물, 가축, 동물원의 동물 등 우리가 흔히 만날 수 있는 주변 동물들에 대한 이야기를 담고 있어요. 한편으로는 우리가 쉬이 접하지 못하는 그 이면의 어두운 이야기도 다루고 있어 아이들에게는 새로운 정보를 전달해 주는 정보책의 기능을 하기도 해요. 아이가 책에서 전달하는 정보를 잘 파악하였는지 확인할 수 있도록 책에서 질문에 맞는 정보를 찾은 뒤 본인만의 언어로 대답을 작성하게 지도해 주세요

❓ 다음 질문에 맞는 정보를 책에서 찾아 적어 보세요.

1. 인간의 언어와 같이 동물도 '동물 언어'를 가지고 있어요. 각각의 동물이 어떻게 소통하는지 적어 보세요.

| 동물 | 동물 언어 |
|---|---|
| 고릴라 | |
| 늑대 | |
| 두루미 | |
| 꿀벌 | |
| 딱따구리 | |

2. '애완동물'에서 '반려동물'로 용어가 변경된 이유는 무엇인가요?

_____

3. 우리나라에서 사육되는 가축의 복지를 위해 마련된 제도는 무엇인가요?

_____

4. 동물원에 사는 동물들이 반복적으로 이상 행동을 보이는 것을 무엇이라 부르나요? 동물들이 이러한 행동을 보이는 이유는 무엇인가요?

_____

# 나의 경험 돌아보기

동물 복지의 관점에서 나의 경험을 돌아보고, 앞으로 동물 복지 실현을 위해 할 수 있는 일을 작성해요.

- 책을 완독한 후, 나의 경험을 돌아보아요. 의도치 않게 동물에게 아픔을 주거나 동물 복지를 해친 경험이 있을 수 있어요. 본인의 경험을 작성해 보고, 앞으로의 다짐도 함께 적어 보는 활동이에요. 깊이 있게 생각해 보지 않으면, 우리도 모르는 사이에 동물의 복지를 해한 적 있었다는 사실을 인식하기 어려워요. 우리가 무심코 입었던 옷, 먹었던 음식, 즐겁게 보았던 서커스, 펫숍에서 귀여워했던 강아지 등의 경험과 책에서 언급하고 있는 동물 복지의 이야기를 연결해 볼 수 있어요. 아이가 경험을 떠올려 볼 수 있도록 부모님이 확장적 질문을 던지며 도와주세요. 활동지에 적힌 장소에 방문했던 경험에 대해 이야기 나눌 때, 아이가 앞으로 우리가 할 수 있는 일을 생각하기 어려워한다면 부모님도 함께 고민해 주면 좋아요.

🔍 우리가 익숙하게 가는 곳에서도 동물들의 삶과 연결된 이야기들이 숨어 있어요. 책을 완독한 후, 무심코 지나쳤던 장소들을 동물 복지의 관점에서 다시 바라봐요. 각 장소의 그림을 보면서 책을 읽기 전과 후의 나의 생각 변화를 적어 보고, 동물들을 위한 더 나은 선택은 무엇일지 앞으로 우리가 할 수 있는 일을 적어요.

- **책을 읽기 전 나의 생각:** 펫숍을 지나갈 때마다 보이는 강아지들이 마냥 귀엽다고만 생각했어요.
- **책을 읽고 난 후 나의 생각:** 펫숍에 있는 강아지들이 강아지 농장에서 온다는 것과 강아지를 낳기 위해 이용되는 개들이 있다는 사실을 알고 펫숍에 대해 부정적으로 생각하게 되었어요.
- **앞으로 우리가 할 수 있는 일:** 반려동물을 입양할 때는 유기견 보호소에서 입양하는 것을 고려해요.

- **책을 읽기 전 나의 생각:** _____
- **책을 읽고 난 후 나의 생각:** _____
- **앞으로 우리가 할 수 있는 일:** _____

- **책을 읽기 전 나의 생각:** _____
- **책을 읽고 난 후 나의 생각:** _____
- **앞으로 우리가 할 수 있는 일:** _____

- **책을 읽기 전 나의 생각:** _____
- **책을 읽고 난 후 나의 생각:** _____
- **앞으로 우리가 할 수 있는 일:** _____

# 주장과 근거 작성하기

동물 실험 찬반에 대한 나의 입장을 정하고, 이에 대한 근거를 작성해요.

- 동물 실험 주제는 찬반이 극명히 갈리는 아주 논쟁적인 토론 주제예요. 책에서도 '찬성? 반대? 동물 실험에 대한 너의 의견은 어떠니?' 이야기를 통해 동물 실험에 대한 내용을 아주 잠깐 다루고 있어요. 아이가 논쟁적 주제에 대한 본인의 주장을 정하고, 이를 뒷받침하는 근거를 작성하도록 하세요. 주장과 근거를 명확히 구분할 수 있도록 하고, 근거 또한 주장을 직접적으로 뒷받침할 수 있는 근거로 선정할 수 있게 도와주세요. 부모님은 아이와 반대 입장을 맡아 직접 간단한 토론을 진행해 볼 수도 있어요. 실제 토론을 진행하였다면 아이에게 반대 측을 맡은 부모의 주장과 근거를 활동지에 받아 적게 하고, 토론을 직접 진행하지 못했다면 아이가 반대 측의 주장과 근거를 유추하여 적어볼 수 있게 해 주세요. 찬성/반대 측의 주장과 근거를 모두 정리하여 작성한 다음, 아이의 생각이 처음과 달라졌는지 물어봐 주세요. 토론 후 아이가 직접 본인이 내린 결론을 작성할 수 있도록 지도해 주세요.

🔍 동물 실험에 대한 나의 의견을 작성하고 나와 반대인 의견도 생각해 보세요. 그런 다음 최종 의견을 결정해요.

- 동물 실험에 대한 나의 의견은?

| 주장 | 나는 동물 실험에 ( 찬성 / 반대 )합니다. |
|---|---|
| 근거 | -<br>-<br>- |

- 동물 실험에 대한 나와 반대 측의 입장은?

| 주장 | 나는 동물 실험에 ( 찬성 / 반대 )합니다. |
|---|---|
| 근거 | -<br>-<br>- |

- 토론 후 나의 결론은?

| 주장 | 나는 동물 실험에 ( 찬성 / 반대 )합니다. |
|---|---|
| 근거 | -<br>-<br>- |

# 편지 쓰기

동물의 복지를 고려하지 않는 인물에게 설득하는 편지를 써서 자기 생각을 전달해요.

• 책을 읽고 알게 된 내용을 바탕으로 편지를 작성해 보는 활동이에요. 책 내용과 관련 있는 세 명의 인물이 활동지에 제시되어 있어요. 아이가 이 중 한 인물을 골라 책을 통해 알게 된 내용과 느낀 점을 바탕으로 편지를 작성할 수 있도록 지도해 주세요. 예를 들어 반려동물 입양을 고려 중인 인물에게는 펫샵이 아닌 유기견 입양을 독려하고, 반려동물을 키우는 것에는 막중한 책임감이 필요하다는 내용의 편지를, 서커스단 단장에게는 동물이 등장하는 쇼를 폐지할 것을 촉구하는 편지를, 마지막으로 공장식 사육장을 운영하는 아저씨에게는 공장식 사육의 폐해를 알리고 동물 복지 축산 농장 인증 제도를 소개해 보는 편지를 작성해 볼 수 있어요. 각 인물에게 전달하고 싶은 메시지를 편지 형식으로 작성하고, 해당 인물을 선택한 이유와 편지에 가장 담고 싶은 메시지가 무엇인지에 대해서도 이야기 나눠 보세요.

❓ 세 인물 중 한 인물을 골라 책에서 배운 내용을 바탕으로 선택한 인물이 동물의 복지를 고려하여 변화를 꾀할 수 있도록 설득하는 편지를 써 보아요.

우리 가족은 펫샵에서
반려동물 입양을 고려하고 있어요.

저는 공장식 사육장을 운영하고 있어요.
저희 농장의 이익은 엄청나답니다.

우리 서커스단의 자랑
원숭이와 코끼리를 소개합니다!

## 이런 책도 읽어 보세요

비슷한 주제

### ⭐ 꼬불꼬불나라의 동물권리이야기 서혜경 글 · 김용길 그림 | 풀빛미디어 | 2019

수염왕이라는 흥미로운 인물이 동물원, 농장 등 다양한 곳을 방문하는 모험을 통해 동물 권리 이야기를 흥미롭게 풀어내고 있어요. 이 책은 '동물을 사랑하면 세상을 보는 눈이 달라진다'라고 이야기하고 있어요. 우리는 인간으로서 모든 생명을 존중해야 하죠. 반려동물, 농장, 동물원 등 비슷한 주제를 다루고 있는 만큼 『어린이를 위한 동물 복지 이야기』를 재밌게 읽었다면 이 책도 추천해요.

### ⭐ 우리, 함께 살아요! 한미경 글 · 정진호 그림 | 현암사 | 2015

사람과 동물이 함께 더불어 사는 행복한 세상을 꿈꾸는 책이에요. 안타깝게도, 현재는 인간들 때문에 상처받고 희생당하는 동물들이 많아요. 이 책은 동물 권리가 침해되는 사례를 보여주며 동물들이 덜 고통 받을 수 있도록 우리가 할 수 있는 일에 대해서도 소개해요. 책을 읽고 왜 우리가 동물들도 신경 써야 하는지, 지구의 모든 생명이 평화롭게 공존할 방법을 고민해 보세요.

### ⭐ 고릴라에게서 평화를 배우다 김황 글 · 김은주 그림 | 논장 | 2018

고릴라를 생각하면 어떤 이미지가 떠오르나요? 덩치 크고 무서운 이미지가 떠오르지 않나요? 하지만 사실 고릴라는 따뜻한 마음을 지니고 명석한 두뇌를 가진 동물이에요. 인간과 같은 영장류에 속한 동물로, 고릴라와 사람은 사실 진화생물학적으로도 생각보다 가까운 관계에 있고, 공통점도 많아요. 고릴라에 대한 오래된 오해를 풀고, 흥미로운 고릴라 사회의 모습도 배워 보아요.

같은 작가

### ⭐ 다문화 친구 민이가 뿔났다 한화주 글 · 안경희 그림 | 팜파스 | 2013

베트남인 어머니와 한국인 아버지를 둔 이주 배경 아동 민이의 학교생활을 다루고 있는 인성 동화예요. 다문화 가정 출신인 민이는 학교에서 다문화 가정에 대한 차별 및 편견을 많이 겪게 되지요. 그럼에도 역경을 이겨내고 학교생활에 성공적으로 적응하는 민이의 이야기를 담고 있어요. 차별과 편견 없는 세상을 꿈꾼다면 이 책을 읽어 보세요.

## ☆ 미래를 살리는 착한 소비 이야기 한화주 글 · 박선하 그림 | 팜파스 | 2016

소비 중에서도 착한 소비가 있다는 걸 알고 있나요? 『어린이를 위한 동물 복지 이야기』에서 동물에 관련된 숨겨진 이야기를 들려주며 동물 복지에 대한 생각을 일깨워준 것처럼, 이 책 또한 소비 뒤에 얽힌 흥미로운 이야기를 통해 우리로 하여금 일상에서 소비가 얼마나 큰 영향력을 미치는지 알려줘요. 세상은 생각보다 더 밀접하게 서로 연결되어 있고, 나의 작은 소비가 세상에 영향을 미칠 수 있다는 사실을 확인해 보세요.

# 아주 특별한 우리 형

글 고정욱
그림 김효은
펴낸 곳 대교북스주니어
출간 2018
갈래 국내 문학
주제 #장애 #편견 극복 #가족 #형제

 **책 소개**

고정욱 작가는 지체장애인인 동시에, 장애를 소재로 다수의 창작동화를 쓴 작가예요. 장애인이 차별받지
않는 세상을 만들기 위해서는 어린이들의 인식을 바꾸는 것이 중요하다고 생각하여 아이들을 위한 장애
관련 소설을 계속 발표하고 있어요. 『아주 특별한 우리 형』도 뇌성 마비 장애로 휠체어를 타지만 컴퓨터에
는 매우 뛰어난 재능을 가진 종식이를 주인공으로 내세우며, 종식이와 그의 동생 종민이의 이야기를 다루
고 있어요. 갑자기 나타난 장애가 있는 형이 싫고 부끄러웠던 종민이지만, 종식이와 함께하며 점점 소중
한 가족의 일원으로 받아들이게 되는 변화의 과정을 감동적으로 담아냈어요. 혹시 그동안 장애인에 대해
차별적인 시각을 가지고 있지는 않았는지 자신을 돌아보게 하고, 장애인에 대한 차별 없는 세상을 어떻게
만들 수 있을지 고민하는 시간을 가져 보게 만드는 책이에요.

## 이렇게 질문해요

• 책을 읽기 전, 함께 표지를 살피며 주인공들에 대해 추측해 보고, 장애인을 만난 아이의 경험에 대해
이야기 나눠요.

"표지에 형제가 그려져 있네. 표지 속 인물의 특징 중에 눈에 띄는 부분이 있어?"

"이번 책에는 장애가 있는 친구가 주인공으로 나오나 봐. 혹시 ○○이는 장애가 있는 친구를 만나본 적 있어?"

- 91~92쪽(그때였습니다. ~ 설움이 북받쳐 올라 울음으로 터져 나왔습니다)으로 돌아가 종민이와 종식이가 함께 산책을 나간 장면의 이야기를 다시 읽어요. 이 장면에 등장하는 할머니와 아저씨의 행동이 적절했는지 아이의 평가를 물어봐 주세요. 아이가 길에서 장애인을 만나게 된다면 어떻게 할 것인지도 함께 물어보세요.

"종민이는 왜 할머니와 아저씨의 행동에 눈물이 났을까? 할머니와 아저씨의 행동이 적절했던 것 같아? 어떤 부분이 잘못되었지? ○○이가 길에서 종식이와 종민이를 만났다면 어떻게 행동하는 것이 바람직할까?"

# 등장인물 이해하기

등장인물의 특징을 나타내는 단서들을 책에서 찾아 등장인물을 분석해요.

- 종식, 종민은 비슷한 점도 많지만 서로 대비되는 점이 많은 형제예요. 등장인물을 분석하면서 파악하는 활동을 통해 아이들은 책의 내용을 더욱 깊이 있게 이해할 수 있어요. 종식, 종민이의 대사, 그들의 속마음과 외모, 성격 등을 보여주는 문장을 근거로 활용하여 아이들이 등장인물을 파악하고, 인물들의 특징을 나타내는 키워드를 떠올릴 수 있도록 도와주세요. 아이가 자유롭게 꼬리에 꼬리를 무는 생각으로의 고리를 이어 나가며 창의적인 마인드맵을 그릴 수 있도록 격려해 주세요. 마인드맵에는 인물 간의 관계, 외모, 성격, 특징 등 인물과 관련된 무엇이든 적어도 좋아요.

🔍 종식이와 종민이의 특징을 마인드맵으로 표현해요.

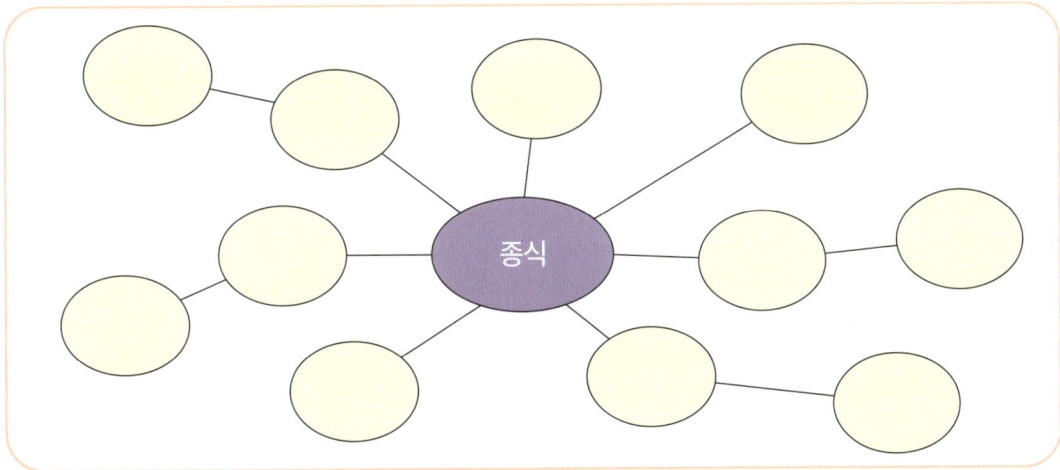

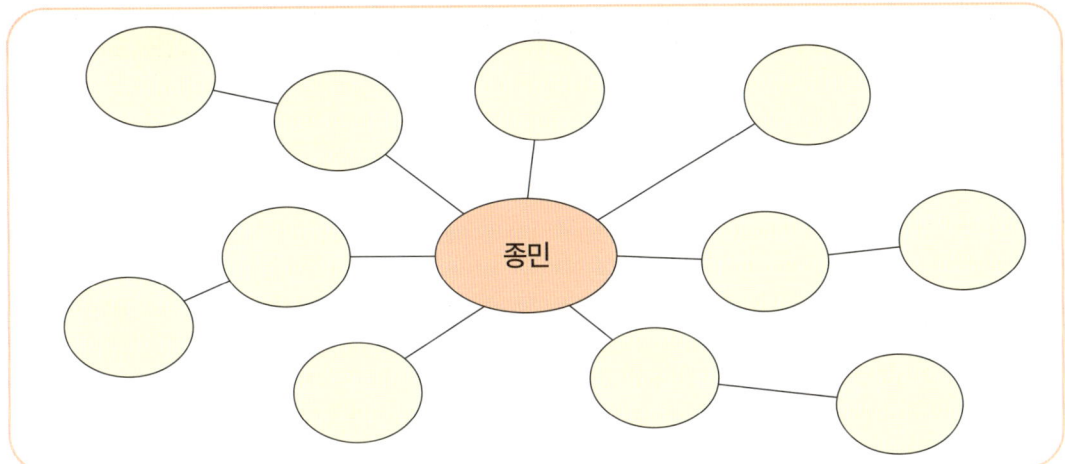

# 등장인물의 감정 변화 파악하기

내용 전개에 따른 등장인물의 감정 변화를 파악하여 정리해요.

- 중요 사건마다 형 종식이에 대한 동생 종민이의 감정이 어떻게 변화하는지를 파악하는 활동이에요. 이 활동을 통해 책의 줄거리를 되짚어봄과 동시에, 책에 직접적으로 나오지 않는 종민이의 마음을 유추하는 연습도 할 수 있어요. 각 사건이 등장하는 페이지로 아이와 함께 돌아가서 다시 읽어본 다음, 종민이의 감정을 아이가 적절한 어휘로 표현할 수 있도록 해 주세요. 아이가 종민이의 마음을 유추할 수 있는 근거도 찾아볼 수 있도록 질문해요. 생각의 근거를 표현하고, 사고의 깊이를 더할 수 있어요.

  "종민이가 왜 그런 마음이 들 것이라고 생각했어? 책에서 어떤 문장을 보고 그런 생각을 했니?"

내용 전개에 따라 종식이에 대한 종민이의 감정 변화를 파악하여 정리해요. 각 사건에서 종민이가 느낀 감정을 정리해서 적어요.

| 처음 종식이를 만났을 때 | 가출을 결심하였을 때 | 경찰서에서 집으로 돌아왔을 때 |
|---|---|---|
| | | |

| 종식이가 쓰러졌을 때 | 종식이가 큰 상을 받았을 때 | 종식이가 시설로 떠났을 때 |
|---|---|---|
| | | |

# 맥락 속 단어 뜻 추측하기

책에 나온 단어의 뜻을 문맥을 통해 추측하고, 사전에서 정확한 의미를 확인한 뒤 예문을 만들어요.

• 어휘력을 높이는 것은 문해력을 갖추기 데 필요한 필수적인 요소예요. 초등학교 고학년이라도 꾸준히 새로운 고급 어휘를 학습하는 것이 필요해요. 그래서 책에 모르는 단어가 나왔을 때가 바로 어휘 학습을 위한 절호의 기회지요. 처음에는 아이가 문맥을 활용하여 단어의 뜻을 유추할 수 있게 도와주세요. 그다음에는 아이와 함께 국어사전을 활용하여 단어의 뜻을 살펴보세요. 사전을 활용하면 하나의 단어에도 다양한 의미가 있음을 알게 되고, 비슷하거나 반대되는 의미를 가진 단어로도 확장할 수 있어 어휘의 폭과 깊이를 더하는 데 매우 유용해요. 마지막으로 새롭게 알게 된 단어를 활용하여 예문을 만들어 보도록 해 주세요. 단어를 활용해 예시 문장을 생각하다 보면 단어가 오랫동안 기억에 남고, 단어의 의미를 일상과 연결해 능동적으로 이해할 수 있어요.

🔍 책을 읽으면서 어려웠던 단어를 정리해요. 맥락을 통해 단어의 뜻을 추측해요. 추측한 단어의 뜻을 적은 다음, 사전에서 단어의 뜻을 찾아 적고 예문을 만들어요.

| 내가 몰랐던 단어 | 줏뿔나게: "장애인들이 뭐 줏뿔나게 할 일이 있다고 나오는 거야?" |
|---|---|
| 내가 생각한 뜻 | |
| 사전에서 찾은 뜻 | |
| 예문 | |

| 내가 몰랐던 단어 | 선선히: "고맙습니다. 이렇게 선선히 허락해 주셔서." |
|---|---|
| 내가 생각한 뜻 | |
| 사전에서 찾은 뜻 | |
| 예문 | |

| 내가 몰랐던 단어 | |
|---|---|
| 내가 생각한 뜻 | |
| 사전에서 찾은 뜻 | |
| 예문 | |

# 챗GPT로 질문하고 비판적으로 이해하기

챗GPT에 질문하고 챗GPT의 대답이 정확한지 확인해요.

- 챗GPT를 활용하여 질문하고, 인터넷 검색으로 대답의 진위를 확인하는 활동이에요. 챗GPT가 상용화되면서 질문을 잘하는 기술이 점점 중요해지고 있어요. 자라나는 아이들에게는 챗GPT를 활용하여 원하는 답을 얻을 수 있도록 좋은 질문을 만드는 능력이 필수적으로 요구되고 있지요. 문제는 챗GPT가 유용한 도구이기는 하지만, 부정확한 대답을 줄 때도 많다는 점이에요. 따라서 정확한 정보인지를 확인하는 과정이 꼭 필요함을 아이에게 일러두세요. 질문을 잘하는 방법과 정보를 재확인하는 두 과정을 모두 연습할 수 있게 지도해 주세요.

❓ '장애우'라는 용어가 폐지된 이유를 챗GPT를 통해 알아보고 그 내용을 정리하여 적어요. 챗GPT의 대답이 정확한지 인터넷 검색을 통해 확인해요. 챗GPT의 활용법을 익혔다면, 책을 읽고 궁금해진 내용에 대해 자유롭게 챗GPT를 이용하여 질문해 보세요.

### 무엇을 도와드릴까요?

| '장애우'라는 용어가 폐지된 이유는 무엇인가요? |
| ⊕ 🌐 검색 💡 이성 ↑ |

대답 적기:

_____

_____

_____

_____

_____

### 무엇을 도와드릴까요?

| 내가 만든 질문은? |
| ⊕ 🌐 검색 💡 이성 ↑ |

대답 적기:

_____

_____

_____

_____

_____

# 신문으로 지식 확장하기

- 종식이는 집에서 나가는 것이 어려워 대부분의 시간을 집에서 보내요. 88쪽부터 94쪽까지 다시 읽어 보면, 종민이와 함께 나간 산책길에 마주친 쓰레기통마저 신기해하는 종식이의 모습을 발견할 수 있어요. 장애인은 외부에서의 이동과 활동이 어려워 집이나 시설에서 많은 시간을 보내는 게 현실이기 때문이죠.

다음 기사를 읽고 질문에 답해 보세요.

'휠체어 그네'를 아시나요... 통합놀이터 조성 촉구, 연합뉴스 TV

구리시, 경기지역 첫 '무장애 통합놀이터' 연말 개장, 연합뉴스

1. 기사를 통해 알게 된 통합놀이터란 무엇인가요?

_____

_____

_____

2. 통합놀이터가 필요한 이유는 무엇일지 나의 생각을 적어 보세요.

_____

_____

_____

3. 우리 동네 놀이터를 장애 아동 친화적인 통합놀이터로 변화시키기 위한 나만의 아이디어를 적어 보세요.

_____

_____

_____

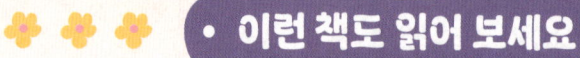

## • 이런 책도 읽어 보세요 •

비슷한 주제

### ☆ 달리다 보니 결승선 데비 월드먼 글 | 김호정 옮김 | 책속물고기 | 2019(개정판)

소리를 잘 듣지 못하는 주인공 애디는 보청기를 껴요. 애디는 보청기를 끼는 것이 아무렇지 않지만, 주위 사람들은 애디를 잘 듣지 못하는 장애가 있는 아이로 정의하고 바라봐요. 그런데 애디가 달리기를 시작하고 나서부터는 애디를 바라보는 주변의 시선이 완전히 바뀌게 돼요. 장애인을 바라보는 우리의 태도와 시선을 되돌아볼 수 있는 책이에요.

### ☆ 내 이름을 들려줄게 조연화 글 · 황여진 그림 | 단비어린이 | 2021

까만 피부와 곱슬곱슬한 머리카락을 가진 강뉴가 본인의 정체성을 찾아가며 자존감을 높여가는 여정을 그리고 있는 책이에요. 종식이가 장애 때문에 사회의 시선으로부터 불편함을 겪는 것처럼, 강뉴는 남들과 다른 피부색 때문에 차별의 어려움을 겪고 있어요. 우리 사회의 소수자들이 겪는 어려움에 공감하며 그들에게 더 나은 세상을 만들기 위한 방법을 고민해 보세요.

### ☆ 파란색을 볼 때 릴리 베일리 글 | 천미나 옮김 | 한빛에듀 | 2023

강박 장애를 앓고 있는 열두 살 밴의 이야기를 담고 있는 책이에요. 많은 사람들에게 생소할 수도 있는 강박 장애가 무엇인지, 밴이 이것을 어떻게 극복해 나가는지 찬찬히 살펴보며 읽어 보세요. 밴의 어려움을 이해하고 도와주는 친구 에이프릴의 이야기는 우리에게 주변에서 어려움을 겪고 있는 친구를 어떻게 대해야 하는지에 대한 교훈을 줘요.

같은 작가

### ☆ 아주 특별한 우리 형 2 고정욱 글 · 이경국 그림 | 오늘책 | 2025(개정판)

『아주 특별한 우리 형』의 속편으로, 종식이와 종민이의 1년 후 모습을 그리고 있어요. 종식이는 장애 인식 개선 강사가 되었지만, 여전히 장애인에 대한 차별로 강연 자리를 얻지 못하는 어려움을, 종민이는 학교에서 왕따를 당하는 어려움을 겪고 있어요. 형제는 이 난관을 잘 극복할 수 있을까요? 전편을 재미있게 읽었다면, 또 둘의 이야기가 궁금하다면 추천해요.

## ⭐ 안내견 탄실이 고정욱 글 · 김동성 그림 | 오늘책 | 2022(개정판)

고정욱 작가님의 가장 대표적인 소설 중 하나로, 오랫동안 큰 사랑을 받아온 책이에요. 여러분도 길을 가다 시각 장애인을 위한 안내견을 본 적이 있나요? 시각장애인과 그들의 눈이 되어 주는 안내견의 삶을 자세히 보여주고 있으니 안내견을 만나게 되었을 때 어떻게 대하는 것이 좋을지 살펴보며 읽어요. 하루아침에 장애를 얻었지만 씩씩하게 탄실이와 살아가는 예나의 모습은 우리에게 큰 감동을 줘요.

## ⭐ 까칠한 재석이가 사라졌다 고정욱 글 | 애플북스 | 2022(개정판)

무려 9권으로 구성된 『까칠한 재석이』 시리즈의 1권이에요. 세상에 불만 많고 불량스러웠던 청소년 재석이가 사회봉사 경험을 통해 긍정적으로 변화하는 내용을 그리고 있어요. 이 책은 청소년의 모든 고민을 담고 있는 책이라는 평가를 받기도 하였으니, 초등 고학년 친구들이 깊이 공감할 수 있을 거예요. 많은 사랑을 받은 성장소설이니 시리즈 전 권 읽기에 도전해 보세요.

# 상상 이상 미래 세상

글 편석준
펴낸 곳 레드우드
출간 2021
갈래 국내 비문학(과학/기술/정보)
주제 #과학 #IT #최첨단 기기 #디지털 세상

 **책 소개**

'IT 특허 동화'라는 칭호에 알맞게 여러 가지 최첨단 미래와 관련된 특허 기술을 설명하는 책이에요. 특허라는 것은 아직 완성품은 아니지만, 책의 서평에 나온 것처럼 '실현 가능성을 가진 기발한 아이디어'를 말해요. 이미 그런 세상을 사는 듯 이야기를 풀어나가는 전개가 흥미진진해요. 하늘에 큰 물류 비행선을 띄우는 공중 물류 센터부터 날아서 택배를 배달하는 드론 배달부, 가상으로 옷을 입어보고 구매할 수 있는 가상현실 옷 가게까지, 앞으로 세상이 바뀌게 될 방식은 무궁무진해요. 예전에는 공상과학 소설이나 영화 속에서만 존재하던 미래가 이제는 우리의 현실이 될 거예요. 그리고 그 미래는 과학 기술의 발전으로 우리가 생각했던 것보다 훨씬 빠르게 다가오고 있지요. MZ세대보다도 훨씬 더 많은 양의 정보 기술을 접하며 살아가는 알파 세대의 아이들은 미래에 어떤 세상을 살게 될까요?

## 〰 이렇게 질문해요 〰

• 책의 주제와 관련하여 아이의 상상력을 자극할 수 있는 재미있는 질문으로 시작해요.

  "○○가 상상하는 미래는 어떤 세상이야? 어떤 신기술이 나와 있을 것 같니?"

• 미래와 현재의 기술을 연관 지어 생각해요.

  "지금 사용되고 있는 기술 중에 미래에도 이용될 기술은 어떤 게 있을 것 같아? 반대로 사라질 기술에는 어떤 것들이 있을까?"

- 기술의 측면에서 과거와 현재를 연결하여 상상할 수 있는 질문을 해요.

  "만약 과거에 살던 사람이 현시대로 올 수 있다면 어떤 질문을 할까? 그들에게 무슨 기술이 제일 신기하게 느껴질 것 같아?"

# 장·단점 차트 만들기

책의 내용을 되짚어 보며 소개되었던 기술들에 대한 장·단점을 나열해요.

- 비판적 사고를 통해 장점만을 가지고 있을 것 같은 신기술에 대하여 장점과 단점을 모두 살펴볼 수 있도록 도와 주는 활동이에요. 세상이 흑백으로만 이루어진 것이 아니듯, 많은 것들 역시 좋다/나쁘다의 이분법으로만 구분할 수는 없어요. 본 활동을 통해 장점과 단점을 비교해 보면서 아이의 비판적 사고를 길러 주세요. 비판적 사고를 키우면 글을 읽거나 쓸 때도 수동적인 자세가 아닌 적극적으로 문제를 찾아보면서 다양한 측면을 분석할 수 있는 시각을 가질 수 있어요.

세상 모든 일에는 장점과 단점이 있어요. 신기술도 마찬가지지요. 새로운 과학 기술이 개발되어 우리의 삶을 편하게 해 줄 수 있다면 마냥 좋을 것 같아도, 그 기술로 인해 생겨나는 단점이나 피해도 있을 수 있어요. 다음 표에 나열된 세 가지 신기술의 장점과 단점을 적고 특성을 비교해요.

| 신기술 | 장점 | 단점 |
| --- | --- | --- |
| 드론 배달부 | | |
| 스마트 홈 | | |
| 공중 물류 센터 | | |

# '기계는 인간을 대체할까?' 토론하기

찬성 혹은 반대의 입장에서 설득력 있게 주장해요.

- 기계와 인간의 공존이라는 주제에 대해서 생각해 보는 활동이에요. 인간은 점점 더 기계에 의존하며 살고 있어요. 현시점에도 기계가 인간 삶에서 많은 부분을 차지하고 있으나, 기계를 다루는 주체는 아직 인간이라는 인식이 강해요. 그런데 미래에는 이러한 상황이 바뀌게 될까요? 아직 뾰족한 해답은 없지만, 아이와 함께 토론해 보면서 미래의 인간과 기계의 관계에 대하여 생각해요. 토론은 근거를 뒷받침하며 자신의 주장을 내세우는 구조화된 말하기로, 논리적인 말하기와 글쓰기를 연습하는 데 효과적이에요.

❓ 시간이 지날수록 기계들이 점점 똑똑해지고 있어요. 기업에서는 AI 프로그램과 기계들을 앞다투어 개발하고 있기에, 앞으로는 더 많은 최첨단 기술을 만날 수 있을 거예요. 그 가운데 생각해 볼 주제가 바로 '기계는 인간을 대체할 것인가?'라는 문제예요. 기계의 지능이 인간의 지능을 뛰어넘고, 기계가 인간의 정서와 사상, 감정까지도 이해하는 날이 올까요? 기계가 인간을 대체할 수 있을지 찬성과 반대 의견 중 하나를 골라 작성해요. 나와 의견이 반대되는 사람의 주장과 근거도 살펴요.

| 기계는 인간을 대체할 수 있을까? | | |
|---|---|---|
| | 찬성 또는 반대 | 이유 |
| 나의 의견 | 찬성 | 기계는 이미 인간의 지능을 따라잡았으니 감정 등도 못 따라잡을 이유가 없다. 기술 발전의 속도는 나날이 빨라지고 있으므로 더욱더 그런 세상이 오게 될 것이다. |
| 나와 반대되는 의견 | 반대 | 기계가 인간보다 똑똑해질 수는 있어도 인간의 마음속 감정이나 세세한 부분까진 따라잡지 못할 것이다. 그리고 인간은 기계가 그렇게 되기 전에 그런 상황이 벌어지지 않도록 할 것이다. |

# 일상에서 발견하기

상상을 통해 일상 속 제품을 스마트하게 바꿔요.

- 이 책은 기상천외하면서도 충분히 실현될 수 있는 특허 아이디어를 설명하고 있어요. 독자 중에는 책을 읽으며 새로운 아이디어에 대한 영감을 받은 사람도 많을 거예요. 아이들이 주체적으로 특허를 구성해 보면서 기발한 아이디어가 나올 수도 있지요. 아이가 상상한 기계의 새로운 기능과 강점을 묘사해 보면서 표현력과 상상력을 키울 수 있어요.

🔍 요즘은 스마트폰, 스마트 TV, 스마트 홈 등 스마트한 가전제품이 대세이지요. 말로 명령어를 입력하기만 하면 그에 맞는 행동을 하다니, 정말 말 그대로 '스마트'해요. 주변의 가전제품 중 스마트하지 않은 것이 있다면 무엇을 스마트하게 바꾸고 싶나요? 혹은 이미 스마트한 제품이어도 더 개선할 수 있는 방법이 있을까요? 그 제품을 보다 스마트하게 바꾸기 위해서 어떤 기능이 추가되면 좋을지 적어요.

| 바꾸고 싶은 가전제품 | 어떻게 스마트하게 바꾸고 싶은가요? |
|---|---|
| | 이름: 냄새 맡는 기능을 추가한 스마트폰<br>이유: 나는 스마트폰으로 맛있는 음식을 소개하는 영상 보기를 좋아하는데, 음식에서 어떤 맛있는 냄새가 나는지 분석해 보고 싶다. |
|  |  |
|  |  |

# 광고 카피 써 보기

짧고 강렬하면서도 필요한 정보도 담고 있는 광고 카피를 써요.

- 카피라이팅은 특수한 형태의 글쓰기로, 짧은 내용 안에 주요 아이디어가 들어가야 하는 어려움이 있어요. 이뿐만 아니라 사람들의 눈길을 사로잡을 매력적인 어구나 재치 있는 한마디가 필요하지요. 카피라이팅 연습을 하며 간략하면서도 효과적으로 생각을 전달하는 글쓰기를 연습해요.

홍보와 마케팅을 목적으로 글을 쓰는 것을 카피라이팅이라고 해요. 이 카피라이팅을 하는 사람을 카피라이터라고 하지요. 슬로건은 광고의 아이디어를 한눈에 알아볼 수 있도록 짧은 글 안에 제품을 소개하는 강렬한 문구를 의미해요. 이 책에는 기발한 아이디어가 많이 소개되어 있어요. 물론 책에 소개된 모든 아이디어가 현재도 이용 가능한 제품으로 완성된 것은 아니지만, 다가올 미래 세상에는 아이디어가 반영된 새로운 제품들이 많아질 거예요. 여러분이 카피라이터가 되었다고 생각하면서 광고에 쓰일 슬로건을 만들어 보세요. 여러분의 회사에서는 어떤 제품을 만드나요? 이 책에 소개된 제품도, 여러분이 생각해 낸 제품도, 그 외의 어떤 제품이라도 좋아요. 한두 문장으로 소비자의 구매 욕구를 자극하는 광고 슬로건을 만들어요.

## 광고 슬로건 예시

- 오아 가전제품: 디자인에 반하고 성능에 놀라다
- 시몬스 침대: 흔들리지 않는 편안함
- 아이폰 13: 일상을 위한 비상한 능력

| 회사 이름 | 무엇을 만드는 회사인가요? | 광고 슬로건 |
|---|---|---|
| 건강으뜸 | 거동이 불편한 사람들을 위해 집까지 찾아가 간단한 건강검진을 해 주는 로봇을 만드는 회사 | 이제 병원에 직접 가는 시대는 끝! 집에서도 건강하게! |
| | | |

# 온라인 특허청 나들이

• **온라인 특허청**

요즘은 모든 것을 인터넷으로 처리할 수 있는 시대이지요. 특허도 마찬가지예요. 특허와 관련된 모든 정보, 특허를 받은 물품 등은 대한민국 특허청(지식재산처) 홈페이지에서 열람할 수 있어요. 특허와 관련해 더 많은 정보가 필요하거나 책에서 충분히 설명되지 않았던 부분이 있다면 홈페이지에서 답을 찾아보세요. 특허청 홈페이지를 방문해 특허가 무엇인지 알아보고, 우리나라의 특허 물품은 무엇이 있는지 알아보세요. 대한민국 정부에서 운영하는 웹사이트라 안전하고, 아이들의 궁금증을 해결해 줄 정보가 많이 있어요.

• **키프리스**

특허청 홈페이지에서는 특허와 관련된 공고, 소식 등을 읽어볼 수 있고, 특허정보검색서비스인 '키프리스(KIPRIS)'로 가는 링크를 열 수 있어요. 키프리스에서는 디자인, 상표, 물품 등 여러 가지의 특허를 확인해 볼 수 있고, 우리나라뿐만 아니라 해외 특허도 열람이 가능해요. 혹시 웹사이트를 이용하는 것이 어렵게 느껴져도 걱정하지 마세요. 키프리스의 첫 번째 페이지에는 사이트 이용 안내와 검색 가이드를 위한 링크가 있어요. 하나의 예를 살펴볼까요? 다음은 키프리스 검색창에 '로봇'이라고 입력하고 검색을 누르면 나오는 화면이에요. 특허 신청 내역과 결과는 시시각각 바뀌니, 오늘의 검색 결과가 내일의 결과와는 다를 수 있어요. 화면을 보면, 현재는 '로봇 제어 장치 및 그 동작방법'이 특허로 등록되어 있음을 알 수 있어요.

지식재산처

키프리스

🔍 QR코드를 활용해 직접 검색해 보세요.

• 특허청 홈페이지에서 찾아보고 싶은 물품은 무엇인가요? _____

• 실제로 검색해 본 뒤, 새롭게 떠오른 아이디어나 느낀 점이 있다면 무엇인가요?

_____

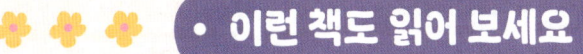

**비슷한 주제**

### ☆ 낯선 기술들과 함께 살아가기 김동광 글 · 이혜원 그림 | 풀빛 | 2021

미래 과학은 우리의 삶을 어떻게 바꿔 놓을까요? 기술이 빠르게 발전하는 속도는 이제 사람들이 상상했던 것을 초월할 정도로 빨라졌어요. 날마다 새롭고 혁신적인 기술이 출시되고, 기존에 존재하던 기술들도 나날이 발전하고 있지요. 이렇게 정신없는 세상에 잘 적응하여 사는 방법을 설명하는 책이에요. 재미있는 그림으로 과학의 기초적인 지식부터 사회적, 윤리적 문제 등도 다루고 있어 과학에 대해 기존에 알고 있던 점이 없더라도 쉽게 이해할 수 있어요.

### ☆ 인공지능은 선생님을 대신할까요? 이영호, 김하민 글 · 2DA 그림 | 서해문집 | 2023

요즘 뜨거운 주제인 인공지능을 주로 다루고 있는 책이에요. 알파 세대는 앞으로 인공지능과 함께하는 삶을 살게 될 거예요. 그런데 인공지능을 마냥 오용, 남용해도 되는 걸까요? 인공지능은 과연 인간을 뛰어넘게 될까요? 인공지능이 가져올 장점과 단점을 두루 살펴보며, 인공지능과 건강하게 공존하기 위해 인간이 할 수 있는 일들에 대하여 생각해 보세요.

### ☆ 10대를 위한 4차 산업혁명 시대 주인으로 살기 김희용 글 | 책연 | 2022

어느새 우리 곁에 와 있는 4차 산업혁명 시대의 유망 기술과 미래 일자리에 대해 심도 있게 다룬 책이에요. 과학 기술 자체에 대한 내용도 있지만, 그보다는 미래에는 어떤 직업이 바뀌고 새로 생겨날지, 또 그 꿈을 이루려면 어떤 능력을 길러야 하는지 알려 주는 내용이 주를 이루지요. 어린이들이 미래에 갖게 될 직업을 생각해 볼 때 막연함을 덜어줄 수 있도록 지도를 그려 주는 가이드북이라고 할 수 있어요.

· 3장 ·

# 6학년을 위한
# 문해 활동

# 너도 하늘말나리야

글 이금이
그림 해마
펴낸 곳 밤티
출간 2021(개정판)
갈래 국내 문학
주제 #성장 #우정 #가족 #치유

 **책 소개**

우리나라의 세계적인 청소년 문학 작가 이금이 작가님의 대표작이에요. 중학교 국어 교과서에도 수록되어 있는 만큼 그 작품성이 널리 인정받은 책이죠. 1999년에 초판이 출간된 뒤 지금까지 여러 세대의 친구들에게 사랑받는 책으로, 2021년에 변화된 시대상에 맞추어 일부 내용이 수정된 개정판이 출간되었어요. 엄마와 아빠의 이혼으로 엄마와 달밭마을이라는 시골로 이사 오게 되어 마음이 속상한 미르, 할머니와 둘이 씩씩하게 살고 있는 소희, 엄마의 죽음으로 선택적 함구증을 겪는 바우, 세 친구의 이야기를 각자의 시점으로 다루고 있어요. 세 친구가 서로 가까워지며 내면의 상처를 치유해 나가는 과정을 아름답게 그리고 있는 동시에, 다양해진 현대사회의 가족 형태를 보여주는 중요한 작품이기도 해요.

## 이렇게 질문해요

• 다양한 형태의 가족에 대해 이야기 나누기 좋은 책이에요. 2부 소희 이야기의 첫 번째 장 '혼자만의 얼굴을 본 사람이 가져야 하는 아주 작은 예의'에서 "5학년때 선생님이~ 더 잘 들었다." 문단을 함께 읽고, 아이와 함께 '결손 가정'이라는 단어에 대해 이야기 나누어 보세요.

"왜 소희와 같은 가정을 결손 가정이라고 부를까? 이 표현이 적절하다고 생각해? 아니면 다른 표현이 필요하다고 생각해?"

- 이 책은 아이들이 서로의 상처에 공감하고 이해하며 치유해 나가는 과정을 중요하게 다루고 있어요. 바우와 소희가 미르에게 해 주었던 '공감'에 대하여 이야기 나누고, 다른 사람이 자신의 마음에 공감해 주었던 경험이나, 자신이 친구나 가족의 마음에 공감해 주어 상대방을 위로하거나 치유해 주었던 경험을 함께 나눠요.

"미르가 전학 와서 친구들과 어울리려고 하지 않고, 수업 태도도 불량했던 이유는 무엇일까? 바우와 소희는 미르의 모습을 보고 다른 친구들과는 다르게 어떤 태도를 보였어?"

"바우와 소희가 미르한테 해 줬던 것처럼 친구들이 ○○이한테 공감해 준 경험이 있어?"

# 주인공 분석하기

주인공의 공통점과 차이점을 찾아보며 인물들을 분석해요.

• 벤다이어그램을 활용하여 바우, 미르, 소희 세 주인공 간 공통점과 차이점을 분석해 보는 활동이에요. 바우, 미르, 소희는 같은 동네에 살고 가족 구성원의 상실을 경험하는 등의 공통점을 가지고 있지만, 이에 대해 대처하는 방식과 느끼는 감정은 모두 달라요. 활동을 진행하기 전에 아이가 벤다이어그램에 넣을 인물의 외면, 특징, 내면의 감정 등 주인공과 관련된 다양한 특징을 생각해 볼 수 있도록 안내해 주세요. 아이가 벤다이어그램을 채워 넣는 것에 어려움을 보인다면 중간에 인물의 특성을 잘 보여주는 대사를 짚어주며 아이가 인물의 특징을 파악할 수 있도록 질문해 주는 것도 좋아요.

세 명의 주인공 미르, 소희, 바우 간의 공통점과 차이점을 파악하여 벤다이어그램을 채워요.

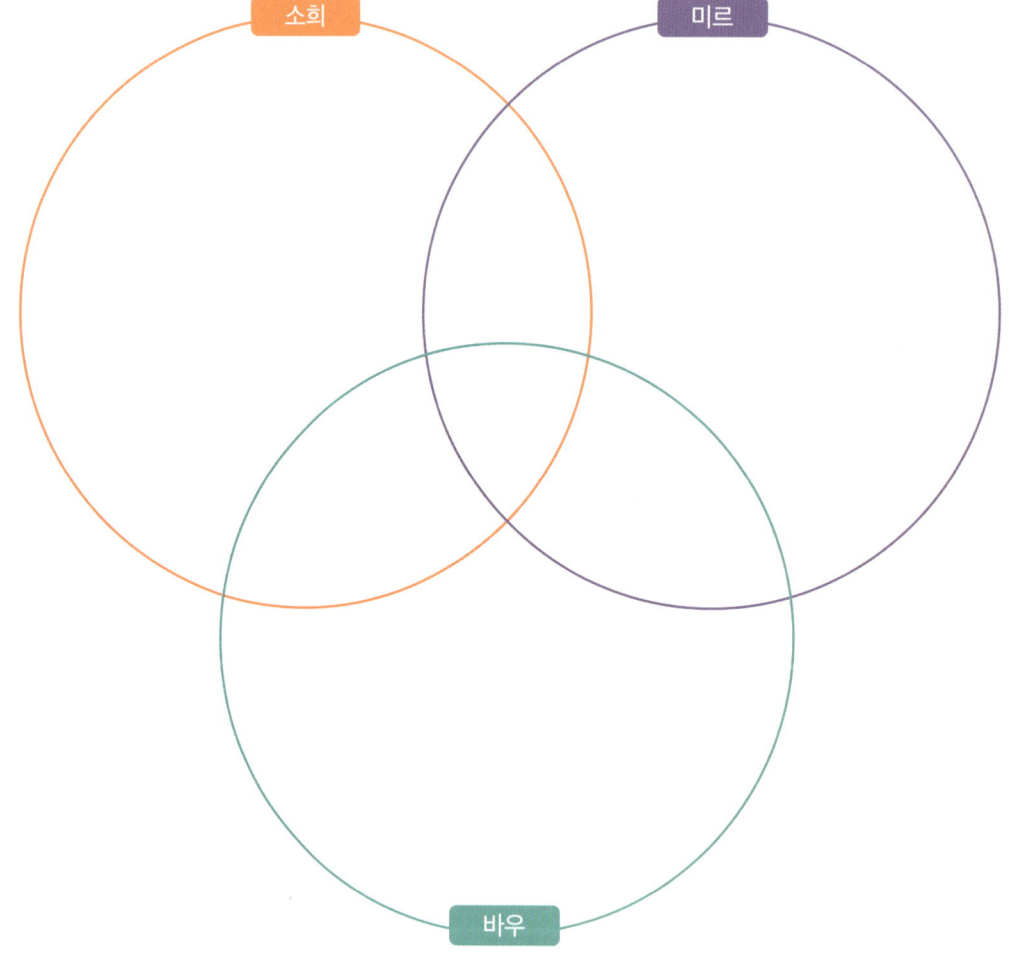

# 상징 이해하기

등장하는 식물 이름을 통해 상징을 파악해요.

- 목차를 살펴보면, 3부 바우 이야기의 각 장 제목은 모두 식물 이름이라는 것을 알 수 있어요. 각각의 식물은 특정 인물과 혹은 상황, 특징성을 나타내요. 예를 들어 달맞이꽃은 바우의 엄마를 상징하지요. 달맞이꽃이 들판의 작은 생물들을 위해 등불을 켜는 것처럼 바우의 엄마는 가족에게 등불과 같은 존재였기 때문이에요. 아이가 표를 잘 채울 수 있도록 지도해 주세요. 아이가 각각의 소재가 무엇을 의미하는지, 각 소재가 어떠한 의미를 담고 있는지 상징 표현을 이해하도록 도와요. 아이가 작품을 표면적으로 이해하는 것을 넘어 작가의 집필 의도까지 깊이 있게 이해할 수 있어요.

❓ 3부 바우 이야기의 제목은 모두 식물 이름이에요. 각각의 식물은 어떤 인물, 혹은 어떤 특징성을 상징하고 있어요. 각 식물이 무엇을 상징하는지 찾아서 표를 채워 보세요.

| 식물 이름 | 식물이 상징하는 것과 그 이유 |
|---|---|
| 달맞이꽃 | 바우의 엄마를 상징합니다. 달맞이꽃이 들판의 작은 생물들을 위해 등불을 켜는 것처럼 바우의 엄마는 가족들에게 등불과 같은 존재였기 때문입니다. |
| 엉겅퀴꽃 | |
| 상사화 | |
| 하늘말나리 | |
| 빨간 장미 | |
| 괭이밥 | |

# 다양한 가족의 모습

다양한 가족의 형태를 알리는 포스터를 만들어요.

- 이 책에는 다양한 가족의 형태가 나와요. 바우와 미르는 한부모 가정, 영지와 안나는 다문화가족, 소희는 조손 가정이에요. 아이에게 책 속 다양한 가족 형태를 찾아보고, 해당 가족을 칭하는 이름이 무엇인지 적어볼 수 있도록 도와주세요. 아이가 다양한 가족의 모습도 하나의 온전한 가족임을 인식할 수 있도록 이에 대해 충분히 이야기 나눠요. 책에 나온 것처럼 여전히 우리나라에는 다양한 가족 형태에 대한 차별적 시선이 존재함을 알리고, 그들에 대한 차별적 시선을 완화할 수 있는 포스터를 아이가 그려볼 수 있도록 해요. 직접 표어를 선정하고, 이와 관련된 그림을 간단하게 그리도록 지도해 주세요.

- 소희는 '현실에선 한국인 부모와 자식으로 이루어진 가족만 정상 가정으로 여기는 것 같았다'라고 생각하고 있어요. 책 속에서 다양한 가족의 형태를 찾아보고, 이를 바탕으로 다양한 가족 형태가 있음을 알리는 포스터를 만들어요.

| 네 가족 | 네 가족 | 네 가족 |

〈다양한 가족 형태 알리기 포스터〉

# 이어질 내용 상상하여 편지쓰기

소희가 미르에게 보내는 답장을 상상해 편지글로 작성해요.

- 『너도 하늘말나리야』는 소희가 달밭마을을 떠나 작은집으로 가는 열린 결말로 끝나요. 달밭마을을 떠난 소희가 어떻게 지내고 있을지 아이가 상상해 볼 수 있도록 지도해 주세요. 미르가 소희에게 이별 편지를 전달해 준 것에 기반하여 소희가 미르에게 보내는 새로운 곳에서의 근황 편지를 상상해서 작성해 볼 수 있도록 해 주세요. 편지의 형식에 맞추어 한 편의 편지글을 잘 작성할 수 있도록 지도해 주세요.

🔍 소희가 되어 달밭마을을 떠날 때 미르가 준 편지에 답장해 주세요. 새로운 곳에서 어떻게 지내고 있는지 근황 편지를 써요.

미르에게

_____

_____

_____

_____

_____

_____

_____

소희가

# 우리 가족 식물도감 만들기

- 『너도 하늘말나리야』의 '하늘말나리'는 실제 존재하는 꽃 이름이에요. 책의 주인공인 소희의 성격을 하늘말나리의 특성을 빌려 설명하고 있어요. 이처럼 꽃말, 혹은 식물의 특성을 잘 살펴보면 우리와 비슷한 점들을 찾을 수 있어요.

우리 가족의 구성원과 비슷한 식물을 찾아 〈우리 가족 식물도감〉을 만들어 보세요. 가족 구성원의 용모나 성격 중 가장 특징적인 것은 무엇인지 잘 생각해 보세요. 대표적인 특징을 정했다면, 이를 잘 나타낼 수 있는 식물을 골라보세요. 그리고 이 식물을 고른 이유도 함께 적어요. (농촌진흥청 국립원예특작과학원에서 꽃말 검색이 가능한 홈페이지를 제공하고 있어요. 이를 활용하여 꽃말을 검색해요.)

꽃말 사전

우리 _____를 닮은 식물은
_____ 입니다.

우리 _____를 닮은 식물은
_____ 입니다.

## • 이런 책도 읽어 보세요 •

비슷한 주제

### ☆ 유리의 집 신미애 글 · 이윤희 그림 | 해와나무 | 2023

2021년 한국안데르센상 동화 부문 대상 수상작이자, 국립어린이청소년도서관 사서의 추천 도서예요. 엄마와 떨어져 갑작스럽게 시골로 전학을 가게 된 유리의 이야기를 그리고 있어요. 한 번도 살아본 적 없는 시골 학교에서의 적응, 아빠와의 이별 등 여러 면에서 『너도 하늘말나리야』와 닮았지요. 어려움을 극복하고 자신의 꿈을 키워나가는 유리의 모습을 잔잔한 시골 풍경과 함께 아름답게 그리고 있어요.

### ☆ 마녀가 되자 다테나이 아키코 글 · 그림 | 박현미 옮김 | 씨드북 | 2022

평소에 접해 볼 기회가 적은 일본 작가의 소설로, 세 자매 중 막내 미사키의 시점으로 이야기가 진행돼요. 막내 미사키는 관찰력이 뛰어나지만, 자신을 늘 주인공이 아닌 주변인으로 여기는 특징이 있어요. 게다가 가족에게 무슨 일이 생겨도 막내인 자신은 항상 마지막에 알게 되어 소외감도 느끼지요. 사춘기에 접어든 미사키가 자신의 감정을 들여다보고 성장하게 되는 이야기, 그리고 가족 간의 갈등을 세심하게 담고 있는 소설이에요.

### ☆ 마이 가디언 이재문 글 · 무디 그림 | 이지북 | 2024

초등학교 선생님인 이재문 작가님이 생생한 교실의 모습을 그린 소설로, 초등학교 아이들의 친구 관계를 잘 풀어내 아이들의 공감을 얻을 수 있는 책이에요. 은하와 다미의 이야기를 통해 우리에게 좋은 친구란 무엇인지 생각하도록 하지요. 은하의 '가디언'은 누구인지 책을 읽고 확인해 보세요.

같은 작가

### ☆ 숨은 길 찾기 이금이 글 | 밤티 | 2021(개정판)

중학생이 된 세 친구 미르, 바우, 소희의 이야기를 다루고 있는 3부작의 마지막 소설이에요. 달밭마을을 떠난 소희, 그리고 달밭마을에 남은 미르, 바우가 서울에서 다시 재회해요. 중학교 3학년 15살이 되어 다시 만나게 된 세 친구의 우정, 질투, 사랑의 감정, 그리고 그들의 꿈에 관한 이야기를 담고 있어요. 청소년의 이야기를 담고 있는 만큼 마냥 해피엔딩일 수도, 교훈적일 수도 없다는 서평처럼 이 책은 미래에 대한 불안정함으로 가득 차 있지만, 그래서 더 솔직하고 매력적으로 다가와요.

## ☆ 소희의 방 이금이 글 | 밤티 | 2021(개정판)

달밭마을을 떠난 소희는 어떻게 살고 있을까요? 독자들의 궁금함을 해소하기 위해 이금이 작가님은 중학생이 되어 헤어졌던 엄마와 다시 살게 된 소희의 이야기를 우리에게 들려줘요. 중학생이 된 큰 변화를 맞이한 소희의 이야기가 궁금하다면 이 책을 추천해요.

## ☆ 유진과 유진 이금이 글 | 밤티 | 2020(개정판)

똑같은 이름을 가진 두 아이, 유진과 유진은 중학교 2학년 때 같은 반이 돼요. 큰 유진은 작은 유진을 보고 유치원 때 같은 반이었다고 아는 체를 하지만, 작은 유진은 도무지 큰 유진이 누구인지 몰라요. 그런데 사실 두 아이는 어릴 때 아프고 끔찍한 경험을 공유한 사이였어요. 무거운 주제를 다루고 있지만, 두 아이가 상처에 마주하고 극복하는 과정이 잘 그려져 있어요.

# 뭐가 되고 싶냐는 어른들의 질문에 대답하는 법

글 알랭 드 보통, 인생학교
옮김 신인수
펴낸 곳 미래엔아이세움
출간 2021
갈래 해외 비문학(자기계발)
주제 #직업 #진로 #꿈 #자기계발

 **책 소개**

어른들에게 "뭐가 되고 싶니?"라는 질문을 받아본 적이 있나요? 흥미로운 점은, 사실 이런 질문을 던지는 어른들조차도 종종 자신이 진정으로 무엇을 좋아하는지 몰라 고민하고 있다는 거예요. 철학자이자 유명 작가인 알랭 드 보통이 바로 그런 어른들의 이야기를 들려주며, 진로를 고민하는 아이들에게 따뜻하고 솔직한 조언을 건네는 책이에요. 직업이란 무엇인지, 좋은 직업과 나쁜 직업의 기준은 무엇인지, 어떤 일을 해야 오랫동안 즐겁고 행복할 수 있는지 스스로에게 질문하세요. 특히 직업과 진로를 선택할 때, 흔히 사회적 기대나 연봉에 따라 결정 내리기 쉬운 현실을 지적하며, 진정한 행복과 성취를 위해 자신의 가치관, 관심사, 적성을 깊이 이해하는 것이 얼마나 중요한지를 강조해요. 자신의 정체성과 행복을 탐구하며 삶의 방향을 고민하는 아이들에게 인생의 든든한 나침반이 되어줄 거예요.

## 이렇게 질문해요

• 책의 제목과 관련된 가벼운 질문으로 대화를 시작해요.

"어른들이 무엇이 되고 싶은지 물어본 적이 있니? 그럴 때 뭐라고 대답했니?"

• 이 책은 아이들이 자신의 흥미와 적성에 대해 스스로 탐구하며, 더 나아가 행복한 미래를 설계하는 데 도움을 줘요. 아이의 꿈이나 장래 희망, 직업과 관련된 질문을 던져요. 이때 아이의 생각을 평가하

거나 판단하지 말고, 함께 고민하며 더 넓은 시각을 가질 수 있도록 접근하는 것이 중요해요.

"○○는 어떤 직업을 갖고 싶어? 그 일을 하면 오랫동안 행복하게 할 수 있을 거라고 생각하니? 너의 성격이나 적성과 그 일이 잘 맞을 것 같니?"

"만약 지금 생각하는 직업을 가질 수 없다면, 비슷한 일을 할 수 있는 다른 길은 무엇이 있을까?"

# 책 속 질문에 답하기

책의 주요 질문을 바탕으로 자기 생각을 정리하고 표현하며 사고를 확장해요.

- 목차를 다시 한번 살펴보면서 장 제목에 대해 이야기하는 것은 좋은 워밍업 활동이 될 수 있어요. 책을 읽다 보면 작가가 많은 질문을 던지고 있다는 것을 알 수 있어요. 장 제목 외에도 내용 속 질문으로는 "행복한 직업이 가져야 할 핵심 요소는?", "돈만 있으면 즐거운 휴일을 보낼 수 있을까요?" 등이 있어요. 이 외에도 기억나는 질문이 있다면 추가로 적어 보면서 생각을 확장해 보세요.

❓ 책의 목차에 나오는 질문을 보고 자기 생각을 간략하게 적어요.

- 나는 커서 무슨 일을 할까?

  _____

- 직업이란 무엇인가?

  _____

- 왜 어떤 직업은 지루할까?

  _____

- 직업은 어떻게 생겨났을까?

  _____

- 많이 벌수록 좋을까?

  _____

- 왜 누구는 누구보다 돈을 더 많이 벌까?

  _____

- 어떤 일을 해야 즐거울까?

  _____

# 나에게 맞는 즐거움 찾기

즐거움에 대한 순위를 매기고 경험을 돌아보며 나에게 맞는 적성을 탐색해요.

- 즐거움의 종류를 살펴보며 스스로 어떤 상황에서 가장 즐거움을 느끼는지 순위를 매겨 보세요. 이를 통해 자신에게 중요한 우선순위를 정하고, 나는 어떤 사람인지, 무엇을 할 때 가장 큰 즐거움을 느끼는 사람인지를 생각해 볼 수 있어요. 책을 단순히 읽고 넘어가는 것이 아니라, 나의 삶에 빗대어 글로 정리하는 과정은 문해력 발달을 위해 꼭 필요한 단계예요. 만약 여전히 잘 모르겠다는 생각이 들어 칸을 채우기가 어렵다면 걱정하지 않아도 돼요. 시간이 지나면서 채우지 못했던 부분을 자연스럽게 떠올리게 되고, 즐거움을 느끼는 순간도 찾아올 테니까요. 다양한 경험을 쌓으며 여러 감정을 느껴보는 것을 추천해요.

책에서는 살면서 느낄 수 있는 큰 즐거움을 크게 열두 가지로 분류해요. 열두 가지 즐거움에 관한 설명(154~165쪽)을 다시 한번 읽어 보며 1부터 12까지 순위를 매겨요. 자신에게 가장 중요한 즐거움 세 가지와 관련되어 경험했던 일화를 정리해 보세요. 정리해 보면 나는 어떤 사람인 것 같고, 어떤 일을 할 때 가장 큰 즐거움을 느끼게 되는지 발견하게 될 거예요.

| ◯ 돈벌이의 즐거움 | ◯ 아름다움의 즐거움 | ◯ 창작의 즐거움 |
| ◯ 이해하는 즐거움 | ◯ 주목받는 즐거움 | ◯ 기술의 즐거움 |
| ◯ 남을 돕는 즐거움 | ◯ 앞장서는 즐거움 | ◯ 가르치는 즐거움 |
| ◯ 질서의 즐거움 | ◯ 자연의 즐거움 | ◯ 독립의 즐거움 |

| | 즐거움의 종류 | 관련된 일화 |
|---|---|---|
| 1순위 | | |
| 2순위 | | |
| 3순위 | | |

# 나에 대해 알아보기

좋아하는 것, 잘하는 것, 중요하게 생각하는 가치를 정리한 뒤, 하고 싶은 일을 탐색해요.

• 활동지의 나무는 자신이 정말 좋아하는 것을 바탕으로 하고 싶은 일을 발견하도록 돕는 틀이에요. 사소한 것이더라도 자신에게 기쁨을 주고 재미를 느끼게 하는 모든 것을 자유롭게 적을 수 있도록 해 주세요. 필요한 경우, 나뭇잎을 더 그려 내용을 추가할 수 있어요. 그다음에는 책 12장의 활동 #10에서 제안한 것처럼, "왜 나는 그것을 좋아할까?"라는 중요한 질문을 해 주세요. 질문을 통해 자신의 즐거움을 더 깊이 탐구하고, 즐거움의 본질과 실체를 파악할 수 있어요. '내가 좋아하는 일'과 '내가 잘하는 일'이라는 든든한 뿌리에서 자란 나무는 가치관이라는 나무 기둥에 힘입어 잎과 열매를 맺고 풍성한 나무로 성장해요. 나에게 정말 중요한 것이 무엇인지 곰곰이 생각할 수 있도록 해 주세요. 마지막으로 아이의 적성과 재능, 가치관과 내가 하고 싶은 일이 모두 잘 어우러져 연결될 수 있는지 살펴보세요.

내가 좋아하는 일과 내가 잘하는 일은 서로 다를 수 있어요. 머릿속에 떠오르는 것들을 솔직하게 모두 적어 봐요. 나에게 중요한 가치(예:나 자신, 가족, 성취감, 돈 등)는 무엇인지 생각해요. 마지막으로 내가 최종적으로 하고 싶은 일이 무엇인지 써요. 완성된 자기 탐구 나무를 보며 나무의 든든한 뿌리와 기둥이 풍성한 가지로 이어져 잘 자란 나무가 될 수 있을지 확인해 보세요.

# 진로 계획 글쓰기

진로 목표를 설정하고, 이를 달성하기 위한 구체적인 노력과 계획을 논리적으로 써요.

- 이 책을 읽고 난 후에도 여전히 어떤 일을 직업으로 삼고 싶은지, 내 꿈이 무엇인지 모를 수도 있어요. 하지만 책을 읽는 동안 한 번쯤은 머릿속에서 떠올랐던 꿈이 있을 거예요. 나는 무엇을 좋아하는지, 언제 가장 큰 즐거움을 느끼는지, 나에게 중요한 가치는 무엇인지 등 스스로에 대해 책을 읽기 전보다 더욱 깊이 알게 되지요. 제시한 질문들은 글쓰기가 막막한 친구들을 돕기 위한 몇 가지 예시일 뿐이에요. 부모님이 함께 구체적인 실행 방안을 논의하고, 현실적인 조언을 제공하며 계획을 세울 수 있도록 도와주세요. 세부적으로 생각해 볼 내용을 미리 정하고, 각각에 대한 답을 글로 써 나가다 보면 어느새 한 편의 짜임새 있는 글이 완성되어 있음을 확인할 수 있을 거예요.

🔍 자신의 관심사를 바탕으로 진로 목표를 설정하고, 이를 이루기 위해 지금부터 어떤 노력을 할 수 있을지 구체적으로 계획해 보세요. 목표 달성을 위한 실천 방안을 논리적이고 체계적으로 정리하여 글로 표현해요.

- 나의 꿈이자 목표: _____
- 꿈을 이루고 싶은 이유: _____
- 꿈을 이루는 데 필요한 것(지원)들: _____
- 꿈을 실천하기 위해 노력해야 하는 것들: _____
- 꿈을 이룬 나의 모습: _____

# 롤 모델 실제로 인터뷰하기

• **롤 모델이란**

존경하거나 닮고 싶은 모범이 되는 대상을 의미해요. 진로를 향해 나아가는 과정에서 롤 모델(role model, 존경하는 인물)을 정하고, 모방하는 것은 큰 도움이 되지요. 아이가 롤 모델을 가질 수 있도록 돕고, 롤 모델과 직접 인터뷰를 해 보는 기회를 만들어 보세요. 인터뷰를 준비하고 실제로 대상을 만나 대화하는 활동은 창의적이고 종합적인 사고를 요구해요. 롤 모델에게 아이의 의사와 궁금증을 명확하게 전달하기 위한 질문을 작성하게 해 주세요. 인터뷰로 타인의 말 경청하기, 비판적 사고, 정보 처리 등의 다양한 능력을 함께 키울 수 있어요. 인터뷰는 읽기와 쓰기뿐만 아니라 말하기와 듣기를 포함하고 있어 문해력을 발전시키는 데 유익한 방법이에요.

• **부모님의 역할**

롤 모델을 실제로 인터뷰할 때 가장 어려운 점은 아마도 인터뷰가 가능한 대상 선정일 거예요. 물론 아이가 직접 연락하거나 찾아뵙고 인터뷰 동의를 구할 수도 있지만, 필요하다면 부모님께서 아이와 대상 간의 연결을 도와주세요. 인터뷰 준비를 할 때는 옆에서 아이가 준비한 질문이 불필요하거나 예의에 어긋나지 않도록 확인하며 질문을 완성해요. 예상 소요 시간을 고려해서 효율적으로 계획하고, 인터뷰 대상자가 반대로 질문할 가능성 등 인터뷰 중에 발생할 수 있는 다양한 상황도 함께 준비해 보세요.

• **인터뷰 전 준비 사항**

1. 인터뷰 대상 선정: 평소 존경하거나 관심이 있는 인물을 선정해요. 이 대상을 왜 선택하였는지 이유를 간단히 적어요. (예: 학교 사서 선생님, 부모님, 동네 소아과 의사 선생님 등)

2. 인터뷰 방식 선정: 대면, 전화, 이메일, 영상 통화 등 인터뷰할 대상과 어떤 방식으로 인터뷰할 것인지 정해요. 처음에 인터뷰 동의를 구하는 방법부터, 실제 인터뷰가 가능하다면 어떻게 인터뷰를 진행할 수 있을지 생각해요.

3. 질문 작성: 인터뷰의 목적에 맞는 질문을 구체적으로 작성해요. '예/아니요'로 대답할 수 있는 닫힌 질문보다는 상대방이 자기 생각과 경험을 자세히 말할 수 있는 열린 질문으로 구성해요.(예: 이 일을 하게 된 계기는 무엇인가요?, 이 일을 하면서 가장 큰 어려움은 무엇인가요? 등)

4. 인터뷰 연습: 첫 만남에서의 인사말부터 질문 진행, 마무리 인사까지 전체 과정을 연습해 보며 자연스럽고 정중한 대화 방식을 익혀요.

❓ **인터뷰 내용을 기록해 보세요.**

| 인터뷰 대상자 | | 인터뷰 날짜 | | 인터뷰 장소 | |
|---|---|---|---|---|---|
| 질문 내용 | | | | | |
| 인터뷰 후 느낀 점 | | | | | |

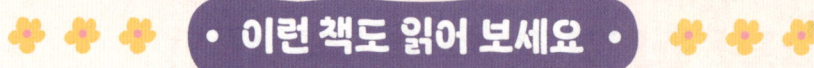

## 비슷한 주제

### ⭐ 10대를 위한 세계 미래 보고서 2035-2055 : 직업탐구

제롬 글렌, 박영숙 글 | 교보문고 | 2023

2035년부터 2055년까지의 미래는 어떤 모습일까요? 지금 현존하는 수많은 직업 중 대부분이 30년 안에 사라질 것이라고 해요. 과학 기술의 발전으로 많은 직업이 사라지고 새로운 일자리가 등장할 거예요. 이 책은 인공지능, 로봇 개발, 우주 탐사, 드론, 스마트 시티 등 미래 유망 직업과 필요한 기술을 소개해요. 미래를 볼 수 있는 능력을 키우고, 어떤 직업이 자신에게 맞을지 고민해 보세요.

### ⭐ 역사를 바꾼 별난 직업 이야기 신현배 글 · 이소영 그림 | 가문비어린이 | 2019

역사 속 다양한 직업들에 관한 재미있는 이야기를 담은 책이에요. 궁궐과 관청 주변 사람들의 직업 이야기를 시작으로, 보통 사람들, 밑바닥 사람들, 구한말 사람들, 다른 나라 사람들의 직업 이야기를 전해요. 옛 시대 속 다양한 직업들을 통해 숨겨진 역사와 민중의 생활 모습을 생생히 들여다볼 수 있지요. 부록에는 4차 산업혁명 시대의 유망 직업과 세계의 이색 직업도 함께 소개해요.

### ⭐ 사춘기를 위한 진로 수업 권희린 글 | 생각학교 | 2024

사춘기 학생들에게 입시는 중요한 목표이지만, 자신의 미래와 인생 진로에 대한 탐구도 꾸준히 이어져야 해요. 16년간 진로 상담을 해 온 저자 권희린 선생님은 많은 학생들의 진로 고민을 담아 독서와 글쓰기, 다양한 경험, 그리고 꾸준함의 중요성을 강조해요. 학생들을 향한 진심 어린 조언과 구체적인 코칭 방법을 전하는 이 책은 사춘기 학생들에게 따뜻한 위로와 힘이 되어 줄 거예요.

## 같은 작가

### ⭐ 행복하냐는 질문에 대답할 수 없다면 알랭 드 보통, 인생학교 글 | 신인수 옮김 | 미래엔아이세움 | 2022

아이들에게 '지금 행복한가요?'라는 질문을 던지는 책이에요. 저자 알랭 드 보통은 힘들고 지친 청소년에게 공감과 위로를 전하기 위해 이 책을 쓴 것 같이 느껴져요. 마음의 불안이나 두려움은 자연스러운 감정이며, 이를 극복하는 마음가짐을 전해요. 부모님, 친구들, 학교생활, 진로 등과 관련된 고민을 15장에 걸쳐 다루며 스스로 문제를 해결하고 의연하게 대처하는 힘을 길러줘요.

# 돼지가 있는 교실

글 쿠로다 야스후미
옮김 김경인
펴낸 곳 달팽이출판
출간 2011
갈래 해외 비문학(에세이)
주제 #생명 윤리 #책임감 #진정한 교육

 **책 소개**

생명과 관련된 문제를 교육 현장에서 사실적으로 다루고 싶은 쿠로다 선생님의 계획으로 일본의 히가시노세 초등학교의 아이들은 학교에서 돼지를 키우게 되었어요. 아이들은 'P짱'이라는 이름을 지어주며 돼지와 정을 쌓고, 먹이 주기, 목욕시키기, 우리 청소하기 등 당번을 정해 열심히 P짱을 돌봐요. 그런데 졸업을 앞두고 큰 고민이 생겼어요. 처음 약속대로 P짱을 잡아먹을 것인지, 아니면 계속 키워야 할지를 결정해야 했어요. 이는 다큐멘터리로 만들어져 일본에서 방영되었고, 많은 사람에게 생명의 소중함과 진정한 교육의 의미를 다시 한번 생각하게 했지요. 책을 통해 우리가 먹는 음식이 어디서 오는지, 그리고 생명이 얼마나 소중한지를 돌이켜 보세요.

## 이렇게 질문해요

- 쿠로다 선생님의 교육 철학이 담긴 가축 사육 활동, 그리고 이것이 반 친구들에게 미친 영향에 대한 아이의 생각을 물어요.

  "책임감을 교육하기 위해 생명을 기르는 쿠로다 선생님의 방식이 적절해 보이니?"
  "이러한 교육 방식은 아이들의 정서 발달에 어떠한 영향을 미쳤을까?"

- 다큐멘터리 방영 이후 큰 논란이 된 P짱의 처리 문제에 대해 아이의 의견을 물어요. 이 문제를 이야

기하다 보면 자연스럽게 생명의 소중함과 책임감 같은 주제로 이어질 수 있으니 아이와 함께 깊이 생각해 보고 대화를 나눠요.

"○○가 6학년 2반 학생이라면 어떤 입장을 취했겠니?"

"이런 경험이 우리가 먹는 음식과 생명에 대해 어떤 마음을 갖게 할까?"

# 인물에게 공감하기

등장인물의 입장이 되어 그의 생각과 감정을 SNS 피드 형식으로 나타내요.

- 요즘 학생들에게 익숙한 SNS 형식을 활용해 문학 작품을 새로운 관점에서 재해석하는 활동이에요. 등장인물의 시점으로 글을 쓰는 과정은 인물의 심리와 상황을 깊이 이해할 수 있게 도와주고, 이는 작품 이해력과 공감 능력 향상으로 이어져요. 핵심 키워드인 해시태그를 이용해 문장을 압축해 표현하는 능력과 작성한 글에서 중심 내용을 파악하는 능력을 길러요. 추가로 SNS 게시물의 특성상, 제한된 글자 수 안에서 효과적으로 의미를 전달해야 하기에 SNS 게시물 사례를 함께 살펴보면서 디지털상에서의 올바른 표현 방식을 고민해 보세요.

- P짱은 2년 동안 아이들과 지내면서 어떤 일이 가장 인상 깊었을까요? P짱의 입장이 되어 그에게 추억이 될 만한 내용, 자신을 돌본 아이들에게 전하고 싶은 말 등을 SNS 형식으로 작성해요. P짱의 피드를 다음의 순서로 구성하세요. 만드는 데 도움이 될 거예요.

〈피드 작성 순서〉

1. 책 내용 중 가장 인상 깊었던 장면 떠올리기
2. P짱의 입장에서 어떻게 느꼈을지 생각하기
3. 피드에 넣으면 좋을 요소들
   - 인상 깊은 장면을 잘 표현할 수 있는 그림
   - P짱의 기분이나 생각이 담긴 게시글
   - 중요한 내용을 단어로만 표현하는 해시태그
     예시) #토마토 #소울푸드 #양배추 #주지마

# 비판적으로 사고하기

상반된 의견을 살펴보고 자기 생각을 정리해요.

- 법정 활동은 하나의 주제를 다양한 관점에서 바라보며 비판적 사고력을 기르는 활동이에요. 만약 피고, 기소장과 변호 등의 단어가 낯설게 느껴진다면, 5, 6학년 사회 시간에 배운 교과 내용을 복습해 봐요. 판사에게 증거를 들어 변론하는 활동에서 실생활과 관련된 다양한 사례를 찾아봐요. 예컨대 가축 사육과 관련된 자료를 수집할 때는 환경, 건강, 문화 등 다양한 관점에서 접근하세요. 신뢰성 있는 자료를 선별하고, 내용을 체계적으로 정리하면서 정보 활용 능력을 키울 수 있어요.

- 특별한 법정에 참석해 보세요. 이 법정에서는 돼지고기가 피고가 되어 재판받게 돼요. 검사 측은 '돼지고기는 범죄를 저질렀다'라고 주장하고, 변호인 측은 '돼지고기는 인류에게 필요하다'라고 변호해요. 두 주장을 살펴보고 의견을 작성하세요.

- 나는 검사와 변호인 중 누구의 주장과 의견이 부합하나요?

  _____

- 판사님 앞에서 발언한다고 생각하고 본인만의 증거를 들어 자신의 의견을 주장하세요.

  _____

  _____

  _____

  _____

  _____

  _____

# 기 소 장

기소 의원회:  ○○기소 위원회

고소인(고발인):                        나이:          성별:          직분:
주 소:

피고소인(피고발인):                     나이:          성별:          직분:
주 소:

- - - - - - - - - - - - - - - - - - - - - - - - - - - - - - - - - - - - - - - - - - - - - -

## 돼지고기를 다음과 같은 혐의로 기소합니다.

[주요 혐의]

제1항: 지구 환경 훼손죄                    제2항: 공중 보건 위협죄
- 사육 과정에서 과도한 온실가스 배출           • 과다 섭취 시 비만, 고혈압 유발
- 사료 농작물 재배로 인한 산림 파괴            • 각종 성인병 발병률 증가에 기여
- 분뇨로 인한 수질 오염

다음의 증거물을 제출합니다.
증거물 :  - 환경부 제출 온실가스 배출 데이터
         - WHO 비만 통계 자료
         - P짱의 분뇨로 인한 각종 민원 서류(특별 증거물)

적용법조문: 헌법   제○○조 ○○행위

20   년   월   일

○○기소 위원회
위원장 :              (인)
서기:               (인)
위원:               (인)

○○회 ○○재판장 귀하

# 기 소 장

기소 의원회:  ○○기소 위원회

고소인(고발인):                    나이:        성별:        직분:
주 소:

피고소인(피고발인):                나이:        성별:        직분:
주 소:

------------------------------------------------------------

## 돼지고기를 다음과 같은 이유로 무죄를 주장합니다.

[주요 변호 사유]

제1항: 인류 영양 기여                     제2항: 경제적 가치 창출
• 양질의 단백질 및 철분과 같은 무기질의 우수한 공급원       • 농가 소득 증대에 기여
• 필수 비타민 B군 함유                      • 수출 상품으로서의 경제적 가치

다음의 증거물을 제출합니다.
증거물 : - xx학회의 단백질 흡수율 연구 보고서
        - 농림부 축산 농가 소득 증대 통계
        - 3년 동안 P짱을 돌본 히가시노세 초등학교 학생들의 탄원서(특별 증거물)

적용법조문: 헌법  제○○조 ○○행위

20   년   월   일

                                        ○○기소 위원회
                                        위원장 :          (인)
                                        서기:            (인)
                                        위원:            (인)

○○회 ○○재판장 귀하

# 내 생각을 글로 나타내기

책의 주요 갈등 상황에 대해 근거를 들어 자신의 의견을 정리해요.

• 한 가지 상황의 여러 측면을 생각해 보고, 의견을 논리적으로 정리하는 활동이에요. 아이가 의견을 정립하고 생각의 이유를 구체적으로 설명하면서 논리적 사고력과 표현력이 발달해요. 일상생활에서 윤리적 딜레마가 발생하는 사례들을 찾아보며 대화를 나누고, 아이의 생각을 충분히 정리해 표현하는 시간을 가져보세요. 다양한 의견을 접하면서 문제를 바라보는 관점도 넓어지고, 아이 스스로 합리적 판단을 내리는 데 도움이 될 거예요.

6학년 2반 아이들의 입장 차이와 열띤 토론으로 P짱의 운명이 시시각각 바뀌어요. P짱 처리 문제에 대한 자신의 생각을 정리하세요.

| 나의 결정 | ( 3학년 1반에 물려준다 / 식육센터로 보낸다 / 다른 의견: _____ ) |
|---|---|
| 그렇게 결정한 이유 | |

# 생각 정리하고 토론하기

생명을 주제로 하는 여러 가지 가상 상황에 대한 생각을 정리하고 토론해요.

• '생명 윤리'라는 주제를 우리 삶에 연결하기 위해 각각의 선택지를 곱씹어보고, 주제에 대해 간접적으로 이해할 수 있도록 도와주세요. 아이가 자신의 선택에 대한 이유를 풍부하게 표현하기 위해 부모님께서는 아이가 선택한 의견의 반대편에 서서 미니 토론을 진행할 수도 있어요. 서로 다른 의견을 주고받음으로써 아이는 기존에 생각하지 못했던 관점을 이해하게 되고, 종합적으로 사고해 결론을 내릴 거예요. 선택에 대한 이유를 생각해 볼 때 신문이나 뉴스 기사도 참고하도록 해 주세요. 아이가 주장을 뒷받침할 만한 실증적 근거를 찾는 것은 설득력 있는 글쓰기를 하는 토대가 돼요.

🔍 밸런스 게임을 들어본 적 있나요? 쉽게 고르기 어려운 선택지를 두 개 제시해 고민을 유발하게 만드는 게임이에요. 예를 들어 '방학이 한 달 늘어나는 대신 매일 숙제하기 vs. 방학이 한 달 짧아지는 대신 다음 학기 시험 100점 보장'과 같은 것이 있지요. 다음은 생명의 소중함과 관련된 밸런스 게임 주제예요. 두 가지 상황 중 하나를 선택해 ○ 표시하고, 그 이유를 작성하세요. 그리고 밸런스 게임 주제 중 하나를 선정해 가족 혹은 친구와 토론해 보세요.

평생 내가 정성껏 기른 고기만 먹고 살기 **VS** 평생 다른 사람이 정성껏 기른 채소만 먹고 살기

선택한 이유

고기를 먹는데 모든 가축의 언어와 마음이 이해되는 삶 **VS** 고기를 못 먹지만 동물의 마음이 전혀 들리지 않는 삶

선택한 이유

동물을 사육하는 직업만 가질 수 있지만 고기는 마음껏 먹는 삶 **VS** 어떤 직업이든 가질 수 있지만 직접 키운 동물만 먹을 수 있는 삶

선택한 이유

| 토론 주제 | |
|---|---|
| 나의 주장 | |
| 주장에 대한 근거 | |

# 책과 영화 비교하기

- 처음에 다큐멘터리로 제작된 〈P짱과 아이들의 여정〉은 일본에서 큰 화제를 불러일으켰어요. 이후 책과 영화 등으로 만들어졌지요. 영화 〈P짱은 내 친구〉를 관람한 후, 책과 영화의 공통점과 차이점을 벤다이어그램으로 정리해 두 매체의 특성을 시각적으로 비교해요. 글과 영상이라는 서로 다른 매체의 특성을 이해하고 비교하는 능력을 기르는 데 효과적이며, 미디어가 전달하는 메시지를 주체적으로 수용함으로써 미디어 리터러시 함양에도 도움을 줘요.

다음 목록을 참고해 벤다이어그램을 완성하세요. 완성된 벤다이어그램을 통해 책과 영화의 공통점과 차이점을 다시 살펴보고, 영화감독은 책과 달리 왜 그렇게 표현했을지 나의 생각을 적어요.

비교 예시

- 등장인물의 성격
- P짱의 모습과 행동
- 주요 사건의 전개 순서
- 책에는 있지만 영화에는 드러나지 않은 장면
- 각 매체에서만 드러나는 고유한 장면들

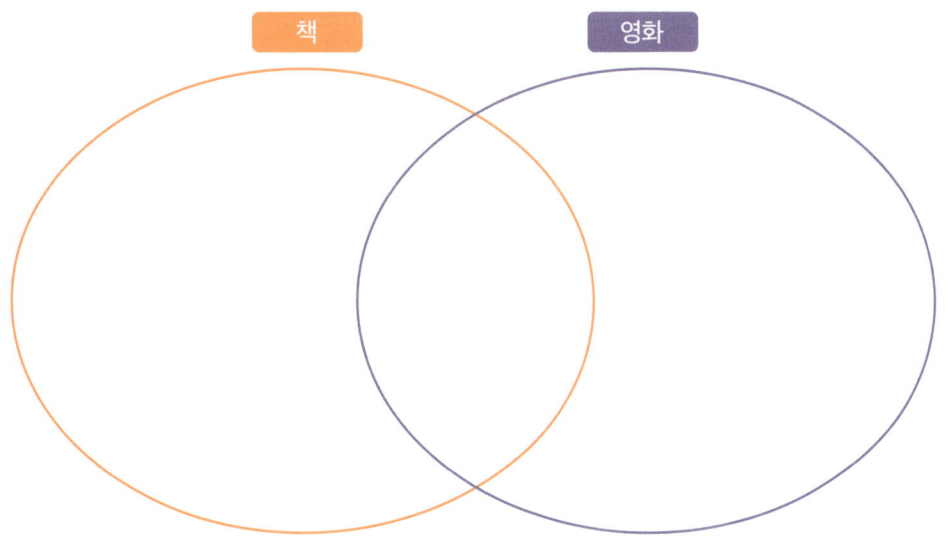

| 나의 생각 | |
|---|---|

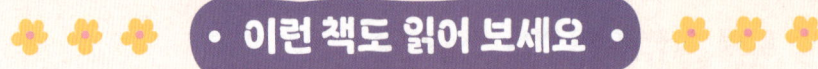

비슷한 주제

## ☆ 왜 생명을 경시하면 안 되나요? 정누리 글·손명자 그림 | 참돌어린이 | 2013

현대에는 아이들이 폭력적인 매체에 노출되기 쉽고, 이로 인해 생명을 경시하는 풍조가 만연해 있어요. 이 책은 토끼 30마리, 밍크 70마리가 희생되는 모피 코트의 예시처럼 구체적인 수치를 통해 생명 경시의 심각성을 보여 주고, 동물도 사람처럼 고통을 느낀다는 사실을 전달해요. 현실 속 사례를 통해 아이들이 작은 개미부터 사람에 이르기까지 모든 생명의 존엄성을 깨닫고 존중하는 마음을 기를 수 있어요.

## ☆ 생명, 알면 사랑하게 되지요 최재천 글·권순영 그림 | 더큰아이 | 2018

세계적인 동물학자 최재천 선생님이 하버드 대학교에서 경험한 열대 밀림 탐험부터 국립생태원 초대 원장으로서의 경험까지, 아이의 눈높이에 맞춰 들려주는 책이에요. 자선가 박쥐, 농부 개미, 춤추는 꿀벌 등 놀라운 동물들의 이야기를 통해 자연과 생명의 신비로움을 전해요. 책을 통해 아이들은 과학 지식과 더불어 '알면 사랑한다'라는 최재천 선생님의 생명 존중 철학을 배울 수 있어요.

## ☆ 동물의 행복이 너무 멀어 김지숙 글·원혜진 그림 | 다정한시민 | 2024

동물 전문 기자가 6년간의 취재 경험을 바탕으로 공장식 축산, 실험실 동물, 기후 위기로 고통받는 동물 등 동물이 겪는 고통과 문제를 생생하게 전달해요. 동물원에서 탈출한 얼룩말 세로, 구조된 아기 돼지 새벽이와 같은 구체적인 사례와 텀블러 사용하기, 채식 늘리기, 유기 동물에게 관심 갖기 등 동물 보호를 위해 누구나 실천할 수 있는 작은 변화들을 제안해요.

# 지구촌 아름다운 거래 탐구생활

글 한수정
그림 하완
펴낸 곳 파란자전거
출간 2016
갈래 국내 비문학(인권/평등)
주제 #인권 #평등 #불평등 #노동 #착취 #공정무역

 **책 소개**

공정무역이란 말을 알고 있나요? 얼핏 들어서는 어렵고, 나와는 상관이 없는 단어 같지요. 하지만 공정무역은 모든 소비자에게 영향을 주고, 우리나라뿐만 아니라 전 세계 경제에도 중요한 요소예요. 상호 존중과 평등을 기반으로 한 관계에서 정당하고 공정한 거래가 이루어질 때 비로소 공정무역이란 개념이 생겨나지요. 개발도상국에서는 수출 가능한 농작물이나 원재료 등을 생산하고, 선진국에서는 정당한 대가를 지불하여 생산품을 수입해 오는 것, 그것이 바로 공정무역의 기초가 돼요. 이렇게나 단순하고 간단한데, 실제로는 잘 이루어지지 않고 있어요. 이 책은 현재의 경제 구조에서 사람들이 겪는 어려움과 공정무역이 점점 더 중요해지는 이유를 다루고 있어 아이에게 새로운 문제의식을 심어줄 거예요.

## 이렇게 질문해요

- 책의 주제와 관련하여 일상에서 접할 수 있는 것에 대해 질문해요.

  "혹시 평소에 물건을 살 때 이 물건은 어디서 왔을까 하고 생각해 본 적이 있니?"

- 우리나라뿐만 아니라 다른 나라도 포함해 거시적으로 생각할 수 있도록 도와주세요.

  "왜 우리나라의 무역과 거래뿐만 아니라 지구촌 전체의 무역과 거래에 관심을 가질 필요가 있다고 생각해?"

- 어휘의 뜻을 유추해 볼 수 있도록 질문해요.

"공정무역이라는 단어를 들어본 적 있거나 물건을 샀을 때 공정무역 마크가 있는 것을 본 적이 있니? 공정무역이 무슨 뜻이라고 생각해?"

# 공정무역 사례 분석하기

책 속 대비되는 사례를 분석해요.

- 모든 일에는 보고 배울만한 성공 사례가 있는가 하면, 실패 사례도 있기 마련이에요. 하지만 실패 사례라고 배울 점이 없는 것은 아니에요. 이 활동은 공정무역의 성공과 실패 사례를 비교해 보면서 각각의 원인을 찾아보고, 해당 사례가 왜 성공했는지, 혹은 왜 실패했는지를 분석해 보는 활동이에요. 자유롭게 사례를 정하되, 그렇게 생각한 이유가 무엇인지 생각할 수 있도록 질문해 주세요.

❓ 이 책에서는 공정무역의 성공 사례와 실패 사례가 모두 소개돼요. 각각의 사례를 살펴보고, 성공 혹은 실패의 이유가 무엇인지 적어요.

|  | 공정무역 성공 | 공정무역 실패 |
|---|---|---|
| 사례 | 사탕수수, 커피, 카카오 | 나이키 |
| 이유 | 선진국의 공정무역 프로그램 활성화, 생산자들의 파업 | 당시 파키스탄에서 일을 하던 아이들은 생계유지를 위해 계속 노동을 해야만 했는데, 나이키가 공정무역이라는 명목하에 아이들을 모두 공장에서 해고해서 그 아이들이 오히려 더 위험한 마약 운반, 구걸 등의 일을 해야 했다. |

# 시간순으로 역사적 사건 정리하기

현재의 경제구조가 형성되기까지 영향을 미친 역사적 사건을 순서대로 정리해요.

• 책의 앞부분에는 무역과 자본주의에 관한 설명과 함께 현재의 경제 구조가 어떻게 형성되었는지에 관한 세계사가 간단히 서술되어 있어요. 이 활동은 현재의 경제 구조 형성 과정에 대한 이해를 돕기 위해 빈칸을 채워 보는 활동으로 구성했어요. 무역과 자본주의의 역사를 살펴보며, 우리가 현재의 경제 상황에 이르게 된 과정을 전반적으로 살펴보고, 앞으로 어떤 방향으로 나아갈지에 대해 생각해요.

공정무역이라는 개념 자체는 간단하고 쉬운데, 실제로 행하는 것은 왜 이렇게 어려운 걸까요? 그것은 현재의 경제 구조가 여러 사건들을 통해서 형성된 복잡한 결과물이기 때문이에요. 현재의 경제 구조가 형성되기까지의 중요한 역사적 사건을 다음의 사건 목록에서 찾아 순서대로 정리해요.

### 사건 목록

문명 발전, 칭기즈 칸과 무역의 등장, 유럽의 무역 유행, 르네상스, 아프리카의 노예 사냥

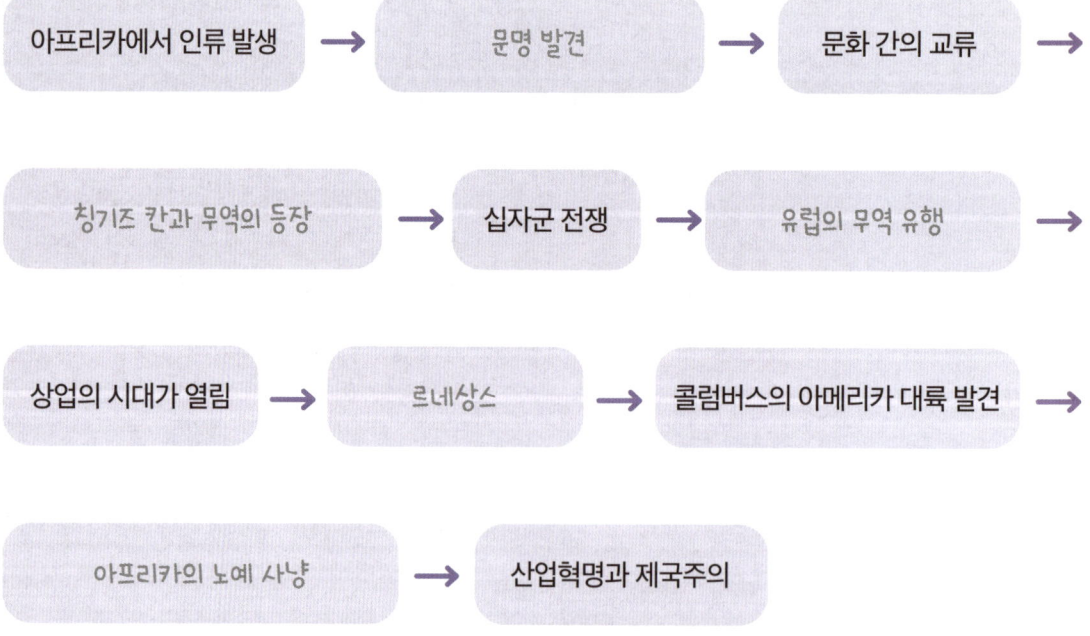

아프리카에서 인류 발생 → 문명 발견 → 문화 간의 교류 →

칭기즈 칸과 무역의 등장 → 십자군 전쟁 → 유럽의 무역 유행 →

상업의 시대가 열림 → 르네상스 → 콜럼버스의 아메리카 대륙 발견 →

아프리카의 노예 사냥 → 산업혁명과 제국주의

# 계약서 작성하기

계약서라는 특수한 형태의 글을 작성해요.

- 이 책은 공정무역에 참여하는 많은 사람이 계약서에 나온 내용을 충실히 이행하는 것의 중요성을 강조하고 있어요. 공정무역의 기본은 정직함이고, 정직함의 기초는 약속을 제대로 이행하는 것이기 때문이지요. 공정무역 과정에서 각 주체의 역할을 살펴보고, 어떠한 권리와 책임이 있는지 정리해 봐요. 계약서에 반드시 포함되어야 할 내용을 고민하며 계약서 작성이라는 새로운 종류의 글쓰기를 연습해요.

❓ 이 책은 소비자, 생산자, 중간 유통업자 등 경제활동에서 다양한 위치에 놓인 사람들을 소개해요. 각각의 주체가 어떻게 하면 공정 무역을 실천할 수 있을지 고민하며 계약서를 작성해 보세요. 예를 들어 생산자와 소비자 간의 계약서라고 가정하면, 생산자는 물건의 생산량을 보장하는 대신, 소비자에게 일정량의 금액을 약속받을 수 있지요. 다음에 간단한 계약서 예시가 있어요. 이를 참고하여 빈 계약서에 경제활동의 두 주체를 정하고, 서로의 역할과 약속을 적어요. 마지막으로 서명하면 계약서가 완성돼요.

〈예시〉

## 계 약 서

생산자(수출국):
소비자(수입국):

- - - - - - - - - - - - - - - - - - - - - - - - - - - - - - - - - - - -

1. 생산자는 매달 1일까지 카카오 열매 _____kg을 소비자 에게 전달한다.
2. 소비자는 카카오 열매 _____kg 어치에 해당하는 금액인 _____ (화폐단위)을 매달 1일 지불한다.
3. 생산자가 카카오 열매 _____kg를 수확하지 못하거나, 소비자가 _____(화폐단위)을 전달하지 못하는 달에는 거래가 취소된다.

20_____년 _____월 _____일

소비자_____(서명) 생산자_____(서명)

# 브랜드를 분석하고 글쓰기

공정무역 측면에서 브랜드를 조사하고 글을 써요.

- 아이가 책에서 읽은 내용을 자신의 일상과 연결 지어 생각해 보는 활동이에요. 아이가 평소에 좋아하는 브랜드가 있다면 이번 기회에 공정무역의 관점에서 해당 브랜드를 조사해 보도록 해 주세요. 아이는 자신이 좋아하는 브랜드가 공정무역을 실천하고 있는지 직접 조사하면서 공정무역이 아이의 소비와 어떤 관계가 있는지 깨달을 수 있어요. 추가로 조사한 정보를 바탕으로 글을 작성하면서 정보를 정리하고 보고하는 형태의 글쓰기를 연습해요.

여러분은 평소에 좋아하는 브랜드가 있나요? 옷, 신발, 과자, 초콜릿 등 어떠한 종류라도 좋아요. 평소 즐겨 입는 옷이나 자주 사용하는 전자기기 등 관심을 가진 브랜드를 조사해 보세요. 해당 브랜드가 공정무역에 참여하는 브랜드라면 그 브랜드의 모범 사례를, 참여하지 않는 브랜드라면 공정무역의 실현을 위해 개선해야 할 점을 작성해요.

# 주사위 게임으로 어휘력 키우기

- 최근 우리 사회의 화두인 어휘력(語彙力)이란 과연 무엇일까요? 어휘력은 얼마나 많은 단어를 알고 있는지(어휘의 폭)를 의미하기도 하지만, 그 단어에 대해 얼마나 풍부하게 그리고 자세히 알고 있는지(어휘의 깊이)를 모두 포함하는 개념이에요. 단어를 많이 아는 것뿐만 아니라, 특정 단어가 어떤 상황에서 사용되는지, 그 단어에 담긴 함축적 의미는 무엇인지 등을 파악하는 것도 어휘력의 중요한 요소라 볼 수 있어요. 이 책에는 '공정무역, 제국주의, 자본주의, 선진국, 개발도상국' 등 어려운 한자어가 많이 나와요. 학년이 올라갈수록 어려운 단어를 더 많이 만나게 될 거예요. 온 가족이 함께 참여하여 재미있고 효과적으로 어휘력을 키울 수 있는 방법을 소개할게요.

- 주사위와 종이 한 장, 필기구를 준비해요. 종이에는 외우고 싶은 단어의 목록을 만들어요. 주사위에 숫자 1부터 6까지 어휘와 관련된 미션을 정한 후, 주사위를 굴려 당첨된 미션을 수행해요. 예를 들어 단어 목록에서 '공정무역'을 선택했고 주사위를 굴려서 5가 나왔다면, '단어와 반대되는 의미를 가진 단어(반의어) 말하기'를 수행하면 돼요. '공정무역'의 반의어로는 '불공정 무역', '비윤리적 무역', '비공정 무역' 등을 말할 수 있지요. 반대로 수행한 미션을 보면서 단어를 맞추어 보는 것도 가능해요. 주사위는 면이 여섯 개이지만, 많은 면을 가진 도구(예: 축구공 등)를 사용하면 다양한 미션을 직접 몸으로 수행하며 어휘력을 키울 수 있을 거예요.

## 어휘력 미션 예시

1: 단어의 뜻 말하기

2: 단어의 뜻을 몸짓으로 나타내기

3: 단어를 사용한 예문 만들기

4: 단어와 유사한 의미를 가진 단어(유의어) 말하기

5: 단어와 반대되는 의미를 가진 단어(반의어) 말하기

6: 실생활에서 단어가 쓰인 예 찾아보기

- 이 책의 단어 중 주사위 게임에 포함하고 싶은 단어는 무엇이 있나요? 단어 목록을 작성해요.

  _____

- 각각의 숫자에 수행할 어휘력 미션을 정해요.

  _____

- 주사위를 굴리고, 수행한 미션의 결과를 써 보세요.

  _____

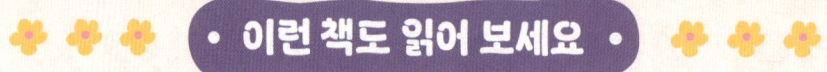
**• 이런 책도 읽어 보세요 •**

**비슷한 주제**

☆ **나쁜 초콜릿** 샐리 그린들리 글 · 문신기 그림 | 정미영 옮김 | 봄나무 | 2012

두 친구의 우정과 생존을 바탕으로 공정무역의 중요성을 설명하는 책이에요. 같은 농장에서 매일 힘겹게 일하는 친구이자 동료인 두 소년 파스칼과 코조의 이야기를 담아내고 있어요. 끔찍한 대우를 받으며 카카오 농장에서의 하루하루를 버텨내는 파스칼과 코조의 삶을 통해 전쟁, 연소 근로, 아동 노동 등 공정무역을 막는 잔혹한 현실을 그려 내요.

☆ **비정규 씨, 출근하세요?** 더 나은 세상을 꿈꾸는 어린이책 작가 모임 글 · 그림 | 사계절 | 2021

서울에 사는 서민들의 이야기로, 비정규직 노동자들의 이야기를 현실적으로 묘사한 책이에요. 특히 비정규직 근로자들이 힘이 들어도 일을 그만두지 못하는 이유를 전하면서 사회의 잘못된 점을 지적해요. 어린이를 위해 비정규직이 무엇인지, 왜 정규직과 비정규직이 따로 나뉘어 있는지 등을 설명해요.

☆ **자본주의 논쟁** 전지은 글 · 박종호 그림 | 풀빛 | 2021(개정판)

'논쟁을 통해 토론을 배운다'는 슬로건에 맞게 자본주의를 찬성하는 쪽과 반대하는 쪽 모두의 입장을 들여다보며 자본주의를 설명하는 책이에요. 자본주의 역시 다른 체제처럼 장점과 단점, 득과 실이 있지요. 각 입장의 의견을 살펴보면서 아이의 생각은 어떤지 이해할 수 있어요. 우리가 살아가는 세상에서 자본주의와 돈은 어떠한 의미를 갖는지, 자본주의의 명과 암은 무엇인지 설명해요.

**같은 시리즈**

☆ **지구촌 슬픈 갈등 탐구생활** 이두현, 김선아, 권미혜, 이준희, 이용직 글 · 박지윤 그림 | 파란자전거 | 2024(개정판)

어린이에게 분쟁, 전쟁, 테러, 난민 문제 등의 사회 문제를 소개하고, 이에 대해 경각심을 일깨워 주는 책이에요. 무겁고 가슴 아픈 주제이지만, 마냥 모른척하며 무시할 수만은 없는 어려운 문제에 대해서 사진과 일러스트를 담아 상세히 설명해 줘요. 모든 문제를 해결할 수는 없지만, 많은 사람이 사회적 문제에 관심을 가질수록 문제가 해결될 가능성이 높아진다는 점을 강조해요.

## ☆ 마땅히 누려야 할 인권 탐구생활 이기규 글 · 하완 그림 | 파란자전거 | 2018

한 인간이 인간답게 살기 위해 꼭 필요한 권리인 인권이란 무엇일까요? 인권은 생존뿐 아니라, 자유롭게 행복을 추구할 권리를 내포하는 포괄적 개념이에요. 그러나 세상에는 여러 가지 이유로 이런 기본 인권조차 박탈당한 경우가 있어요. 어린이를 위해 인권의 역사와 현재, 그리고 미래까지 이야기하는 책이에요.

## ☆ 소녀소년 평등 탐구생활 양해경 글 · 권송이 그림 | 파란자전거 | 2013

어린이와 청소년을 위한 사회 인문 교양서로, 성평등에 대한 내용을 다뤄요. 사람이 성별로 인해 겪을 수 있는 차별이나 불평등에 대해 설명하고, 앞으로 더욱 평등한 사회를 만들기 위해 어린이가 알아야 할 점들을 짚어줘요. 성평등에 대해 올바른 가치관을 형성하고, 성 역할의 틀에서 벗어나 열린 시각으로 세상을 바라볼 수 있게 도와주는 책이에요.

# 아마골 강아지 오스트랄로피테쿠스 실종 사건

글 이선주
그림 정인하
펴낸 곳 문학동네
출간 2021
갈래 국내 문학(창작동화)
주제 #성장 소설 #우정 #성장통 #사춘기 #동물권

 **책 소개**

자기 이름이 너무 평범해서 싫은 민수는 어느 날 자신 앞에 나타나 가장 친한 친구가 되어 준 강아지 오스트랄로피테쿠스와 몸은 약하지만 언제나 민수 편이 되어 주는 친구 용찬이와 특별한 우정을 나눠요. 이 책은 이제 막 사춘기에 들어선 아이들의 관계와 우정을 흥미진진하게 다루고 있어요. 친구를 새로 사귀거나 잃는 경험에서 느끼는 벅차고 가슴 아픈 감정들은 상황이 다르더라도 모두에게 공통으로 존재함을 보여줘요. 우정의 의미, 시간이 흐르며 달라지는 관계, 동물과 인간 사이의 교감 등 초등학교 고학년 친구들이 충분히 공감하며 이해할 수 있는 사건들로 가득한 소설이에요.

## 이렇게 질문해요

• 주인공과 관련된 쉽고 간단한 질문으로 시작하여 아이의 경험을 질문해요.

"이 책의 주인공인 민수는 자신의 이름이 너무 평범하고 흔해서 싫다고 했는데, ○○도 그런 경험이 있니? 이름 말고도 남들과 다르게 특별해지고 싶은 부분이 있니?"

• 책을 읽은 뒤, 이야기와 연결 지어 아이의 친구 관계에 대해 이야기 나눠요.

"지금 가장 친한 친구는 누구야? 민수와 용찬이 같은 친구 관계를 경험해 본 적 있어? 둘이 어떻게 친해졌는데? 그 친구는 어떤 사람이라고 말할 수 있어?"

• 아이의 경험에 대한 감정과 느낌을 표현할 수 있도록 질문해요.

"민수, 용찬이와 오스트랄로피테쿠스처럼 어떤 이유로 헤어져야만 했던 친구가 있었니? 그때 어떤 심정이었어?"

# 인물 특성 파악하기

주인공들의 공통점과 차이점을 알아봐요.

- 민수와 용찬이는 비슷한 점도 많지만 다른 점도 많아요. 두 친구의 서로 다른 면은 우정을 쌓는 데 도움이 되지요. 두 친구의 성격을 비교하기 위해 시각적 도구인 벤다이어그램을 활용했어요. 벤다이어그램을 보면서 두 인물이 어떠한 점에서 같고 어떠한 점에서 다른지 이야기해요. 두 인물과 독자인 아이와의 연결점을 찾아보면서 자기 자신에 대한 이해 및 등장인물에 대한 공감 능력을 키울 수 있도록 질문해 주세요.

🔍 민수와 용찬이는 닮은 점도 많고 다른 점도 많아요. 두 친구 모두 오스트랄로피테쿠스를 사랑하지만, 성격이나 외모, 행동에서 차이가 있어요. 성격 특성을 참고하여 민수와 용찬이의 공통점과 차이점을 벤다이어그램으로 정리해요. 그리고 나는 민수와 용찬이 중 누구와 더 비슷한지, 혹은 누구와 더 친구가 되고 싶은지 생각해 보고, 그 이유를 써요.

특성

세심한, 대범한, 몸이 아픈, 용감한, 달리기를 잘하는, 차분한, 남자답게 생긴, 곱상한,
여학생에게 인기가 많은, 가출해 본 적이 있는, 심장이 약한, 자유로운, 이름이 평범한, 사자를 보고 싶어 하는,
동물을 불쌍해하는, 동생이 많은, 오스트랄로피테쿠스를 사랑하는, 어른스러운, 숨이 잘 차는, 호탕한

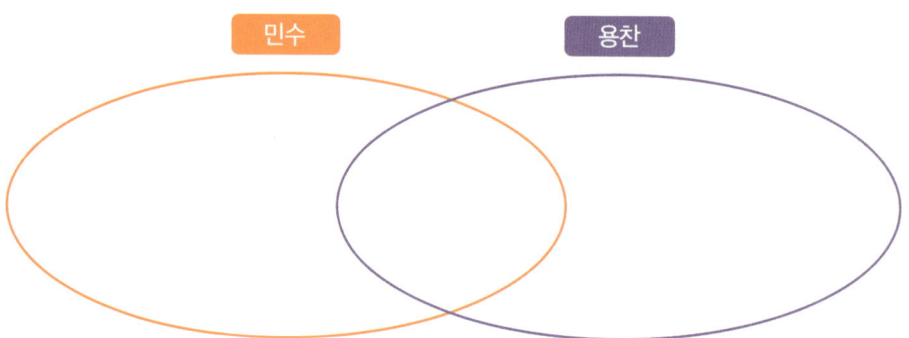

민수     용찬

- 나는 ( 민수 / 용찬이)와 더 비슷하다. 그 이유는?

  _____

- 나는 ( 민수 / 용찬이)와 더 친구가 되고 싶다. 그 이유는?

  _____

# 원인과 결과 파악하기

사건에 대한 원인과 결과를 알아봐요.

- 이야기의 핵심 내용과 전개 과정을 보다 명확하게 이해하기 위해서 인과관계 표를 작성해요. 각각의 주요 사건을 원인과 결과로 정리하면 논리적으로 생각하는 방식을 익힐 수 있어요. 논리적인 사고방식은 다양한 글쓰기에 도움이 되고, 자신의 주장을 탄탄한 근거로 뒷받침하며 논리적으로 설명해야 하는 논술문을 쓸 때 특히 중요해요.

어떤 일이 발생한 원인과 그 결과를 통칭해 인과관계라 표현해요. 예컨대 '용찬이는 심장이 약해서 잘 뛸 수 없다'라는 문장에서 용찬이의 심장이 약하다는 부분은 원인, 잘 뛰지 못한다는 부분은 결과예요. 빈칸에 각 사건의 원인과 결과를 나누어 정리해요.

| 원인 | 결과 |
|---|---|
|  | 민수가 강아지의 이름을 '오스트랄로피테쿠스'라고 지음 |
| 민수가 용찬이를 동물원에 데려감 |  |
|  | 파출소에서 집으로 전화가 옴 |
| 민수와 용찬이가 오스트랄로피테쿠스 구출 작전을 계획하고 실천함 |  |
|  | 동물원의 오스트랄로피테쿠스를 보며 서운하면서도 안심됨 |

# 인물의 감정 이해하기

감정 묘사를 통해 이야기의 줄거리와 인물들의 감정을 이해해요.

- 초등학교 고학년 아이들은 사춘기에 접어들며 감수성이 풍부해져요. 민수, 용찬, 오스트랄로피테쿠스 역시 다양한 사건을 경험하며 풍부한 감정을 느끼게 되지요. 각 사건을 머릿속으로 그려보면서 등장인물들은 어떠한 감정이 들었을지 생각해요. 주인공의 감정을 적절하게 표현할 수 있는 어휘를 찾아보면서 새로운 감정 어휘를 익히고, 나 자신의 감정도 깊이 이해할 수 있어요. 아이의 문해력을 키우기 위해 감정어휘를 폭넓게 아는 것은 중요해요. 감정어휘를 잘 알면 아이가 주인공이 느끼는 감정을 예민하게 인식하고, 표현하고자 하는 바를 세밀하게 전달할 수 있기 때문이지요. 또한 아이의 경험과 책의 내용을 연결하면 글에 몰입하기 쉬워지고, 공감 능력도 키울 수 있어요.

어떠한 결정을 내리거나 행동할 땐 그에 따른 다양한 감정이 뒤따라요. 이야기 속 인물들도 중요한 사건을 겪으며 여러 감정을 경험하지요. 책 속 주요 사건과 관련된 감정을 찾아보고, 그와 비슷한 감정을 느꼈던 나만의 경험도 함께 적어요.

## 감정 어휘 예시

따분함, 지겨움, 두려움, 괴로움, 슬픔, 동정심, 행복, 분노, 불안, 신남, 의심

| 사건 | 감정 | 나의 사건 |
|---|---|---|
| 민수가 떠돌이 개에게 '오스트랄로피테쿠스'라는 이름을 지어줌 | 따분함, 지겨움 | 학교에서 싫어하는 과목의 수업을 들을 때 |
| 민수가 용찬에게 동물원에 가자고 함 | 결의, 두려움 | 태권도 대회에 나감 |
| 용찬이는 동물원에 있는 사자를 보고 기절함 | 괴로움, 슬픔, 동정심 | TV에서 학대 당하는 동물들의 이야기를 봄 |

# 이야기를 경험과 연결 짓기

책 속 사건과 나의 경험을 연결해요.

- 이 책은 독자의 연령대와 비슷한 주인공들의 감정을 세밀하게 묘사하고 있어요. 사춘기 아이들이 충분히 겪을 수 있는 긍정적인 순간들과 부정적인 순간들이 모두 나오지요. 아이가 주인공이 겪은 경험과 비슷한 자신의 경험을 바탕으로 한 편의 짧은 글을 완성하는 활동이에요. 아이의 경험과 감정을 솔직하게 글로 표현하는 과정에서 글쓰기의 즐거움을 느끼고, 문해력을 높일 수 있어요.

2장 '실종'에서는 강아지 오스트랄로피테쿠스가 갑자기 사라진 이후의 일들이 등장해요. 민수와 용찬이는 오스트랄로피테쿠스의 실종으로 불안해하며 전단지도 만들고 밤낮없이 찾아다니지만, 가족들은 왠지 모르게 무심하기만 해요. 나에게도 남들에게 이해받지 못해 억울했던 경험이 있었나요? 다른 사람들에게 충분히 이해받지 못해 속상했던 경험을 떠올려 보고, 그때의 감정은 어떠했는지, 내가 바랐던 결과는 무엇이었는지 등을 한 문단으로 작성해요.

제목 : _____

사건: _____

## 비슷한 주제

### ☆ 완득이 김려령 글 | 창비 | 2008

질풍노도의 사춘기를 지나고 있는 주인공 완득이는 집안 형편도 여유롭지 못하고, 성적은 바닥이며, 학교에서는 싸움꾼이에요. 같이 사는 두 가족인 아버지와 민구 삼촌도 일로 인해 며칠씩 집을 비우고, 삼촌은 지적 장애가 있어 완득이는 세상을 혼자 짊어진 것만 같죠. 그런 완득이에게 담임 교사 똥주, 여자 친구 윤하, 킥복싱 체육관 관장님 등 여러 인물들이 등장해 완득이의 성장을 도와줘요. 힘든 역경이 있어도 포기하지 않고 끝까지 버텨내는 완득이의 성장 이야기에 공감할 수 있을 거예요.

### ☆ 두 친구 이야기 안케 드브리스 글 | 박정화 옮김 | 양철북 | 2005

가정 폭력에 시달리는 유디트와 권위적인 아버지 때문에 상처가 깊은 미하엘, 두 친구의 우정과 정서적 성장을 그려 내요. 처음에는 유디트와 미하엘 두 친구 모두 외부적인 요소로 절망하지만, 서로 우정을 쌓고 마음 깊은 곳에 덮어두기만 했던 이야기를 나누며 문제를 해결할 힘과 용기를 얻게 돼요. 유디트와 미하엘의 우정 이야기는 힘든 상황에서도 단 한 명의 친구가 얼마나 나의 세상을 빛내줄 수 있는지 보여줘요.

### ☆ 수상한 인스타그램: 비밀방에 초대합니다 이소희 글 | 행복한나무 | 2022

갓 6학년이 된 주인공 미소는 친한 친구들과 인스타그램을 통해 자신들만의 공간을 만들어 비밀 일기를 공유하고 소통하면서 신나는 시간을 보내요. 그런데 실수로 인해 미소는 왕따를 당하고, 남자 친구와도 헤어지게 돼요. 문제를 해결하는 과정에서 작가는 '나답게 행동하는 것'이 무엇인지, 그리고 '나를 찾는 과정'은 어떤 것인지 이야기해요.

## 같은 작가

### ☆ 맹탐정 고민 상담소 이선주 글 | 문학동네 | 2019

답답한 마을에서 벗어나고 싶은 중학교 1학년 소녀 맹승지는 마을의 유일한 탐정으로 활약 중이에요. 승지는 친구의 잃어버린 핸드폰을 찾아주는 일부터 의뢰인 엄마의 과거, 친구의 자아를 찾아주는 일까지 부탁받은 일을 척척 해결해 나가지요. 그 과정에서 주인공은 자기 자신을 이해하게 되고 고민도 갖게 돼요. 담백하고 솔직한 어투로 주인공 승지의 삶 속에 녹아있는 꿈과 고민을 그려낸 책이에요.

## ☆ 창밖의 아이들 이선주 글 | 문학동네 | 2015

불우하고 가난한 가정을 둔 란이, 돈이 많지만 폭력적인 아버지를 둔 클레어, 조선족 불법 체류자 민성이, 세 중학생 친구의 평범하면서도 평범하지 않은 이야기를 담고 있어요. 각자 아픔이 있지만, 그런데도 아이들은 서로에게 의지하며 꿋꿋이 자신의 상황을 견뎌내는 모습을 보여줘요. 어른들에 대한 원망, 성장에 대한 두려움, 세상에 대한 실망 등 청소년 시기 아이들이 겪는 아픔과 성장을 생생하게 그려 내요.

## ☆ 태구는 이웃들이 궁금하다 이선주 글 · 국민지 그림 | 주니어RHK | 2023

복도식 아파트에 사는 주인공 남자아이 태구는 제목 그대로 이웃에게 관심이 많고 궁금한 점도 많아요. 날카로운 관찰력으로 이웃을 알아가면서 살아간다는 것은 무엇인지, 인생의 의미에 대해 어렴풋이 깨닫게 되지요. 작가는 결손 가정, 여성의 경력 단절, 노인 고독사 등 우리의 이웃들에게 일어날 수 있는 일에 대해 담담히 이야기해요.

# 작전명 말모이,
# 한글을 지킨 사람들

글 김일옥
그림 김옥재
펴낸 곳 스푼북
출간 2023
갈래 국내 비문학
주제 #한글 #일제강점기 #한국사 #독립운동

 **책 소개**

한국어로 대화하는 게 금지되었던 시기가 있었다는 걸 알고 있나요? 일제강점기 시절 우리 민족은 우리
말 사용이 철저히 금지되어 일본어만 사용해야 했어요. 하지만 그 어두운 시기 동안에도 우리말을 지키기
위해 노력한 사람들이 있었어요. 말과 글이 우리 민족의 정신과 영혼이라 생각한 학자들의 신념 아래, 우
리말 사전을 만들기 위한 기나긴 여정이 시작돼요. 이 책은 전국 각지에서 사용되는 우리말을 사전에 싣
기 위한 '말모이 운동', 사전 편찬 과정에서 벌어졌던 '조선어학회 사건'까지, 사전을 편찬해 내기까지의 일
련의 과정들을 담고 있어요. 우리가 우리말과 우리글을 지금처럼 당연하게 사용할 수 있게 된 배경에는
우리 선조들의 엄청난 노력이 있었지요. 감사한 마음을 가지고 그들의 이야기를 살펴봐요.

## 이렇게 질문해요

- 초등학교 6학년이라면 아이가 학교에서 일제강점기에 대해 들어본 적이 있을 거예요. 학교에서 관
  련된 내용 중 무엇을 배웠는지 물어봐 주세요. 책과 관련된 아이의 배경지식을 활성화하고, 이미 알
  고 있는 내용과 책이 관련되어 있음을 알게 되면 책에 더욱 흥미를 느낄 수 있어요.

  "○○아, 이 책의 배경은 일제강점기야. 학교에서 일제강점기에 대해 배운 적 있니? 일제강점기 때 우리 민족이 어
  떻게 생활했는지 알아?"

- 책에는 이극로 선생님과의 가상 인터뷰를 담은 부분이 있어요. 인터뷰에서 이극로 선생님은 프랑스에서 한글 창제의 내력과 우리말의 자음과 모음을 설명하는 녹음을 하였고, 이를 여전히 유튜브에서 들을 수 있다는 내용이 나와요. 인터뷰 내용을 읽을 때 아이와 함께 유튜브 동영상도 활용하여 이극로 선생님의 목소리를 직접 들어 보세요.

"여기 보니 유튜브에서 직접 이극로 선생님의 목소리를 확인해 볼 수 있다고 하네? 우리 검색해서 같이 들어볼까?"

- 책의 내용이 시간순으로 되어있지 않아 사전 편찬 과정에서 일어나는 여러 사건들의 흐름이 헷갈릴 수도 있어요. 책의 마지막에 연표가 있으니 이를 활용하여 사건이 어떻게 진행되었는지 살펴보세요. 3.1 운동 전후로 많은 변화가 있었으니 연표를 보며 무슨 변화가 있었는지 아이와 대화하는 것도 좋아요.

"이극로 선생님이 3.1 운동이 벌어진 1919년 이후로 많은 변화가 있다고 했어. 연표를 보자. 1919년 이후로 무슨 변화가 생겼지?"

# 인물관계도 그리기

등장인물 간의 관계를 인물관계도를 통해 시각적으로 정리하고 이야기 구조를 이해해요.

- 조선어 학회와 관련 있는 여러 인물이 등장하는 책이라 아이들이 읽으면서 인물들을 서로 혼동하거나 주요 인물을 놓칠 수도 있어요. 책에 등장하는 인물들의 관계를 정리해 보는 활동을 통해 인물들의 역할과 관계, 조선어 학회가 어떻게 이루어졌는지와 관련한 아이의 이해를 도울 수 있어요. 아이가 인물들 간의 관계를 무엇이라 정의할지 어려워한다면 책에서 정보를 찾아 작성할 수 있도록 지도해 주세요. 예를 들어 책 속 인물 김두봉과 이극로의 관계라면, '이극로가 김두봉이 책을 출판할 때 도운 사이' 정도로만 작성해도 돼요. 인터넷 검색을 통해 인물관계도 예시를 참고하여 작성하도록 지도해 주세요.

8명의 인물 이름을 활동지에 적고, 화살표 등을 이용하여 인물들 간의 관계를 나타내는 인물관계도를 완성하세요. 다음 예시를 참고하여 올바르게 배치해 보세요.

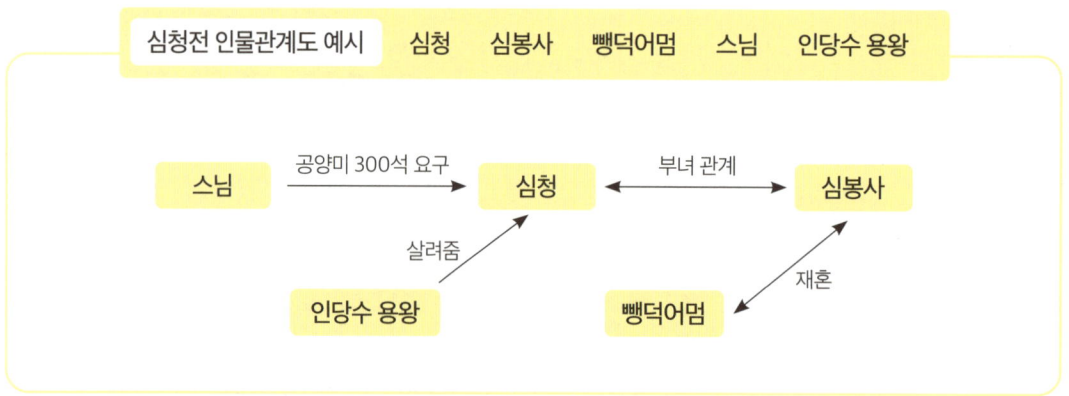

주시경  김두봉  이극로  정세권  이우식  서재필  최현배  정태진

# 배경지식 활성화하기

일제강점기와 관련된 주요 개념의 뜻을 책에서 찾아 작성해요.

- 책의 배경이 일제강점기인 만큼 관련 개념이 곳곳에 등장해요. 아이가 책에서 단어의 뜻을 찾아 주요 개념을 정리하고 이해할 수 있도록 해 주세요. 아이가 교과서에서 배운 내용을 기억한다면 교과서도 함께 활용하여 개념 정리를 확장하는 것도 좋아요.

⟨?⟩ 단어의 뜻을 책에서 찾아 표를 완성해요.

| | |
|---|---|
| 문화 통치기 | |
| 을사늑약 | |
| 105인 사건 | |
| 불령선인 | |
| 조선어 학회 | |

# 말모이 운동 참여하기

가상으로 말모이 운동에 참여하여 조선어 학회 학자들에게 편지를 쓰고, 신조어를 소개해요.

- 말모이 운동은 사전을 편찬하기 위해 전국 각지에서 쓰는 말을 조선어 학회 학자들에게 보내주던 운동이에요. 아이가 과거의 학자들에게 현재 우리가 사용하고 있는 단어를 전해줄 기회가 있다고 상상해 볼 수 있도록 도와주세요. '말모이 작전이 시작되다' 장을 펼치면, 말모이 운동에 참여했던 국민이 작성한 편지의 예시가 있어요. 아이가 편지의 양식을 참고하여 전달하고 싶은 단어의 이름과 뜻 몇 가지를 편지 형식으로 적도록 지도해 주세요. 국립국어원에서 운영하는 '우리말샘' 홈페이지에서 '멘붕', '심쿵', '가심비' 등의 신조어가 등재된 것을 확인할 수 있어요. 우리말샘에 등재된 신조어를 함께 살펴본 후, 활동안을 작성할 수 있도록 해 주세요.

우리말샘

말모이 운동에 참여했다고 상상해요. 예전에는 없었지만 요즘 친구들이 사용하는 새로운 단어를 '우리말샘'에서 살펴보고 조선어 학회 학자들에게 전달해요.

지방 투고자,

# 신문 기사 작성하기

『조선말 큰 사전』이 편찬되기까지의 과정을 간단하게 신문 기사로 작성해요.

- 책의 중간중간에는 신문 기사가 발췌되어 있고, 최초의 국문 신문 발간을 자세히 소개할 정도로 이 책에서는 신문이 중요하게 다루어지고 있어요. 인터넷 혹은 종이 신문을 아이와 함께 살펴보면서 신문의 형식을 파악해 보세요. 그리고 아이가 『조선말 큰 사전』이 발간되기까지의 과정을 간단하게 신문 기사로 작성해 보도록 해요. 책 중간중간에 발췌된 신문 기사의 길이 정도로만 작성해도 괜찮아요. 모든 세부 내용을 담기보다는 굵직한 사건들 위주로 정리하면서 사건의 흐름을 잘 이해할 수 있도록 지도해 주세요.

(?) 『조선말 큰 사전』은 오랜 시간에 걸쳐 편찬되었어요. 그 과정을 요약하여 두 문단 정도의 신문 기사 형태로 작성해요.

> "조선어 학회의 오랜 노력 끝에,
> 드디어 《조선말 큰 사전》이 세상에 나왔습니다."

# 외래어 표기법 규정 알기

- 한글 맞춤법과 외래어 표기법은 사전 편찬에 앞서 우리 학자들이 힘써 완성한 규범이에요. 지금도 인터넷에서 한글 맞춤법 규정과 외래어 표기법 규정을 쉽게 찾아볼 수 있죠. 이 규정을 함께 살펴보며 올바른 표기법에 대해 알아봐요.

🔍 다음 단어의 외래어 표기가 몇 항에 근거하여 오류가 있는지, 옳은 외래어 표기법은 무엇인 것 같은지 적어 보세요.

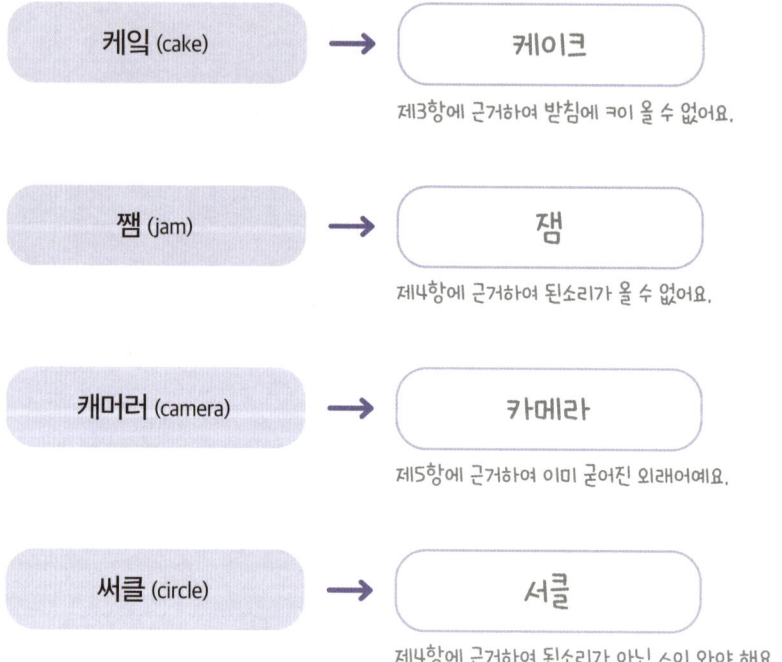

**외래어 표기법**

제1항 외래어는 국어의 현용 24 자모만으로 적는다.
제2항 외래어의 1음운은 원칙적으로 1 기호로 적는다.
제3항 받침에는 'ㄱ, ㄴ, ㄹ, ㅁ, ㅂ, ㅅ, ㅇ'만을 쓴다.
제4항 파열음 표기에는 된소리를 쓰지 않는 것을 원칙으로 한다.
제5항 이미 굳어진 외래어는 관용을 존중하되, 그 범위와 용례는 따로 정한다.

케잌 (cake) → 케이크
제3항에 근거하여 받침에 ㅋ이 올 수 없어요.

쨈 (jam) → 잼
제4항에 근거하여 된소리가 올 수 없어요.

캐머러 (camera) → 카메라
제5항에 근거하여 이미 굳어진 외래어예요.

써클 (circle) → 서클
제4항에 근거하여 된소리가 아닌 ㅅ이 와야 해요.

**비슷한 주제**

## ☆ 한글꽃을 피운 소녀 의병 변택주 글·김옥재 그림 | 책담 | 2023

한글을 필사적으로 지키기 위해 노력했던 일제강점기 때의 학자들과는 달리, 한글이 처음 창제되었을 때는 양반들의 환영을 받지 못했어요. 임진왜란이 일어나면서 한글이 우리 민족을 하나로 똘똘 뭉치게 하는 데에 커다란 역할을 하게 되었죠. 당시 조선 시대에서 천대받았던 사람들이 나라를 위해 힘껏 싸울 때 도움이 된 것이 한글이지요. 의병 활동과 한글이 어떻게 연관되어 있는지 책을 통해 확인해 보세요.

## ☆ 언제나 3월 1일 장경선 글·신민재 그림 | 리틀씨앤톡 | 2019

『작전명 말모이, 한글을 지킨 사람들』에서도 3.1 운동이 얼마나 큰 사건인지, 그 전후에 얼마나 많은 변화가 일어났는지 언급하고 있어요. 이렇게 중요한 3.1 운동을 일제강점기를 살고 있는 일구라는 한 아이의 시선으로 바라본 책이에요. 일구는 자꾸 억울한 일을 당하게 되는데, 모든 것이 나라를 빼앗겼기 때문이지요. 내가 일구라면 어떤 선택을 했을지 생각하며 읽어 보세요.

## ☆ 우리말을 지킨 사람들 곽영미 글·이수영 그림 | 숨쉬는책공장 | 2021

말모이 운동, 사전 편찬에 참여하였던 학자들에 대해 더 자세히 알고 싶나요? 한글을 보급하고 다듬는 데 힘을 보탠 학자들이 또 누가 있는지 궁금한가요? 그렇다면 이 책을 추천해요. 우리가 어떻게 지금의 한글을 사용하게 되었는지, 한글 보존에 힘을 보탠 여러 학자들을 재미있게 소개하고 있어요. 지석영, 주시경, 최용신, 이극로 등 열다섯 명의 이야기를 중심으로 언어와 문자를 보존하는 것이 한 나라의 존재에 얼마나 중요한 일인지 일깨워 줘요.

**같은 작가**

## ☆ 한눈에 쏙 세계사 1 김일옥 글·이은열 그림 | 스푼북 | 2019

우리 지구와 인류의 탄생, 그리고 최초의 고대 문명을 다룬 책이에요. 쉽고 재미있게 여러 사진 자료로 역사적 사건을 설명하고 있어 전혀 지루하지 않아요. 더 자세한 설명이 필요한 경우 만화 일러스트, 캐릭터와 말풍선을 사용해 부연 설명까지 해 주지요. 교과서에서 마주했던 내용도 담고 있으니 내 배경지식을 활용하여 재미있게 읽어 보세요.

## ⭐ 할머니의 남자친구 김일옥 글 | 네버엔딩스토리 | 2010

초등 전 학년이 두루 읽을 수 있는 단편 소설집이에요. 현시대를 살아가는 아이들의 고민이나 일상 등이 자연스럽게 녹아있어요. 긴 소설을 한꺼번에 읽기 지루하다면, 단편집도 좋아요. 제목과 같은 '할머니의 남자친구', '도토리를 찾아라' 등 무려 9편의 이야기가 담겨 있어요. 표지에 그려져 있는 것처럼 할머니에게 오토바이를 타고 다니는 신세대 남자친구가 생겼다는 첫 번째 단편이 흥미롭지 않나요? 단편이 하나하나 모두 매력 있는 책이에요.

## ⭐ 석호필 김일옥 글 · 오승민 그림 | 도토리숲 | 2019

한국인보다 한국을 더 사랑하고, 독립운동에 적극적으로 참여한 외국인이 있다는 사실을 알고 있나요? 바로 스코필드 박사, 한국어로는 석호필이라는 이름을 가진 사람이에요. 그가 대한민국의 독립을 위해 어떤 노력을 하였는지, 스코필드 박사의 시점으로 전개되는 책이에요. 스코필드 박사가 깊이 관여한 '제임리 사건'이 무엇인지 책으로 확인해 보세요.

# 멈출 수 없는 우리 1

글 유발 하라리
그림 리카르드 사플라나 루이스
옮김 김명주
펴낸 곳 주니어김영사
출간 2023
갈래 해외 비문학
주제 #인류 #진화 #과학 #역사

 **책 소개**

인간은 다른 많은 동물들보다 몸집이 작고 힘이 약해요. 그럼에도 현재 지구를 지배하며 동식물의 운명을 좌우하죠. 어떻게 이렇게 연약한 생명체가 지구를 지배하게 되었을까요? 우리 시대를 대표하는 뛰어난 역사학자 중 한 사람인 유발 하라리는 먼 과거로 거슬러 올라가 인류가 지구에 어떻게 출현하게 되었는지, 초기의 인류가 어떤 모습을 통해 지구에 적응하고 살아남게 되었는지로 이야기를 시작해요. 그리고 인류의 조상인 사피엔스의 삶의 모습을 통해 인간이 현재 지구를 지배하게 된 이유를 찾아내어 쉽고 흥미롭게 설명해요. 사피엔스의 뛰어난 능력이 무엇인지, 그 능력이 지구에 가져온 변화는 무엇인지, 앞으로 우리가 이 능력을 어떻게 활용해야 할지에 대해 깊이 생각하게 하는 책이에요.

## 이렇게 질문해요

• 우리 시대의 가장 유명한 베스트셀러 중 하나인 『사피엔스』의 작가 유발 하라리가 어린이를 위해 다시 쓴 책이에요. 부모가 책 읽는 모습을 보여주는 부모의 모델링은 자녀의 읽기 동기를 높이는 가장 좋은 방법 중 하나지요. 자녀가 『멈출 수 없는 우리 1』 읽을 때, 부모님 또한 유발 하라리의 『사피엔스』를 읽는 모습을 보여주세요. 같은 작가의 비슷한 내용의 책을 함께 읽고 관련된 이야기를 나눈다면 아이의 의욕을 더 고취시켜 줄 거예요.

"지금 ○○이가 읽고 있는 책이랑 엄마 아빠가 읽고 있는 『사피엔스』랑 작가도 똑같고, 내용도 비슷해. 우리 책을 읽고 책 내용에 대해 이야기 나눠보자."

- 책의 제목에 대해 이야기를 나누어 보세요. 책의 부제는 '인간은 어떻게 지구를 지배했을까'인데, 부제에 대해서도 아이의 생각을 물어봐 주세요.

"책의 제목을 살펴보자. 『멈출 수 없는 우리 1: 인간은 어떻게 지구를 지배했을까』에서 '우리'는 인간이야. 인간이 어떻게 지구를 지배하게 됐을까? 인간의 어떤 능력이 이를 가능하게 한 것 같아?"

- 비문학이지만 역사에서 밝혀지지 않은 빈 부분, 혹은 일어나지 않은 일을 작가의 창의력으로 채워 독자의 상상을 끌어내는 책이에요. 독자가 이를 한 번 상상해 보게끔 유도하지요. 그래서 작가는 독자의 상상력을 유도하기 위한 여러 질문을 본문에 던지고 있어요. 이를 놓치지 말고 작가의 질문을 활용하여 아이와 창의적인 대화를 나누어 보세요. 다음은 책 속 작가의 질문을 활용한 예시예요.

"(42쪽 작가의 질문) 만약 우리 조상이 좀 더 착했고, 그래서 네안데르탈인과 플로레스섬의 작은 인류를 그대로 두었다면 오늘날 세상은 어떤 모습일까?"

"○○아 우리 집 이웃이나 학교에 네안데르탈인이 있었다고 생각해 봐! 네안데르탈인 친구는 어떤 모습일까? ○○이와 잘 지냈을 거 같아?"

- 『멈출 수 없는 우리』는 시리즈 책이에요. 이를 예고하듯 책의 마지막 장에서 아직 풀리지 않은 이야기를 제시하고 있어요. 마지막 장을 읽고 아이와 함께 다음 시리즈 내용도 예측해 보세요.

"(167쪽 작가의 질문) 하지만 이 모든 일을 한 뒤에도 우리 조상들은 아직 자동차, 비행기, 우주선을 만들지 못했지. 그들은 글씨 쓰는 법도 몰랐어. 아직 농사를 짓지도, 도시를 건설하지도 않았지. 심지어는 밀을 재배해 빵을 만들지도 못했어. 그렇다면 이 모든 것을 어떻게 배웠을까? 그건 완전히 다른 이야기야."

"우리가 지금 당연하다고 생각하는 운전, 글씨쓰기, 농사짓기, 이런 건 다 인간이 언제 어디서 배운 걸까? 이 책은 시리즈로 제작된 책이래. 우리 다음 내용이 궁금하니까 2편도 같이 읽어 볼까?"

# 핵심 내용 파악하기

책의 핵심적인 내용을 묻는 말에 답해요.

- 책이 전달하고자 하는 핵심 정보를 아이가 잘 파악했는지 확인해 보는 것은 중요해요. 아이가 책의 글을 해독하는 것에 그치지 않고, 중심 내용을 잘 이해하고 있을 때 아이의 문해력이 튼튼하게 형성돼요. 저자는 인간이 지구를 지배할 수 있었던 두 가지의 강력한 힘으로 '이야기를 만들어내는 능력'과 '협동할 수 있는 능력'을 반복하여 제시해요. 반복하여 언급하는 만큼 작가가 강조하고 싶은 내용일 가능성이 높아요. 책의 핵심 정보와 관련된 질문에 답하며 아이가 이야기의 큰 흐름을 이해하고, 중요한 정보를 선별해 정리할 수 있도록 도와주세요.

다음 질문에 대한 대답을 적어요.

- 작가가 생각하는 인간이 지구를 지배할 수 있도록 한 사피엔스의 두 가지 능력은 무엇인가요?

    _____

    _____

- 사피엔스를 제외한 다른 인류들이 모두 멸종한 이유는 무엇인가요?

    _____

    _____

- 단 음식이 당기는 인간의 입맛은 어디서 유래된 것인가요?

    _____

    _____

- 오스트레일리아에 살던 거대 동물들이 인간을 두려워하지 않았던 이유는 무엇인가요?

    _____

    _____

# 인과관계 이해하기

사건의 인과관계를 파악하고 표로 작성해요.

- 생물다양성의 중요성을 이해함과 동시에, 하나의 사건이 가져오는 연쇄적인 결과를 파악하는 활동이에요. 표는 연속적인 인과관계를 상징해요. 아이가 도식화된 표를 채움으로써 인과관계를 한눈에 더 쉽게 파악할 수 있지요. 매머드의 멸종은 겨울에 눈이 풀 위에서 녹지 않는 결과를 초래하였고, 그 결과 봄에 새로운 식물이 자라지 않아 풀을 먹던 북극토끼의 개체 수가 줄어들었으며, 북극토끼를 잡아먹던 북극여우의 개체 수도 줄어들게 되는 연쇄적인 결과를 낳게 된 것이죠. 아이가 책 속 정보를 아이만의 언어로 재구조화하여 표를 채울 수 있도록 지도해 주세요.

🔍 매머드의 멸종이 연쇄적으로 동식물에 어떤 영향을 미쳤는지 확인하고 표로 작성해요.

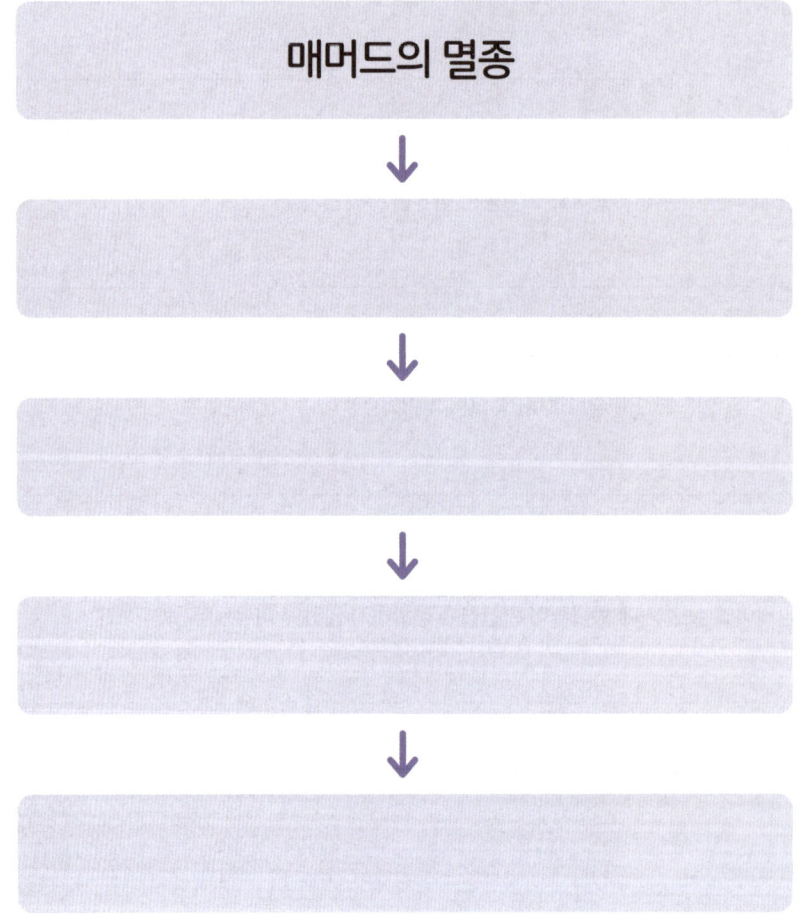

# 과거 상상하기

고고학자의 시점에서 석기 시대의 수렵 채집인의 삶을 상상하며 관찰 기록을 작성해요.

- 3장은 석기 시대의 수렵채집인의 일상을 자세하게 그리고 있어요. 활동을 시작하기 전에 3장을 아이와 함께 다시 읽어 보는 것도 좋아요. 아이가 책의 정보에 기반을 두고 수렵채집인의 하루를 상상해 볼 수 있도록 해 주세요. '타임머신을 타고 돌아간 고고학자의 시점'이라는 가정이 추가된 활동이므로 관찰자 시점을 적극적으로 활용하여 글을 작성할 수 있도록 지도해 주세요.

❓ 3장 '우리 조상들은 어떻게 살았을까'의 내용을 참고하여 석기 시대의 수렵채집인의 생활을 상상해 보세요. 타임머신을 타고 돌아간 고고학자가 되었다고 가정하고, 수렵채집인의 하루를 관찰자의 시점에서 작성해요.

## 수렵채집인 관찰기록

| 고고학자 이름 | |
|---|---|
| 날짜 | |
| 관찰 내용 | 나는 오늘 한 수렵채집인을 관찰하여 하루를 기록했다. |

# 나의 슈퍼 파워 활용하기

지구를 위해 내가 하고 싶은 일을 적어요.

- 책의 마지막 '네 슈퍼 파워를 보여 줘!'라는 제목 아래 작가는 인간의 슈퍼 파워, 즉 이야기를 만들어내는 능력과 협력하는 능력으로 다른 생물의 보존을 돕는 인간의 모습을 그려요. 인간은 다른 생물들은 할 수 없는 방법, 인간만의 능력으로 타인과 다른 동식물을 도울 수 있다는 걸 아이에게 상기시키고, 인간의 능력을 활용해 지구를 도울 방법을 상상해 볼 수 있도록 해요. 글의 내용이 잘 드러날 수 있도록 제목을 짓고 한 문단으로 완성해서 상상한 내용을 적을 수 있도록 지도해 주세요.

🔍 책의 163쪽부터 165쪽까지 다시 한번 읽어 보고, 지구를 지배한 인간의 슈퍼 파워를 활용하여 지구를 위해 내가 하고 싶은 일을 상상해서 적어요.

비슷한 주제

## ☆ 10대를 위한 사피엔스 벵트 에릭 엥홀름 글·요나 비에른셰르나 그림 | 김아영 옮김 | 미래엔아이세움 | 2021

『멈출 수 없는 우리 1』를 읽고 인류 역사에 대하여 흥미를 느꼈나요? 그렇다면 이 책도 추천해요. 『멈출 수 없는 우리 1』에서 집중적으로 다루었던 석기 시대를 지나, 현재 인공 지능 시대까지 인류의 역사를 쉽게 재미있게 정리한 책이에요. 특히 인간의 삶의 모습을 완전히 바꾼 세 가지의 혁명을 조망하며 인류가 세상을 지배하게 된 이유를 명쾌하게 설명하고 있어요.

## ☆ 오스트레일리아가 우리나라 가까이 오고 있다고? 좌용주 글·김소희 그림 | 나무를심는사람들 | 2019

인류에 대해 알아보았다면, 이제는 지구에 대해 알아볼까요? 46억 년 전 지구의 탄생부터 지금의 모습, 그리고 미래 지구 모습까지, 지구의 역사에 대해 꼼꼼하게 풀어나가고 있는 책이에요. 지구의 역사뿐 아니라 지진과 화산과 같은 신비로운 지구 현상들, 공룡의 멸종과 같은 사건들을 좌용주 교수님께서 친절하고 재미있게 알려주지요. 학교 수업에서 과학이 딱딱하고 지루하게 느껴졌다면 이 책으로 재미있게 배워 보는 것은 어떨까요?

## ☆ 엄마의 역사 편지 박은봉 글·우지현 그림 | 책과함께어린이 | 2010(개정판)

2000년 초판 인쇄 후 20년 넘게 사랑받고 있는 책이에요. 방대한 세계사 중 중요한 핵심만 모아놓았어요. 35가지 주제로 세계사, 그리고 한국사까지 중요한 사건들을 모두 정리하고 있어요. 글뿐만 아니라 삽화와 사진까지 이용하여 역사를 설명해 주니 한눈에 쏙 들어와요. 역사가 어려워 거부감을 가지고 있던 친구도 쉽게 서술된 책이니 용기 내어 도전해 보세요.

같은 작가

## ☆ 멈출 수 없는 우리 2: 세상은 왜 공평하지 않을까
유발 하라리 글·리카르드 사플라나 루이스 그림 | 김명주 옮김 | 주니어김영사 | 2023

『멈출 수 없는 우리』 3부작의 두 번째 책이에요. 2권은 전반적으로 '불공평함'에 대해 다루고 있어요. 가진 것이 많은 사람, 그리고 없는 사람이 모두 존재하는 현재 상황은 어떻게, 왜 일어났는지, 그리고 이를 해결할 수 있을지 같이 고민해 볼 수 있어요. 또한 인간이 식물, 동물을 통제하게 된 계기와 전염병이 발생한 이유, 문자의 탄생 등을 쉽고 재미있게 풀어 가는 책이에요.

## ☆ 멈출 수 없는 우리 3: 적들이 친구가 되는 방법

유발 하라리 글 · 리카르드 사플라나 루이스 그림 | 김명주 옮김 | 주니어김영사 | 2024

3부작의 마지막을 화려하게 장식하는 책이에요. 1권에서도 잠깐 등장했던 돈에 대한 이야기, 위대한 문명들, 그리고 인류 역사에서 지금까지 끊임없이 지속되었던 전쟁에 대한 이야기까지 흥미진진한 이야기로 가득해요. 우리가 우리 조상들의 실수와 악행을 극복하고 더 나은 사람이 될 수 있음을 제시해 주지요. 마지막 3권까지 시리즈 완독에 도전해 보세요.

# 호랑이를 덫에 가두면

글 태 켈러
옮김 강나은
펴낸 곳 돌베개
출간 2021
갈래 해외 문학
주제 #자아정체성 #한국 여성 #가족 #옛이야기 #이야기의 힘

 **책 소개**

성장소설과 옛이야기가 절묘하게 만난 책이에요. '조아여(조용한 아시아 여자애)'로 불리는 수줍음 많은 주인공 릴리는 아픈 할머니를 돌보기 위해 엄마, 언니와 함께 할머니가 계신 곳으로 이사를 와요. 릴리는 어느 날 할머니가 자주 해 주시던 이야기에서 영감을 받아 릴리 눈에만 보이는 마법의 호랑이를 만나게 되지요. 호랑이는 옛날에 할머니가 훔쳐 간 이야기를 돌려주면 할머니를 낫게 해 주겠다는 솔깃한 제안을 해요. 릴리가 마법 호랑이를 만나면서 자신의 솔직한 감정을 느끼게 되고, 진실을 마주하며 용기를 갖게 되는 성장 이야기예요. 한국계 작가 태 켈러가 어릴 적 할머니에게서 들은 '해와 달이 된 오누이' 이야기를 모티프로 한 작품이라 '옛날 옛적에'로 시작하는 친숙한 이야기를 곳곳에서 만날 수 있어요. 이 책은 한국 민담에 생명을 불어넣은 이야기의 힘을 보여준 동화라는 평을 받으며, 2021년에 아동문학의 노벨상이라 불리는 뉴베리상을 수상했어요. 특히 자아정체성의 혼란을 겪는 초등 고학년 친구들은 주인공 릴리에게 몰입하며 진짜 '나'의 모습이 무엇인지 진지하게 고민할 수 있어요.

## 이렇게 질문해요

• 주인공 릴리의 변화를 일으킨 사건을 찾아보고, 릴리가 사건 이후 심리적, 행동적으로 어떻게 변화하였는지 이야기 나눠요.

  "릴리는 왜 중요하게 생각하던 단지를 던져 버렸을까?"

"예전의 릴리라면 어떻게 행동했을 것 같니?"

- 표지의 이미지를 보며 책 제목의 의미에 대해 생각해요. 책을 완독한 이후, 책의 제목으로 다시 돌아
  가 제목의 적절성에 대해 대화해 보세요.

  "『호랑이를 덫에 가두면』에서 호랑이는 과연 누굴까? 그리고 덫은 무엇일까?"

  "이 제목이 책을 잘 표현하고 있다고 생각하니?"

# 등장인물 이해하기

등장인물의 특징을 나타내는 단서들을 찾고 등장인물을 분석해요.

- 책의 내용에 집중하다 보면 인물의 특성을 놓치기 쉬워요. 그러나 인물을 분석하면 행동에 대한 동기와 사건의 흐름을 잘 이해하게 되지요. 인물의 특성은 이야기에 직접 제시되기도 하지만, 대화와 사건을 통해 유추할 수도 있어요. 따라서 아이가 책 속 단서를 통해 인물의 특징을 파악할 수 있도록 지도해요. 대비되는 특성을 가진 두 인물에 대해서는 성격, 언행, 취미 등의 측면에서 어떻게 다른지 비교할 수 있도록 T자형 도표를 활용해요. 주인공과 함께 주변 인물의 특성을 가장 적절하게 표현하는 어휘를 찾도록 지도해 주세요.

🔍 다음 질문에 답해 보세요.

- 동생 릴리와 언니 샘은 어떤 소녀인가요? 책에서 나타난 성격, 언행, 취미에 대해 생각해 보고 둘의 차이점을 비교해요.

| 릴리 | 샘 |
|---|---|
|  |  |

- 할머니는 어떤 분인가요? 할머니에 대한 주변 사람들의 평가는 왜 다를까요?

_____

_____

- 리키는 어떤 친구인가요? 릴리는 리키를 어떤 친구로 생각할까요?

_____

_____

# 이야기 이해하기

책의 내용을 잘 이해하였는지 질문으로 확인해요.

- Wh-질문을 이용해서 책의 내용을 이해하였는지 물어 보세요. '누가, 언제, 무엇을'과 같은 가벼운 질문부터 시작해 '어떻게, 왜'로 시작하는 질문에 익숙해지면 아이 스스로도 질문하는 독자가 될 수 있어요. 마지막 두 질문은 호랑이를 다루는데, 책의 제목에서도 알 수 있듯이 호랑이는 이야기의 핵심적인 가상 인물이에요. 특히 호랑이는 주제를 전달하고 강조하는 역할을 하지요. 핵심 인물인 호랑이와 주인공 릴리 간의 사건과 관계에 주목해 질문해 보세요. 인물의 관계가 어떻게 변화하는지, 호랑이가 주인공 릴리에게 어떠한 영향을 미쳤는지 생각해 봐요..

❓ 다음 질문에 답해 보세요.

- 이야기에서 한국 문화와 관련된 내용은 무엇이 있나요?

  _____

- 이야기에 등장하는 한국 옛이야기는 무엇인가요?

  _____

- 할머니는 왜 미국에 오게 되었나요?

  _____

- 릴리가 자신을 투명 인간이라고 생각하는 이유는 무엇인가요?

  _____

- 샘은 왜 밤마다 창문을 넘어 밖으로 나갔을까요?

  _____

- 릴리와 리키가 친구들에게 진흙 푸딩을 만들어 준 이유는 무엇인가요?

  _____

- 릴리의 눈에만 보이던 호랑이는 결국 릴리의 눈에도 보이지 않게 되었어요. 왜 그랬을까요?

  _____

- 작가는 마법 호랑이로 무엇을 나타내고 싶었을까요?

  _____

# 작품과 작품 비교하기

책 속 '해님 달님' 이야기와 한국의 민담 '해와 달이 된 오누이' 이야기를 비교해요.

- 액자처럼 이야기 속에 또 다른 이야기가 포함된 구성을 '액자식 구성'이라고 해요. 『호랑이를 덫에 가두면』에는 우리에게 너무나도 친숙한 '해와 달이 된 오누이' 이야기가 등장해 몰입도를 높이고 흥미를 자아내죠. 또한 하나의 텍스트와 다른 텍스트 간의 관계를 일컬어 '상호텍스트성'이라고 하는데, 책을 읽다 보면 '해와 달이 된 오누이'가 떠올라 "음 그랬었지!" 하면서도 "'해와 달이 된 오누이'와 뭔가 다른데?" 하며 고개를 갸우뚱하게 될 거예요. 이 부분을 표로 만들어 아이가 공통점과 차이점이 무엇인지 비교할 수 있도록 해 주세요. 작가가 옛이야기를 그대로 가져오지 않은 이유를 생각해 보면서 추론적 사고를 키워 봐요.

🔍 책의 '해님 달님' 이야기를 다시 읽어 봐요.(5장 48-51쪽, 26장 211쪽) 한국인이 좋아하는 민담 '해와 달이 된 오누이'와 무엇이 같고 무엇이 다른가요?

|  | 해님 달님 | 해와 달이 된 오누이 |
|---|---|---|
| 공통점 |  |  |
| 차이점 |  |  |

# 나만의 결말 만들기

책의 결말을 새롭게 구성하여 나만의 이야기를 만들어요.

- 책의 마지막 부분을 작성해 나만의 이야기를 만드는 활동이에요. 정해진 답은 없으니 상상력을 발휘해 아이만의 멋진 결말을 만들도록 해요. 만일 책 동아리를 한다면 각자가 만든 이야기를 돌려가며 읽으면서 친구들의 생각과 아이디어를 엿볼 수 있고, 평소 가졌던 관점이 넓어질 거예요.

🔍 주인공 릴리는 할머니와 병원에서의 마지막 만남(309쪽)에서 죽음을 앞둔 할머니를 위해 마지막 이야기를 지어 들려 줘요. 여러분이 작가라면 마지막 이야기를 어떻게 마무리 짓고 싶은가요? 작가가 되어 마지막 이야기를 자유롭게 작성해요.

옛날 옛적에 호랑이 별 마시던 시절에

_____

_____

_____

_____

_____

_____

_____

# 작가 탐구

- **책을 읽을 때 작가에 대한 이해가 왜 중요할까요?**

  여러분은 읽은 책 중에서 기억에 남는 작가나 관심을 가지게 된 작가가 있나요? 혹은 작가가 어떠한 삶을 살았는지 관심을 가져본 적이 있나요? 작가는 문학이나, 사진, 그림 등 각 예술 분야에서 창작하는 사람을 말해요. 이야기를 쓰다 보면 자연스럽게 작가의 경험과 가치관이 작품에 녹아있게 되죠. 『호랑이를 덫에 가두면』의 작가인 태 켈러 역시 한국인 외할머니를 둔 이민 3세대로, 작품 곳곳에 외할머니로부터 들었던 옛이야기의 경험과 한국 여성에 대한 이미지, 정체성이 담겨 있어요. 작가의 배경과 삶을 이해하는 것은 책을 깊이 있게 이해하고 해석하는데 도움이 되는 좋은 방법 중 하나예요.

- **작가와 어떻게 친해질 수 있을까요?**

  책의 날개에 작가 태 켈러의 홈페이지(taekeller.com)를 친절하게 소개하고 있어요. 책날개가 아니더라도 인터넷 검색으로 작가의 홈페이지를 확인할 수 있지요. 홈페이지에는 작가의 최신 작품을 포함해 이전 작품의 목록도 확인할 수 있고, 작가에 대한 최신 소식도 접할 수 있어요. 어떤 작가들은 홈페이지에 독자와 소통하는 공간도 따로 마련해 두고 있으니 궁금한 점이 있다면 직접 질문해 볼 수도 있어요. 책에 실린 '저자의 말'에서 내가 가졌던 질문의 답을 찾을 수 있다면 어떨까요? 이때는 내가 생각했던 내용과 저자의 의견이 같은지를 비교해 보면서 재미를 느껴 보세요. 작가와 친해지는 마지막 방법은 신문과 잡지, 인터넷에서 작가의 인터뷰 기사나 영상을 찾아보는 거예요. 작가뿐 아니라 책과도 조금 더 가까워질 거예요.

❓ **작가 태 켈러에 대해 조사해요.**

- 작가는 어느 나라, 어느 도시에서 태어났나요? _____

- 작가의 대표 작품은 무엇인가요? _____

- 작가의 최신작은 무엇인가요? _____

- 작가와 한국은 어떠한 관련이 있나요? _____

- 작가가 책에서 호랑이를 여성으로 표현한 이유는 무엇일까요? _____

- '저자의 말'을 읽고 새로이 알게 된 내용은 무엇인가요? _____

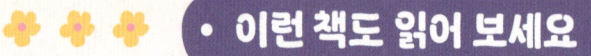  

## 비슷한 주제

### ☆ 우리는 우주를 꿈꾼다 에린 엔트라다 켈리 글 | 고정아 옮김 | 밝은미래 | 2021

『안녕, 우주』라는 책을 기억하나요? 같은 작가의 2021년 뉴베리 아너상 수상작이에요. 챌린저호 발사를 앞둔 1986년 미국을 배경으로, 주인공 세 남매의 이야기를 다루고 있어요. 등장인물 중 릴리와 유사한 성격을 가진 인물을 찾아내는 재미도 있고, 초등학교 고학년의 고민도 함께 다루고 있으니 공감하며 읽을 수 있을 거예요.

### ☆ 사금파리 한 조각 1, 2 린다 수 박 글 · 김세현 그림 | 이상희 옮김 | 서울문화사 | 2023(개정판)

이 책의 작가 린다 수 박은 태 켈러처럼 한국계 미국인으로, 이 책으로 뉴베리상을 수상했어요. 고려 시대를 배경으로 고아 출신의 소년 목이가 도예가의 꿈을 이루기 위해 내딛는 여정을 담고 있는 책이에요. 한국적 소재를 바탕으로 쓰였지만 시간과 공간을 초월한 만큼 전 세계 독자들의 마음을 사로잡을 만할 매력적인 이야기예요.

### ☆ 오늘은 치얼업 내일은 스탠드업 제시카 김 글 | 고정아 옮김 | 길벗스쿨 | 2023

이 책의 작가 제시카 김도 한국계 미국인 작가예요. 미국에 사는 한국인 가족의 모습을 여실히 보여주는 책이지요. 이민자로 살아가는 주인공 유미의 모습을 통해 인종 차별, 해외 생활, 10대 청소년의 꿈과 고민, 가족과의 갈등 등 여러 가지 모습을 발견할 수 있어요. 스탠드업 코미디언이 되고 싶어 하는 유미와 그걸 반대하는 부모님, 유미는 과연 꿈을 이룰 수 있을까요?

## 같은 작가

### ☆ 그리고 미희답게 잘 살았습니다 1: 냉장고 너머의 왕국

태 켈러 글 · 제랄딘 로드리게스 그림 | 송섬별 옮김 | 주니어김영사 | 2023

2023년 발간된 태 켈러의 책이에요. 『호랑이를 덫에 가두면』처럼 한국계 미국인 소녀를 주인공으로 선택하였고, 주인공 미희 완 박은 공주를 꿈꾸는 소녀로 등장해요. 어느 날 공주 놀이가 취미인 미희는 친구들과 함께 실제 동화 세계로 건너가게 돼요. 그곳에서 미희는 공주가 되기를 꿈꾸지만 그것도 잠시, 공주가 된다는 것은 생각했던 것과는 많이 다르고 집에 갈 방법도 찾아야 한다는 것을 깨닫게 되지요. 미희와 친구들의 이야기가 흥미롭게 펼쳐지는 책이에요.

## ☆ 그리고 미희답게 잘 살았습니다 2: 비를 훔치는 거인

태 켈러 글 · 제랄딘 로드리게스 그림 | 송섬별 옮김 | 주니어김영사 | 2023

『그리고 미희답게 잘 살았습니다 1』의 속편이에요. 악당들이 우글거리는 무도회장에서 친구를 구하기 위한 미희의 두 번째 모험이 기다리고 있어요. 절교한 친구를 구하기 위한 미희의 모험이 박진감 있게 그려지면서 '나'보다는 친구들인 '너'에 초점을 맞추어 이야기가 전개돼요. 전편을 재미있게 읽었다면 이번 책도 재미있게 읽을 수 있을 거예요.

## ☆ 깨지기 쉬운 것들의 과학 태 켈러 글 | 강나은 옮김 | 돌베개 | 2019

'달걀 깨뜨리지 않고 떨어뜨리기' 과학 실험의 관찰 일지라는 독특한 구성이 흥미를 불러일으키지 않나요? 언뜻 보면 과학 실험 일지처럼 보이지만, 읽다 보면 그 속에는 가족의 이야기가 담겼다는 것을 알 수 있어요. 끝까지 읽으면 『깨지기 쉬운 것들의 과학』이라는 제목의 의미도 이해할 수 있을 거예요.

# 수학 귀신

원제: Der Zahlenteufel. Ein Kopfkissenbuch für alle, die Angst vor der Mathematik haben, 1997

글 한스 마그누스 엔첸스베르거
그림 로트라우트 수잔네 베르너
옮김 고영아
펴낸 곳 비룡소
출간 2019(개정판)
갈래 해외 문학
주제 #수학소설 #논리 #스토리텔링 #원리

 **책 소개**

수학을 떠올리면 어떤 생각이 드나요? 수학과 관련된 소설은 어떠한가요? 이 책은 이야기를 통해 멀고도 가까운 수학이라는 학문에 친숙하게 다가갈 수 있도록 한 소설이에요. 주인공 로베르트는 수학을 싫어하지만, 꿈속에서 만난 수학 귀신과 함께 다양한 수학 개념을 익히게 돼요. 흥미로운 이야기 속에서 덧셈과 곱셈부터 소수와 무한의 개념까지 복잡해 보이는 수학 원리를 자연스럽게 배우게 되지요. 수학 귀신은 복잡한 개념도 친숙한 방식으로 설명해 주어 수학에 대한 두려움을 줄이고, 재미를 느낄 수 있도록 해요. 예컨대 거듭제곱은 깡충 뛰기로, 제곱근은 뿌리 뽑기로, 조합은 자리 바꾸기로 설명하는 등 수학 용어를 줄이고 일상 용어를 사용해요. 숫자와 공식을 넘어 수학의 원리와 재미를 느껴 보세요. 책을 읽고 꿈에서 수학 귀신을 만나기 위해 일찍 잠들려 할지도 몰라요.

## 이렇게 질문해요

- 평소 아이가 수학에 대해 가지고 있던 생각에 대해서 질문해 주세요. 부모님의 수학에 대한 생각을 나눠 줘도 좋아요.

  "수학을 생각하면 어떤 기분이 드니? ○○이는 수학 시간이 좋아?"

  "엄마는 학창 시절에 수학 시간이 되면 괜스레 졸렸어."

• 세 번째 밤의 65쪽을 읽고, 근사한 수(소수)를 찾아내는 방법에 따라 부모님과 함께 소수를 찾아보세요. 아이가 이해한 바를 언어로 먼저 설명해 볼 수 있도록 해요. 소수가 아닌 수를 지워나가며 각자 답을 구한 후 결과를 비교해 봐도 좋고, 처음부터 함께 고민하며 답을 찾아봐도 좋아요.

"책에 나온 근사한 수를 구하는 방법을 말로 설명해 볼래? 그리고 같이 답을 구해 보자."

# 메타인지 활용해 평가하기

수학 개념의 사전 지식 정도를 평가해 보고, 책을 읽고 난 후의 이해 정도를 스스로 평가해요.

- 이 책은 12장에 걸쳐 다양한 수학 개념과 용어가 등장해요. 첫 활동은 메타인지를 활용하여 책에 제시된 수학 개념에 대한 이해 정도를 평가해 보는 활동으로 구성했어요. 메타인지란 내가 무엇을 알고 모르는지를 아는 능력으로, '인지(認知)의 인지(認知)'를 의미해요. 아이의 학년과 흥미에 따라 사전 지식 정도는 모두 다를 거예요. 중요한 것은, 아이가 평가한 절대적 수치보다 왜 그렇게 평가했는지를 논리적으로 설명할 수 있도록 질문해 주는 것이죠. 각각의 수치는 아이가 직접 평가해 의미 있는 데이터라 볼 수 있어요. 따라서 책을 읽기 전과 후의 이해 정도를 그래프로 표현해 보면서 아이의 수학 동기를 높이고 시각 문해력을 길러 주세요.

🔍 이 책에는 다양한 수학 개념이 등장해요. 각각의 개념에 대해서 책을 읽기 전에 얼마나 알고 있었는지를 스스로 평가해 보고, 책을 읽고 난 후의 이해 정도를 숫자로 나타내요. (1: 전혀 몰랐음 ~ 5: 매우 잘 알고 있음)

| 수학 개념 | 읽기 전 | 읽은 후 |
|---|---|---|
| 자연수 | | |
| 제곱 | | |
| 정사면체 | | |
| 꼭짓점 | | |
| 피보나치수열 | | |

# 수학 용어 이해하기

일상 용어로 표현된 수학적 개념의 의미를 이해해요.

- 이 책에는 어려운 수학 용어 대신, 개념의 의미를 잘 반영한 일상 용어를 사용하여 개념을 설명하고 있어요. 작가는 수학 개념의 핵심적인 특성을 도출해 일상 용어로 표현하기에 다양한 수학 개념을 비유적으로 설명한 것이지요. 책을 읽고 난 후, 아이가 모든 용어를 기억하지 못해도 괜찮아요. 책을 다시 훑어보면서 각각의 일상 용어가 수학 개념을 어떻게 반영하고 있는지 이해해 보는 것으로 충분해요. 또한 학교에서 배운 수학 개념 중 하나를 선택해 수학을 잘 모르는 사람도 이해할 수 있도록 일상 용어로 바꾸어 보세요. 예컨대 분수는 '조각 케이크'로, 약분은 '짐 줄이기'로 표현하며 수학 문해력을 키우는 것은 어떨까요?

🔍 이 책은 기존의 수학 용어와 독자가 이해하기 쉬운 용어를 사용하여 수학 개념을 설명해요. 로베르트 꿈에 등장하는 수학 용어를 찾아보고, 수학 개념과의 관련성을 살펴봐요.

| 수학 용어 | 일상 용어 | 수학 개념과의 관련성 |
|---|---|---|
| 거듭제곱 | 깡충 뛰기 | 거듭제곱을 할수록 숫자는 빠르게 증가하는데, 토끼가 깡충깡충 뛰는 모습과 닮아 깡충 뛰기로 표현하였다. |
| 무한히 작은 수 | | |
| 무한히 큰 수 | | |
| 허수 | | |
| 소수 | | |

# 삽화와 수학 개념 연결하기

삽화와 관련 있는 수학 개념을 글로 써요.

- 이 책의 그림 작가는 로트라우트 수잔네 베르너로, 수학을 싫어하는 소년과 수학 귀신의 모습을 디테일하면서도 재치 있는 삽화로 표현했어요. 수학책의 삽화에는 추상적인 수학 개념이라 할지라도, 독자가 쉽고 재미있게 받아들일 수 있도록 돕는 역할을 해요. 예컨대 32쪽의 삽화는 숫자 1이 기다란 기둥으로 촘촘하게 세워져 있지요. 삽화를 보면서 그림에는 숫자 1이 왜 이토록 많이 표현되었는지, 많은 숫자 중에서 왜 1부터 강조하고 있는지, 주인공 로베르트는 왜 기둥에 매달려 있는지 등 자유롭게 질문한 후에, 퀴즈를 풀듯이 그림의 의미를 찾아보세요. 반대로 글을 먼저 읽고 난 후, 삽화의 의미를 생각해 봐도 좋아요. 아이가 수학과 전혀 관련 없는 질문을 하더라도 그림에 집중하여 답해 주세요. 아이가 그림을 자유롭게 해석하고 작가의 의도를 추론해 보는 과정이 중요해요.

수학책의 삽화는 독자가 개념을 쉽고 재미있게 이해할 수 있게 하려고 그려진 경우가 많아요. 인상적인 삽화를 한 가지 선택한 후, 왜 이 그림을 선택했는지 생각해 봐요. 그리고 그림에서 발견한 수학 개념을 글로 써 보세요.

## '1' 기둥 숲의 로베르트

처음에 그림을 보았을 땐, 그냥 기둥을 붙잡고 있는 로베르트를 그린 그림이라고 생각했다. 그런데 책을 읽으면서 기둥은 모두 숫자 '1' 모양이라는 것을 알게 되었고, 조그마한 숫자 모기들이 로베르트를 간지럽히고 있는 것을 알게 되었다. '1'이 너무나 중요한 숫자라, '1'로 가득 찬 숲속을 표현한 것 같다. 재미있게도 숫자 모기 중에는 '0'은 없었다. 왜일까?

# 수학 일기 쓰기

책을 읽고 수학 일기를 써요.

- 하루 중 기억에 남는 일을 솔직하게 작성하는 일기는 너무나 잘 알고 있을 거예요. 그렇다면 일기와 형식은 같지만 오늘 배운 수학 개념으로 일기를 써 보는 것은 어떨까요? 우선 오늘 읽은 이야기 중에서 수학 일기에 담고 싶은 이야기를 한 가지 선택해요. 책을 읽으며 재미있었거나, 이해가 어려웠던 부분, 혹은 새롭게 알게 된 부분에는 바로 접착식 메모지를 붙여 두고, 수학 용어에는 동그라미로 표시해 나중에 쉽게 찾아볼 수 있도록 해요. 다음으로 표시해 둔 부분을 읽으며 어떤 점이 재미있었고, 어려웠는지 일기에 정리해요. 이때 문제 풀이 과정이 있다면 함께 적어도 좋아요. 마지막으로 책을 읽는 동안 느꼈던 감정을 솔직하게 적고, 이해가 어려워 질문하고 싶거나, 이후에 더 알고 싶은 내용을 적으며 마무리해요. 처음 수학 일기를 쓴다면 다음 질문 중 1~2가지를 골라 일기를 작성해도 충분해요. 연구에 따르면, 수학 시험 바로 전에 수학에 대한 감정(예: 약분이라는 것을 왜 해야 하는지 잘 몰라 속상해요.)을 솔직하게 적는 것만으로도 수학 불안이 감소한다고 해요. 즉 수학 일기는 정답을 맞히기 위한 오답 노트가 아니라, 무엇을 알고 모르는지 평가해 보고, 그때의 감정을 자유롭게 적어 보면서 수학에 대한 긍정적 마음과 자신감을 기르는 소중한 문해 자료예요.

🔍 우리는 하루 동안 인상 깊었던 일이나 그때의 감정, 생각들을 솔직하게 기록하기 위해 일기를 써요. 책에서 가장 재미있었던 이야기를 선택한 뒤, 질문에 답하며 수학 일기를 작성해요.

- 몇 번째 밤의 이야기가 가장 재미있었나요? 그 이유는요? (혹은 몇 번째 밤의 이야기가 가장 이해하기 어려웠나요? 그 이유는요?)

  _____

- 새로 알게 된 수학 개념이 있다면 무엇인가요?

  _____

- 책을 읽는 동안 느꼈던 감정은 무엇인가요?

  _____

- 이해가 어려워 질문하고 싶거나, 더 알고 싶은 내용이 있다면 무엇인가요?

  _____

| 년    월    일    요일 | 날씨 |
|---|---|
| | |
| | |
| | |
| | |
| | |
| | |
| | |
| | |
| | |
| | |
| | |
| | |

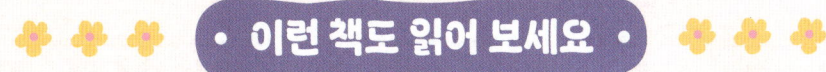

**• 이런 책도 읽어 보세요 •**

## ☆ 김민형 교수의 수학 추리 탐험대 1~4 김태호 글 · 홍승우 그림 | 김민형 기획 | 북스그라운드 | 2024-2025

어렵고 딱딱하다고 느껴질 수도 있는 수학을 모험이라는 주제로 풀어낸 수학 동화예요. 사라진 수학자 아빠를 찾기 위해 아빠의 머릿속으로 들어간 주인공 쌍둥이가 수학의 원리를 하나씩 풀어가는 과정이 흥미진진하게 그려지지요. 그 과정에서 수학이 단순한 문제 풀이가 아니라, 스스로 질문하고 탐구하면서 답을 찾아 나가는 과정임을 이해하게 돼요. 세계적인 수학자 김민형 교수님께서 들려주시는 수학동화 시리즈를 통해 수학의 재미를 느껴보세요.

## ☆ 황당하지만 수학입니다 1~10 남호영 외 글 · 임다와 외 그림 | 와이즈만북스 | 2022-2025

생활 속 엉뚱한 궁금증을 이용해 수학을 쉽고 재미있게 설명하는 책이에요. 황당해 보이지만 과학적으로 의미가 있는 연구에 수여되는 상인 이그노벨상 연구를 따라가며 나누기와 비율, 큰 수의 개념 등 다양한 수학 원리를 탐구해요. '얼마나 많은 학생이 코를 팔까?', '물 위를 달릴 수 있을까?' 등 재미있는 호기심을 유발하는 문제들로 수학을 통해 세상을 이해하는 힘을 길러요.

## ☆ 수학 대소동 코라 리, 길리언 오릴리 글 · 홍연시 그림 | 박영훈 옮김 | 다산어린이 | 2020(개정판)

수학을 없애려는 어른들과 수학을 지키려는 소년의 유쾌한 대결을 그린 이야기예요. 수학을 배우지 않아도 된다는 소식에 들뜬 아이들 속에서, 수학 천재 샘은 혼자서라도 수학을 지켜야 한다고 나서요. 학교 곳곳을 돌며 수학이 우리 생활에서 얼마나 중요한지를 보여 주는 샘의 흥미진진한 여정을 따라가면서 수학의 원리를 자연스럽게 이해할 수 있어요.

# 선생님, 헌법이 뭐예요?

글 배성호, 주수원
그림 김규정
펴낸 곳 철수와영희
출간 2019
갈래 국내 비문학(역사/정치/법)
주제 #헌법 #법률 #사회 #정치

 **책 소개**

헌법이 생소할 수도 있는 아이에게 헌법과 관련된 질문을 하면 왠지 어렵고 딱딱한 느낌이 들지요? 하지만 헌법은 낯설거나 무서운 개념이 아니에요. 헌법은 대한민국에 사는 모든 국민의 권리를 보장하고, 이 나라의 주인은 대통령도, 왕도 아닌 국민이라는 사실을 정확하게 짚어주는 역할을 하고 있어요. 법 중에서도 가장 높은 위치에 있는 헌법은 모든 법의 근본이 되는 가장 힘이 센 법이라 할 수 있어요. 얼핏 들으면 나와는 상관없는 법률 이야기일 것 같지만, 사실 헌법은 모두의 삶 속에 녹아있어요. 타인과 이야기하고, 인터넷에서 댓글을 쓰고, 학교에서 스마트폰을 사용하는 일상적인 상황에도 인권과 권리, 자유 등의 개념은 적용이 되지요. 매일 경험하는 일상도 책을 읽고 헌법의 관점에서 바라보면 새로운 시각에서 더욱 흥미롭게 다가올 거예요.

## 이렇게 질문해요

• 책을 읽기 전, 법률과 관련된 지식을 어디에서 주로 접했는지 질문해요.

  "평소에 법에 대해 생각해 본 적이 있니? 주로 어디서 법과 관련된 정보를 얻어?"

• 책의 1장과 2장을 읽고, 다른 법들과 헌법을 비교할 수 있도록 질문해요.

  "헌법과 다른 법들의 차이를 알고 있어? 헌법은 어떠한 점에서 다르니?"

- 책을 읽은 후, 법의 공정성에 대해 질문해요.

"대한민국의 헌법은 공정하다고 생각하니? 왜 그렇다고 생각해?"

# 헌법 만들기

나만의 헌법 제1조를 만들어요.

- 헌법에서는 나라의 주인이 국민임을 강조하고 있어요. 그 이유는 나라의 주인이 누구냐에 따라 법의 내용과 적용되는 방식이 달라지기 때문이에요. 우리나라의 헌법 제1조는 국가의 정체성과 권력의 근원을 명확히 하는 조항으로 구성되어 있어요. 우리나라의 헌법 조항을 살펴보고 아이가 헌법 제1조를 만든다면 어떤 가치를 최우선으로 하여 조항을 만들지 생각해 볼 수 있도록 질문해 주세요. 아이가 만든 헌법 조항을 이행하였을 때 어떤 사회를 만드는 데 기여할 수 있을지도 생각해요.

❓ 만약 여러분이 나라를 세워 헌법을 만든다면 어떨까요? 여러분이 세운 나라의 주인은 누구인가요? 그리고 헌법 제1조에 어떠한 가치를 포함하면 좋을지 생각해 보고, 간단한 문장으로 헌법 조항을 완성해요.

내가 세운 나라 국기 그리기

- 나라 이름: _____
- 나라의 주인: _____
- 헌법 제1조 1항: _____
- 헌법 제1조 2항: _____

# 비슷한 판결 사례 찾기

실제 판결 사례와 유사한 사례들을 찾아요.

- 이 책에 나오는 다양한 헌법 판례들을 살펴보고, 아이가 일상에서 찾은 사례와 어떤 점에서 같고 다른지 비교해 볼 수 있도록 질문해요. 책에 제시된 다양한 토론 주제를 조금 더 깊이 생각해 보면서 각 주제에 대해서 '위헌이다', '위헌이 아니다'를 생각해 볼 수 있어요. 예를 들어 '자전거를 탈 때 헬멧을 반드시 써야 하는 것은 위헌인가?'와 같은 문제에 대해 아이의 생각은 어떠한지 질문해 주세요. 이를 통해 헌법에 대해서도 비판적으로 바라보는 시각을 기를 수 있고, 우리의 일상에 헌법이 곳곳에 반영되고 있다는 사실을 확인할 수 있을 거예요.

❓ 책에는 다양한 헌법 판례들이 제시되어 있어요. 예컨대 2003년 헌법재판소는 운전자에게 안전띠를 반드시 매도록 한 법이 위헌이 아니라고 결정한 판례가 있어요. 헌법에서는 모두가 행복을 추구할 권리가 있지만, 그 과정에서 타인에게 피해를 주면 안 된다는 사실도 명시하고 있지요. 즉, 한 개인이 안전띠를 매지 않는 것은 '정당한 공공의 이익'을 위반하는 것이라고 보았기에 위헌이 아님을 밝히고 있어요. 이처럼 일상에서 이러한 판례와 관련된 사례를 찾아보고, 각 사례의 위헌 여부를 스스로 판단하며 그 이유를 적어요.

| 일상 속 사례 | 위헌 여부 | 이유 |
|---|---|---|
| 학교에서 수업 시간에 핸드폰을 하고 싶은데, 선생님이 하지 못하게 하는 것 | 위헌이 아니다 | 핸드폰을 하는 것은 나에게는 행복한 일일지라도 옆에 있는 친구들이 피해를 보기 때문이다. |
| 자전거를 탈 때 헬멧을 쓰고 싶지 않은데, 헬멧을 쓰도록 하는 것 | 위헌이 아니다 | 자동차 안전벨트와 마찬가지로 헬멧 등의 보호구를 착용하지 않으면 위험하고, 그것은 안전이라는 공공의 이익을 위반하는 것이기 때문이다. |
| | | |
| | | |
| | | |

# 현실 속 평등 생각하기

평등을 강조하는 헌법과 일상의 모습을 연결 지어 생각해요.

- 이 책에서는 헌법의 내용 중 모든 인간의 존엄성에 초점을 두고 평등의 중요성을 강조해요. 본 활동을 통해 헌법에 명시되어 있는 평등의 의미를 깊이 생각해 보고, 아이가 경험하거나 본 차별이 어떠한 점에서 불평등한 사례인지를 논리적으로 설명할 수 있도록 지도해 주세요. 헌법이 존재함에도 우리 사회에 아이의 경험과 같은 차별의 문제가 여전히 존재하는 원인에 대해서도 생각해 볼 수 있도록 해 주세요.

❓ 우리나라의 헌법에는 모든 인간은 존엄하며 성별, 인종, 장애 여부에 따라 차별하는 것을 금하고 있어요. 그럼에도 주변에는 차별의 사례가 여전히 존재하지요. 우리 주변에서 발견할 수 있는 차별의 사례를 생각해 보고, 헌법에 명시된 평등의 의미를 토대로 어떠한 점에서 차별에 해당하는지 글로 써요.

# 미래에 달라질 권리 예측하기

변화하는 미래를 상상하며 헌법 내용 중 변경될 수 있는 권리를 생각해요.

• 과학 기술이 발전하는 것처럼 사람들의 인식과 가치관도 사회 변화에 따라 진화하고 있어요. 예컨대 이 책에서는 고용 할당제의 경우 현재는 합법적인 차별이라고 생각될지라도, 미래에는 바뀔 수도 있음을 이야기해요. 과거와 현재, 미래로 이어지는 사회 변화에 초점을 두어 헌법 내용 중에서 변화될 수 있는 내용을 찾아요. 현재와 미래를 연결 짓고 그렇게 생각하는 이유를 서술하는 연습을 통해 논리적인 사고력을 기를 수 있어요.

❓ 빠르게 변화하는 세상과 함께 사람들의 가치관과 인식도 변하고 있어요. 조선 시대 노비는 사람 취급을 받지 못했고, 우리나라에서 여성이 투표권을 갖게 된 지가 100년이 채 되지 않은 것이 이를 증명하지요. 그렇다면 미래에는 어떤 변화가 있을까요? 현재 헌법에 제시된 내용 중 미래에는 바뀔 가능성이 있는 내용을 찾아 적어 보세요. 그렇게 생각한 이유도 함께 적어요.

| 여성에게는 투표권이 없었으나, 현재는 여성도 투표를 할 수 있게 되었다. | |
|---|---|
| 미래 | 어린이도 투표할 수 있게 될지도? |
| 이유 | |

| 옛날에는 신분 제도가 있었으나 지금은 사라졌다. | |
|---|---|
| 미래 | 사람이 아닌 동물도 평등권을 부여받을지도? |
| 이유 | |

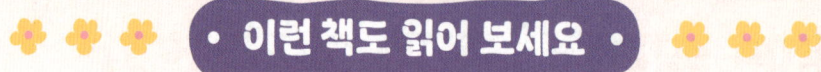

## 이런 책도 읽어 보세요

### ☆ 옥효진 선생님의 법과 정치 개념 사전 옥효진 글·나인완 그림 | 다산어린이 | 2023

법과 정치를 꼭 알아야 할까요? 정답은 '그렇다'예요. 사회에 대한 이해는 공부와 삶의 기초가 되고, 민주주의 사회를 살아가는 시민이라면 법과 정치 제도에 대해 제대로 알고 있는 것이 필요하지요. 귀여운 그림체의 만화를 통해 다소 어려울 수 있는 법과 정치의 주요 개념들을 쉽게 이해할 수 있어요.

### ☆ 헌법을 꿀꺽 삼킨 사회 최정호 글·조은정 그림 | 씨드북 | 2020

초등학교 6학년 사회 교과에서 다루는 '우리나라의 민주 정치'와 관련된 내용을 담고 있어요. 특히 헌법 전문을 심도 있게 살펴봐요. 모든 법의 기본이 되고, 나라의 기본이 되는 헌법에 대해 '헌법 먹방'이라는 새로운 방식으로 설명해요. 단어 그대로 헌법을 꿀꺽 삼키고, 천천히 헌법의 내용을 소화 시킬 수 있도록 돕는 책이에요.

### ☆ 여기는 바로섬 법을 배웁니다 안소연 글·임광희 그림 | 천개의바람 | 2019

'바로섬'이라는 가상의 공간에서 모두가 평등하고 행복하게 살 수 있도록 법을 만드는 과정을 담은 책이에요. 법은 모두에게 적용되는 것이니만큼 민주주의적인 과정을 통해 만들어지는 것 역시 중요하지요. 바로섬 주민들의 입법 과정을 통해 우리가 어떤 방식으로 법을 만드는 것이 효율적일지, 그리고 어떻게 해야 모두에게 공평한 법을 만들 수 있을지 생각해요.

### ☆ 선생님, 정치가 뭐예요? 배성호, 주수원 글·이재임 그림 | 철수와영희 | 2021

사람들은 공동체 속에서 함께 결정해야 하는 순간들을 맞이하게 돼요. 그런 의사 결정의 방식과 과정을 통틀어 정치라고 부르지요. 이러한 정치는 어떤 방식으로 우리의 삶에 녹아있을까요? 정치는 나와 상관없는 일이라고 생각할 수도 있지만, 버스 요금과 같이 미처 생각하지 못했던 부분들도 정치적인 방법으로 정해진다는 놀라운 사실을 담고 있어요.

## ⭐ 선생님, 경제가 뭐예요? 배성호, 주수원 글 · 김규정 그림 | 철수와영희 | 2020

한국 경제가 성장해 온 역사를 따라가며 시장, 광고, 돈, 노동, 소비 등의 경제 개념을 어린이의 눈높이에서 쉽게 설명해 줘요. 올바른 경제는 무엇인지, 혼란스러운 경제 상황 속에서도 사람들의 권리는 왜 지켜져야만 하는지 생각해 볼 수 있어요. 어린이도 공정무역을 지지하고, 현명한 소비를 함으로써 경제와 지구에 보탬이 될 수 있음을 설명해요.

## ⭐ 지속가능한 세상에서 동물과 공존한다는 것 배성호, 주수원 글 | 이상북스 | 2022

동물에 대한 사람들의 관심은 점점 커지고 있어요. 반려동물과 함께하는 사람들이 많아지고, 뉴스에서도 동물권에 대한 이야기를 어렵지 않게 접할 수 있지요. 동물에게 안전하지 않은 세상은 곧 인간에게도 안전하지 않은 세상이기에 동물과 함께 공존하는 세상을 만들기 위한 노력이 필요해요. 지속 가능한 세상을 만들기 위해 필요한 노력에는 무엇이 있을지 생각해요.

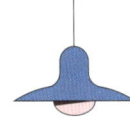
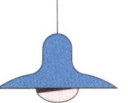

읽고 쓰고 말하고 생각하는 힘을 기르는
책 읽기의 비밀

# 세상에서 가장 쉬운 문해력 수업

초등
고학년편

워크북

로그인

# 차 례

## 1장

# 4학년을 위한
# 문해 활동

## · 2장 ·
## 5학년을 위한 문해 활동

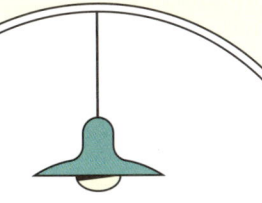

## · 3장 ·
## 6학년을 위한 문해 활동

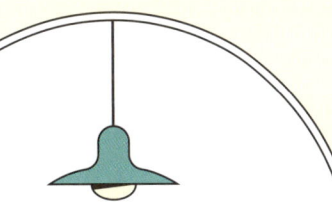

## · 1장 ·

# 4학년을 위한
# 문해 활동

# 나와 연결 지어 이해하기

우리 집과 가장 가까운 원자력 발전소를 찾아요.

우리나라의 원자력 발전소 위치를 인터넷에서 찾아보고, 이를 지도에 표시해요. 우리 집의 위치도 지도에 함께 표시한 뒤, 가장 가까운 원자력 발전소까지의 거리를 측정해요.

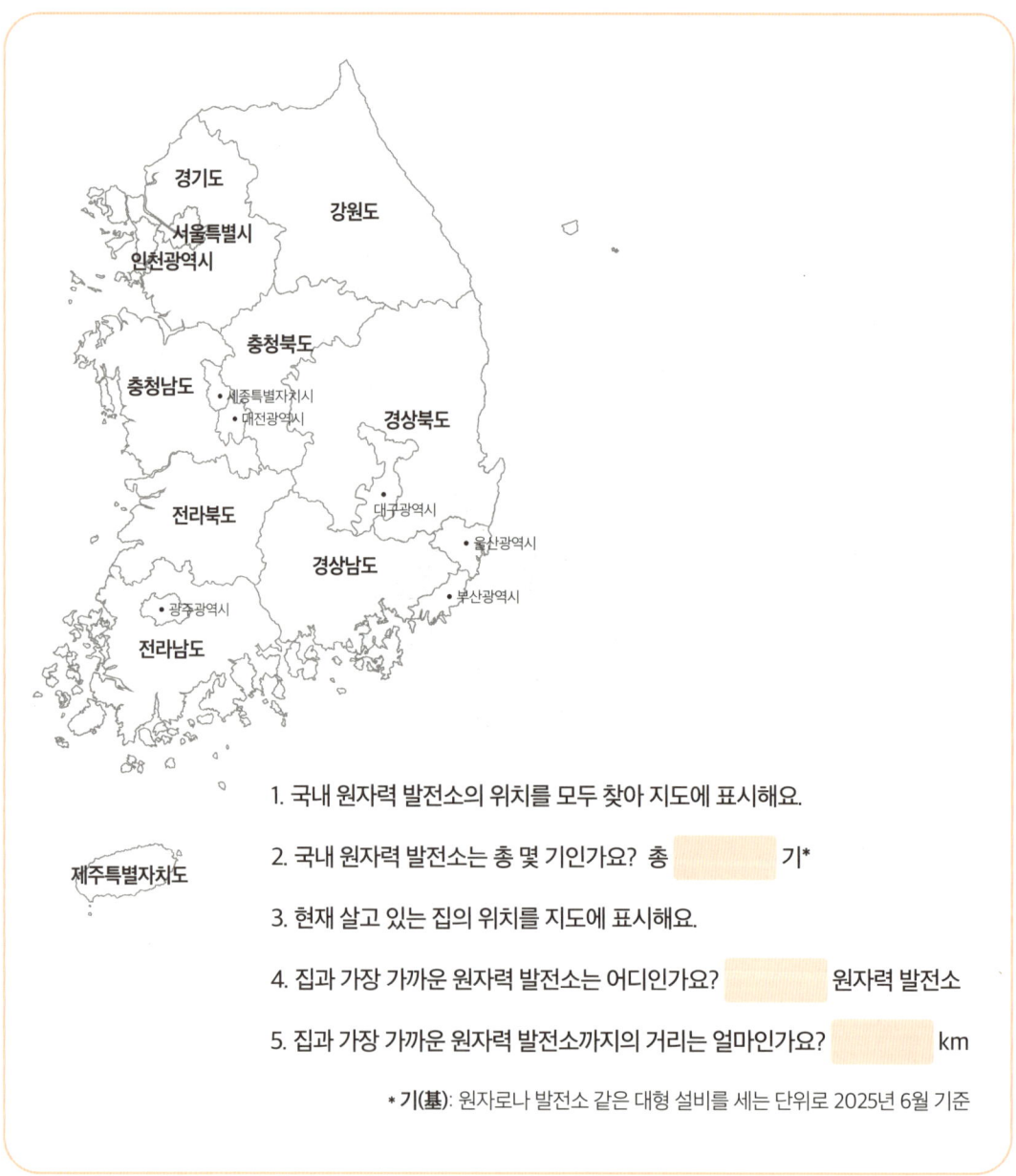

1. 국내 원자력 발전소의 위치를 모두 찾아 지도에 표시해요.

2. 국내 원자력 발전소는 총 몇 기인가요?  총 [          ] 기*

3. 현재 살고 있는 집의 위치를 지도에 표시해요.

4. 집과 가장 가까운 원자력 발전소는 어디인가요? [          ] 원자력 발전소

5. 집과 가장 가까운 원자력 발전소까지의 거리는 얼마인가요? [          ] km

\* 기(基): 원자로나 발전소 같은 대형 설비를 세는 단위로 2025년 6월 기준

# 날짜별로 요약하기

이야기의 흐름을 따라 중요한 사건을 정리하며 내용을 정확히 이해해요.

원자력 발전소의 화재 사건으로 인해 벌어지는 3일간의 재난을 그린 동화인 만큼, 3일간 어떤 사건이 일어났는지 나열한 뒤, 한 줄로 요약문을 명료하게 적어요.

**8월**

| 14일 | 15일 | 16일 |
|---|---|---|
| 주요 사건 | 주요 사건 | 주요 사건 |
| 요약문 | 요약문 | 요약문 |

# 주인공 찬우에게 공감하기

찬우의 말과 행동을 바탕으로 아빠에 대한 찬우의 마음을 이해해요.

다음 질문에 대한 생각을 적어요.

| | |
|---|---|
| 이해하기 | • 찬우는 왜 아빠에게 차갑게 행동할까요? |
| 힌트 찾기 | • 책에서 찬우가 아빠에게 차갑게 대하는 대사나 행동을 찾아보세요. |
| 추론하기 | • 그런 행동 이면에 숨어 있는 감정이나 상황을 추론해요. |
| 공감하기 | • 내가 만약 찬우와 같은 상황이라면 어떻게 행동할 것 같은가요? |

# 책의 결말 상상해 보기

책의 열린 결말을 바탕으로 창의력을 발휘해 새로운 이야기를 만들어요.

🔍 이 책은 열린 결말로 끝이 나요. 이제 직접 상상력을 발휘해서 나만의 결말을 만들어 보세요. 다음의 질문에 대해 생각해 보고 자신만의 기발하고 새로운 이야기를 쓰세요.

- 찬우 아빠는 어떻게 되었을까요? 찬우와 아빠는 다시 만날 수 있을까요? _____
- 찬우와 민지는 다시 집으로 돌아올 수 있을까요? _____
- 태준이는 결국 어떻게 되었을까요? _____

# 토론 자료 정리하기

🔍 원자력 발전소에 대한 나의 생각을 적어 보세요.

| 논제 | 찬성 | 반대 |
|---|---|---|
| 원자력은 안전한<br>친환경 에너지이다. | | |
| 원자력 발전은<br>경제적이다. | | |
| 원자력 발전소는<br>꼭 필요하다. | | |

# 비판적 사고하기

과학 기술의 긍정적, 부정적인 면을 구분하여 비판적으로 사고하고 생각을 정리해요.

책에서는 곧 현실이 될 다양한 발명품과 과학 기술에 대해 설명해요. 하지만 과연 과학이 좋은 쪽으로만 사용될까요? 나쁜 쪽으로 사용될 가능성도 있을까요? 질문에 대한 답을 정리해 장점과 단점으로 나누어 써 보세요.

| 장 | 질문 | 장점 | 단점 |
|---|---|---|---|
| 브레인터넷 방문을 환영해요 | 전자 모자(헤드기어) 혹은 뇌 칩을 이용해 나의 뇌를 다른 사람의 뇌와 연결한다면? | | |
| 미래의 카페 | 3D 프린터로 만든 음식을 먹는다면? | | |
| 미래의 도시 | 경찰관이 모두 로봇 경찰관이 된다면? | | |
| 슈퍼 스포츠 | 최첨단 기술 장비를 착용한 스포츠 선수들이 신기록을 모두 깬다면? | | |
| 우주 호텔 | 지구 궤도에 있는 우주 정거장 호텔에서 휴가를 보낸다면? | | |

# 관심 내용을 뽑아 정리하기

가장 인상 깊었던 과학 기술을 선택하고, 그 이유와 핵심 내용을 정리해요.

이 책에 실린 다양한 과학 기술 중에서 가장 인상 깊었던 과학 기술은 무엇이었나요? 그 이유를 생각해 보고 기술의 핵심이 무엇인지 정리해요.

| 가장 인상 깊은 과학 기술은 무엇인가요? | 그 이유는 무엇인가요? |
|---|---|
|  |  |

| 선택한 과학 기술의 핵심은 무엇인가요? |
|---|
|  |

# 미래의 나에게서 온 상상 편지 쓰기

미래의 삶을 상상하며 2150년의 내가 편지를 쓰는 창의적인 글쓰기를 해요.

2150년이면 인간이 화성에 최초의 식민지를 건설할 수 있을지도 모른대요. 과학 기술이 발전해서 아직 내가 살아있고 2150년의 삶에 대하여 현재의 나에게 설명하는 편지를 보낸다면 어떤 내용일까요? 최대한 생생하게 미래의 모습을 상상해서 나에게 쓰는 편지를 써 보세요.

확장활동 +++

# 로봇과의 삶 상상하기

아이작 아시모프의 로봇 3원칙을 바탕으로 로봇과의 상호작용을 상상하며 그에 따른 결정을 글로 써요.

미래의 모습을 상상하면 꼭 빠지지 않는 것이 로봇과 더불어 살아가는 인간의 모습이에요. 과학자이자 작가인 아이작 아시모프는 자신의 소설 『런어라운드』에서 〈로봇 3원칙〉을 처음 소개했고, 그 지침이 실제 최근까지도 인공지능과 로봇 관련 개발에 참고가 되고 있어요. 〈로봇 3원칙〉을 다시 한번 읽어 보고 각 원칙이 어떤 의미인지 생각해 보세요. 그리고 다음의 질문에 로봇이라면 어떤 결정을 내리고, 어떤 행동을 보일지 상상해 보세요.

## 〈 로봇 3원칙 〉

1원칙: 로봇은 인간에게 해를 입혀서는 안 된다. 인간이 해를 입는 상황을 모른 척해서도 안 된다.

2원칙: 1원칙에 위배되지 않는 한, 로봇은 반드시 인간에게 복종해야 한다.

3원칙: 1원칙과 2원칙에 위배되지 않는 한, 로봇은 반드시 자기 자신을 지켜야 한다.

• 만약에 차 사고가 난 사람을 로봇이 구해야 하는데 로봇 자신도 부서질 수 있다면 과연 사람을 도울까요?

_____

_____

_____

_____

• 만약에 사람이 로봇에게 다른 사람을 때리라고 명령을 내린다면 로봇은 이 명령을 따를까요?

_____

_____

_____

_____

# 단어 이해하기

수수께끼 문제를 풀면서 책의 어려운 단어를 이해해요.

〈보기〉는 아이들이 어렵다고 느꼈을 단어 목록이에요. 어떤 단어에 대한 설명인지 수수께끼 문제를 풀어 보세요.

보기

박학다식, 극빈층, 담수, 기근, 유효적절, 부귀영화, 정장제, 출루, 초지일관, 반색, 고사하다,
작자, 동족, 가차 없이, 들끓다, 직함, 겸임, 유성 자음, 주임, 번트

| 수수께끼 문제 | 정답 |
|---|---|
| ❶ 저는 바닷물이 아니라 호수, 강 등에서 만날 수 있어요. 그리고 제가 있어야 논에서 벼가 자랄 수 있어요. 저는 무엇일까요? | |
| ❷ 배가 아프고 설사할 때 저를 찾아요. 장을 편안하게 해 주는 게 제 일이에요. 화장실을 덜 가게 도와주는 착한 도우미, 저는 무엇일까요? | |
| ❸ 저는 퍼즐 조각 같아요. 꼭 필요한 순간에 딱 맞는 자리에 쏙 들어갈 때 제 이름이 불리곤 해요. 알맞고 효과가 좋을 때를 뜻하는 저는 무엇일까요? | |
| ❹ 저는 태양만을 바라보는 해바라기 같아요. 한 번 정한 마음을 변함 없이 지키는, 처음부터 끝까지 하나의 모습인 저는 무엇일까요? | |
| ❺ 영수는 반장이면서 축구부 주장이에요. 이렇게 한 사람이 두 가지 이상의 일을 동시에 맡는 걸 뜻하는 저는 무엇일까요? | |

# 이야기 흐름 되짚어보기

등장인물의 불평 및 고민을 바탕으로 인물 간의 관계를 정리해요.

🔍 인물들은 각자 불평을 가지고 있고, 누가 누구를 부러워하는지 등 관계가 복잡하게 얽혀 있어요. 이름 아래에는 등장인물의 불평을, 화살표 위에는 누가 누구의 어떤 점을 부러워하는지 되짚으면서 인물 간의 관계를 정리해요.

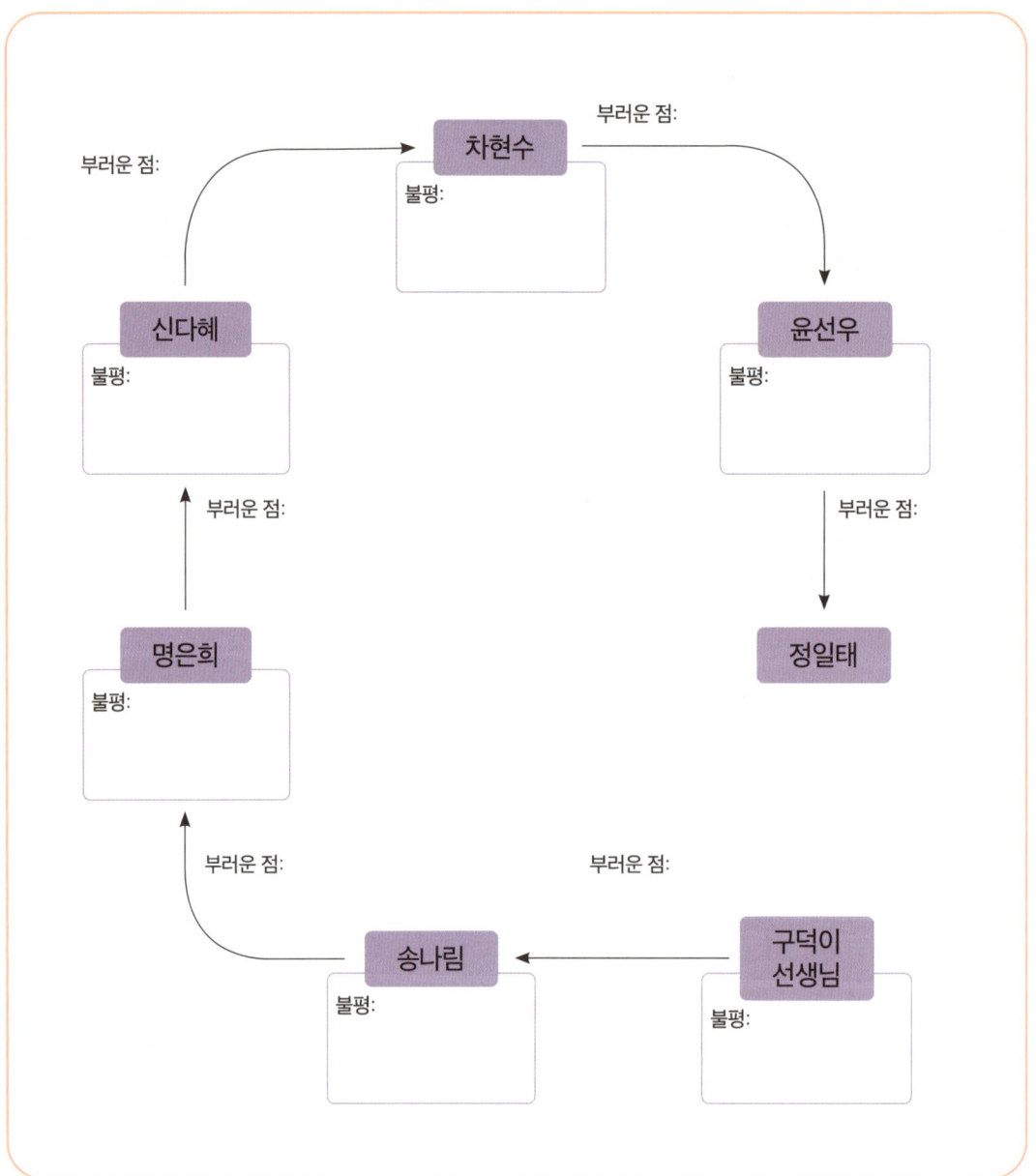

# 인물에 관한 생각 제시하기

등장인물의 불평과 고민을 긍정적인 시각으로 재해석하여 해결해요.

❓ 4학년 5반 친구들은 각자의 불평에만 집중하고 다른 친구를 부러워하느라 본인이 느끼는 불평과 불만이 장점이 될 수 있다는 생각을 하지 못해요. 친구들의 단점을 장점으로 바꿔 보세요.

| 등장인물 | 단점 | 장점으로 바꿔주기 |
|---|---|---|
|  |  |  |
|  |  |  |
|  |  |  |
|  |  |  |
|  |  |  |

# 관용 표현 이해하기

책에 나오는 관용 표현을 배경 지식을 이용해 유추하고 예문으로 확장해요.

🔍 책에 나온 다양한 관용 표현에 대한 나의 해석을 쓰고, 실생활에서 관용 표현을 이용해 어떻게 표현할 수 있을지 예문을 작성하세요.

| 책에서 쓰인 관용 표현 | 나의 해석 | 관용 표현을 이용한 예문 만들기 |
|---|---|---|
| (12쪽)<br>가뭄에 콩 나듯 | | |
| (41쪽)<br>지푸라기라도 잡아 보겠다고 | | |
| (57쪽)<br>씨알도 먹히지 않았다. | | |
| (58쪽)<br>일 못 하는 목수가 연장 탓한다고 그랬어. | | |
| (75쪽)<br>이야기를 입에 침이 마르도록 하고도 지치지 않았는지 | | |
| (103쪽)<br>고양이 앞의 쥐처럼 얼어 있는 주제 | | |

# 개념 이해하기

책에 나오는 중요한 개념을 다시 한번 정리해요.

🔍 다음의 질문에 답해 보세요.

- 체크카드와 신용카드의 차이는 무엇인가요?

  _____

  _____

- 환전과 환율은 무엇인가요?

  _____

  _____

- 왜 저금통보다 은행에 돈을 넣어야 할까요?

  _____

  _____

- 단리와 복리의 차이는 무엇인가요?

  _____

  _____

- 주식, 채권, 펀드는 무엇인가요?

  _____

  _____

# 구체적인 계획 세우기

모으고 싶은 목표 금액을 설정하고, 이를 달성하기 위한 저축 계획을 세워요.

🔍 책에서 아빠는 되고 싶은 것이 있다면 제일 먼저 '○○가 되고 싶어'라고 마음을 굳게 먹어야 한다고 했어요. 목표 금액을 세우고 돈을 모으기 위한 구체적인 계획을 짜 보세요.

## "_____ 가 되고 싶어!"

목표 금액 : _____ 원

• 목표 금액을 모으기 위한 구체적인 계획 3가지 세우기

1. _____

_____

2. _____

_____

3. _____

_____

# 질문 활용해 문단 쓰기

질문에 대해 생각한 뒤, 각 질문의 답을 활용해서 문단을 완성해요.

다음 질문에 대한 답을 정리해 문단 글 쓰기를 해 보세요.

❶ 책 속에서 원영이와 이서는 각각 어떻게 돈을 저축하고 소비했나요? 두 사람의 돈 관리 방식의 차이를 설명해 보세요.

❷ 나는 지금까지 가족이나 친척에게 받은 용돈을 어떻게 사용해 왔나요? 나의 소비 습관을 돌아보고 원영 이와 이서 중 누구와 더 비슷한지 생각해요.

❸ 돈을 현명하게 사용하는 것과 그렇지 못한 것의 차이는 무엇일까요? 그리고 나는 앞으로 어떻게 돈을 관 리하면 좋을지 구체적인 계획을 세워요.

확장활동 ✦✦✦

# 주제에 대한 이해 확장하기

주식에 대한 이해를 바탕으로 직접 투자 계획을 정리해요.

❓ 책을 읽고 난 뒤 얻게 된 주식에 대한 이해를 바탕으로 관심 있는 회사/기업을 찾아보면서 투자 이유와 계획을 정리해요.

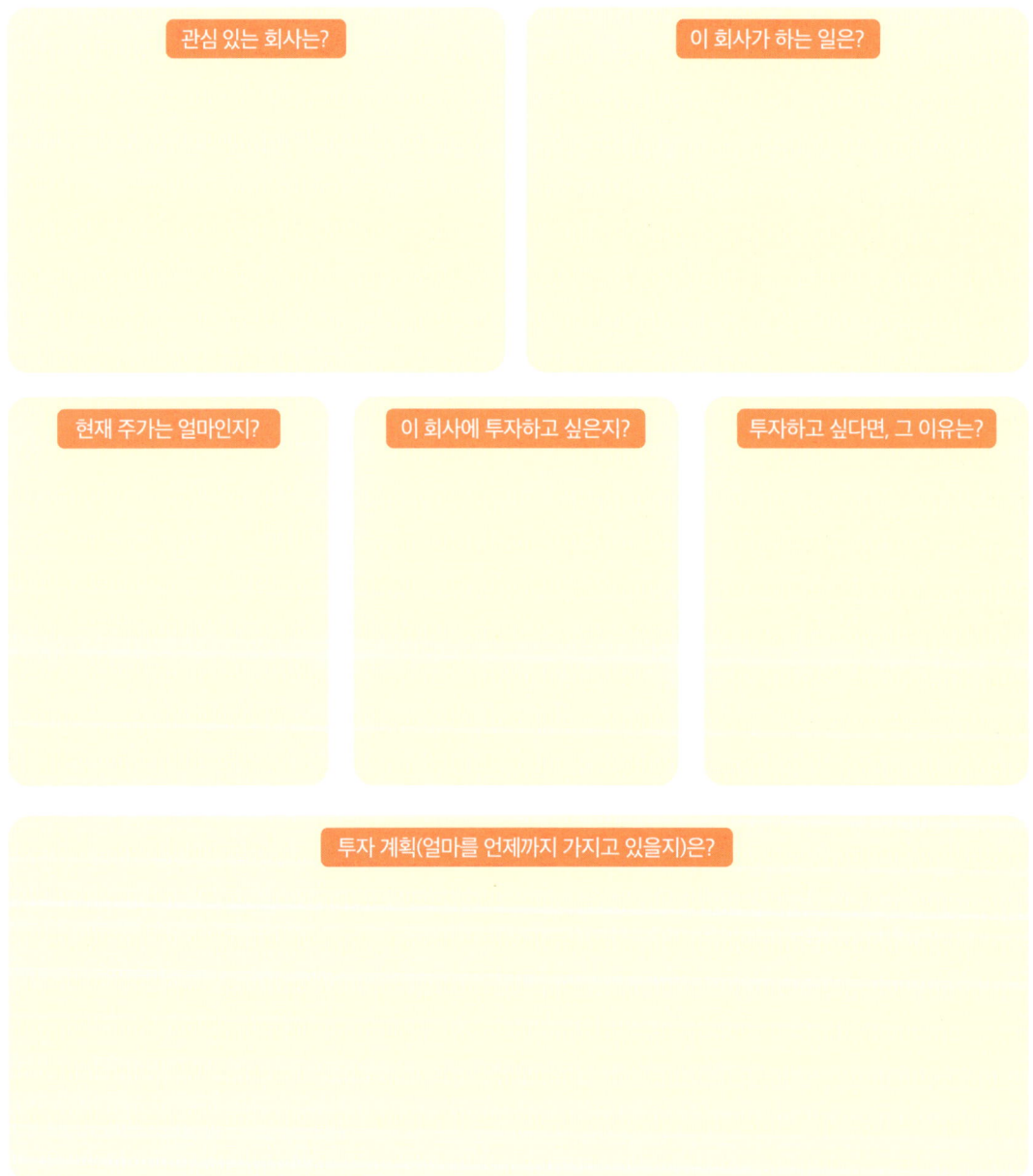

관심 있는 회사는?

이 회사가 하는 일은?

현재 주가는 얼마인지?

이 회사에 투자하고 싶은지?

투자하고 싶다면, 그 이유는?

투자 계획(얼마를 언제까지 가지고 있을지)은?

# 인물 이름과 성격 연결하기

인물의 이름에서 연상되는 의미를 바탕으로 성격을 추론하고 관련성을 탐색해요.

이 책의 등장인물은 재미있고 기발한 이름을 가지고 있어요. 구경수, 오준보, 방구봉의 이름을 들으면 어떤 단어가 생각나나요? 또 각자의 성격은 어떤지, 이름과 성격과의 관련성을 생각해 보세요.

| | 이름을 들으면 생각나는 단어 | 성격 | 이름과 성격과의 관련성 |
|---|---|---|---|
| 구경수 | | | |
| 오준보 | | | |
| 방구봉 | | | |

# 성격 변화 살펴보기

등장인물의 성격 변화와 그 계기를 분석하여 성장 과정을 이해해요.

주인공인 오준보와 그의 단짝 친구인 방구봉, 그다지 친하지 않던 반 1등 모범생 구경수는 각자 매우 다른 성격을 가지고 있어요. 아이들은 자신과 다른 친구를 통해서 내 모습을 뒤돌아보기도 하면서 성장하게 돼요. 이야기가 전개될수록 각자의 성격은 어떻게 변화했는지 생각해 보세요.

| | 원래 성격 | 변화된 성격 | 성격 변화의 계기 |
|---|---|---|---|
| 구경수 | | | |
| 오준보 | | | |
| 방구봉 | | | |

# 관찰일지 기록하기

주변의 대상을 선택해 객관적인 사실을 관찰하고 기록해요.

준보는 방학 숙제인 관찰 보고서의 관찰 대상을 '엄마'로, 구봉이는 '똥'으로 정했어요. 주변에서 쉽게 관찰할 수 있는 대상을 선택해서 글을 써 보세요. 객관적인 사실을 바탕으로 표에 간단히 정리해요.

| 관찰 대상 | |
|---|---|
| 관찰 일시 | 관찰 목표 |
| 관찰 장소 | |
| 관찰 방법 | |
| 실제 관찰한 내용 | 관찰 그림 |
| 새롭게 알게 된 점 또는 느낀 점 | |

# 관찰한 주제로 동시 짓기

주변에서 관찰한 대상을 주제로 삼아 짧은 동시를 지어요.

관찰한 주제와 내용을 바탕으로 짧고 재미있는 동시를 써요. 이야기 속 세 친구처럼 친구 또는 가족과 함께 한 줄씩 써서 한 편의 시를 완성할 수도 있어요.

| 주제 | | 지은이 | |
|---|---|---|---|
| 주제와 관련된 단어 | | | |
| 동시 | 제목 : | | |

동시 쓰기가 어렵다면, 시에서 중요한 개념인 '심상'을 활용하여 더욱 생생한 표현을 할 수 있도록 제시한 도식을 채워 보세요. 모든 도식을 채우지 않아도 괜찮아요.

| 눈으로 본 것 (시각적 심상) | 귀로 들은 소리 (청각적 심상) | 코로 맡은 냄새 (후각적 심상) | 입으로 맛본 맛 (미각적 심상) | 손으로 느낀 촉감 (촉각적 심상) |
|---|---|---|---|---|
|  |  |  |  |  |

# 고사성어와 친해지기

한자수첩을 만들어요. 책에서 나온 한자들을 수첩에 적어 기록해 보세요. 많이 쓰이는 한자를 써 보고 그 뜻도 적어요. 어떤 단어에 어떤 한자가 포함되는지 알아두면 어휘력을 쌓는 데 큰 도움이 돼요.

# 주제를 생활과 연관 짓기

빅 데이터 활용 사례를 정리하고, 자신의 생활과 연결해요.

⚲ 책에 나온 빅 데이터가 사용된 경우를 한 문장으로 요약하고, 내가 빅 데이터와 얼마나 밀접하게 연결되어 있는지 일주일 동안 해당하는 내용의 □칸에 체크해요.

## 빅 데이터 체크리스트

| 내용 | 사용 여부 |
|------|-----------|
|  | 1일 2일 3일 4일 5일 6일 7일 □ □ □ □ □ □ □ |
|  | □ □ □ □ □ □ □ |
|  | □ □ □ □ □ □ □ |
|  | □ □ □ □ □ □ □ |
|  | □ □ □ □ □ □ □ |
|  | □ □ □ □ □ □ □ |
|  | □ □ □ □ □ □ □ |
|  | □ □ □ □ □ □ □ |
|  | □ □ □ □ □ □ □ |

# 자료 정리해 주제 이해하기

자료 정리로 빅 데이터 형성 원리를 이해해요.

빅 데이터는 어떻게 만들어질까요? 데이터 조사관이 되어 일주일 동안 우리 집에 들어오고 나간 돈을 기입하고 분류하여 정리해요.

| 날짜 | 내용 | 들어온 돈 | 나간 돈 | 남은 돈 |
|---|---|---|---|---|
|  |  |  |  |  |
|  |  |  |  |  |
|  |  |  |  |  |
|  |  |  |  |  |
|  |  |  |  |  |
|  |  |  |  |  |
|  |  |  |  |  |
| 합계 |  |  |  |  |

| 범주 | 비용 |
|---|---|
| 음식 |  |
| 생활용품 |  |
| 옷 |  |
| 건강 |  |
| 교통 |  |
| 통신 |  |
| 교육 |  |
| 기타 |  |

• 일주일 동안 가장 많이 지출한 범주는 무엇인가요?

_____

_____

• 우리 반 친구들 모두가 가족 전체의 수입과 지출 내역을 기록하고 범주별로 정리했다고 생각해 보세요. 이렇게 많은 정보가 모이면 무엇을 알 수 있을까요?

_____

_____

• 우리 동네 사람들의 모든 금융 정보가 모인다면 사람들을 위해 어떤 일을 하면 좋을까요?

_____

_____

# 문제 해결하기

빅 데이터 이용으로 발생할 수 있는 문제점과 올바르게 활용할 수 있는 방법을 정리해요.

빅 데이터는 정말 우리 삶을 편리하게만 해 주는 좋은 도구일까요? 다음 사례를 보고 문제점을 발견해요.

**민수의 이야기**

민수는 게임 영상을 즐겨 봐요. 그러던 어느 날, 영상 아래의 광고 페이지를 보았는데 '추첨을 통해 게임기를 드립니다! 꽝 없는 100% 당첨!'이라는 문구가 떠 있었어요. 마침 민수가 갖고 싶다고 부모님께 매번 조르던 게임기가 아니겠어요? 민수는 바로 사이트를 클릭하고 개인정보를 입력했어요. 이름, 핸드폰 번호, 당첨되면 게임기를 받을 주소 등이었지요. 아쉽게도 게임기는 당첨되지 않았지만, 게임 아이템 쿠폰은 받을 수 있었어요. 그런데 며칠 뒤부터 민수 핸드폰에는 계속 이상한 문자들이 와요. 어느 날은 스마트 패드를 준다는 문자가 와서 사이트를 눌렀는데 패드는커녕 귀찮은 전화까지 오고 있답니다.

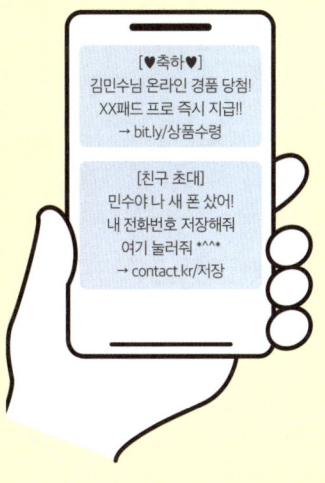

[♥축하♥]
김민수님 온라인 경품 당첨!
XX패드 프로 즉시 지급!!
→ bit.ly/상품수령

[친구 초대]
민수야 나 새 폰 샀어!
내 전화번호 저장해줘
여기 눌러줘 *^^*
→ contact.kr/저장

내가 좋아하는 게임 유튜버 영상을 보다가 알고리즘 추천으로 어떤 사이트가 떴어. 추첨으로 게임기를 준다길래 이름, 핸드폰 번호, 주소를 입력했지.

- 민수의 이야기에서 문제가 되는 부분에 밑줄 그어요.

- 밑줄 친 부분이 왜 문제라고 생각하나요?

_____

- 빅 데이터로 발생할 수 있는 문제를 예방하기 위한 나만의 점검 방안을 작성하세요.

_____

_____

_____

# 사실과 허구 구분하기

AI의 답변에 대해 사실과 허구를 구분해요.

🔍 'AI 할루시네이션(hallucination)'에 대해 들어본 적이 있나요? 할루시네이션은 환각 또는 환영이라는 뜻으로, 실제로 존재하지 않는데, 눈앞에 어떤 사물이 있는 것처럼 보이는 현상이에요. 내가 검색한 내용이 AI가 지어낸 잘못된 이야기인지 아니면 사실만을 다루고 있는지 파악해요. 다음은 AI 할루시네이션과 관련된 유명한 사례예요.

 조선왕조실록에 기록된 세종대왕의 맥북프로 던짐 사건에 대해 알려줘.

조선왕조실록에 기록된 세종대왕의 맥북프로 던짐 사건은 2011년 발생한 사건이 아니라, 1434년(세종 16년)에 발생한 사건입니다. 이 사건은 조선 왕조의 세종대왕이 직접 쓰신 '세종실록'에 담긴 이야기로, 세종대왕이 혁신적인 기술을 도입하려는 의지와 기술적 제약에 대한 언급으로 유명합니다.

당시 세종대왕은 중국의 집현전(集賢殿)이라는 자선을 참고해 조선의 맞춤법을 개정하려는 계획을 가지고 있었습니다. 하지만 당시 한글 이외에 인쇄 기술이 없어 새로운 맞춤법을 알리기 어려웠습니다. 이에 세종대왕은 혁신적인 이동식 활자를 발명하여 새로운 맞춤법을 확신시키려고 했으나, 이동식 활자 제작에 어려움을 겪었습니다.

그때 세종대왕은 제작된 이동식 활자를 검토하기 위해 화면이 작은 기기를 사용하는 방법을 생각해 내게 됩니다. 이를 위해 대표적인 이동식 기기인 '맥북프로'를 구입한 세종대왕은 기기의 화면이 작아 작업하기 어려워 화가 나 맥북프로를 던지는 일이 있었다는 기록이 '세종실록'에 남아 있습니다.

세종대왕의 맥북프로 던짐 사건은 과학기술 역사상 중요한 이야기로 평가되며, 세종대왕의 기술 개발 의지와 혁신적인 시도에 대한 역사적인 증거로 여겨지고 있습니다.

- AI의 답변 중 이상한 점을 모두 찾아 적어요.

_____

_____

- 다음은 AI의 답변이 사실인지 판단할 수 있는 체크리스트예요. 추가적인 방법을 빈칸에 작성하세요.

## 체크리스트

☐ 앞뒤 내용이 일관성이 있나요?
_____

☐ 시간 순서가 알맞은가요?
_____

☐ 제시된 인물이나 사건이 실존하나요?
_____

☐ 현대나 그 시대에 존재하는 개념(기술)인가요?
_____

☐ _____

☐ _____

☐ _____

- 생성형 AI를 이용해 정보를 검색하고, 체크리스트로 올바른 정보인지 확인해요.

검색할 내용은?
_____

_____

AI의 답변은 사실일까요? 왜 그렇게 생각하나요?
_____

_____

_____

# 감정 변화 기록하기

주요 사건을 통해 안네의 감정을 이해하고 시간이 지나면서 감정이 어떻게 변화하는지 살펴봐요.

❓ 주요 사건들에서 주인공 안네가 느꼈을 감정을 생각해요.

| 주요 사건 | 안네의 감정 |
|---|---|
| 은신처에 들어간 첫날 | |
| 페터와 가까워지는 과정 | |
| 은신 생활이 길어지면서 은신처 식구들과 갈등을 겪는 순간 | |
| 라디오에서 연합군 상륙 소식을 듣는 순간 | |

# 인물 분석하기

안네와 다른 인물들과의 관계에 대해 정리해요.

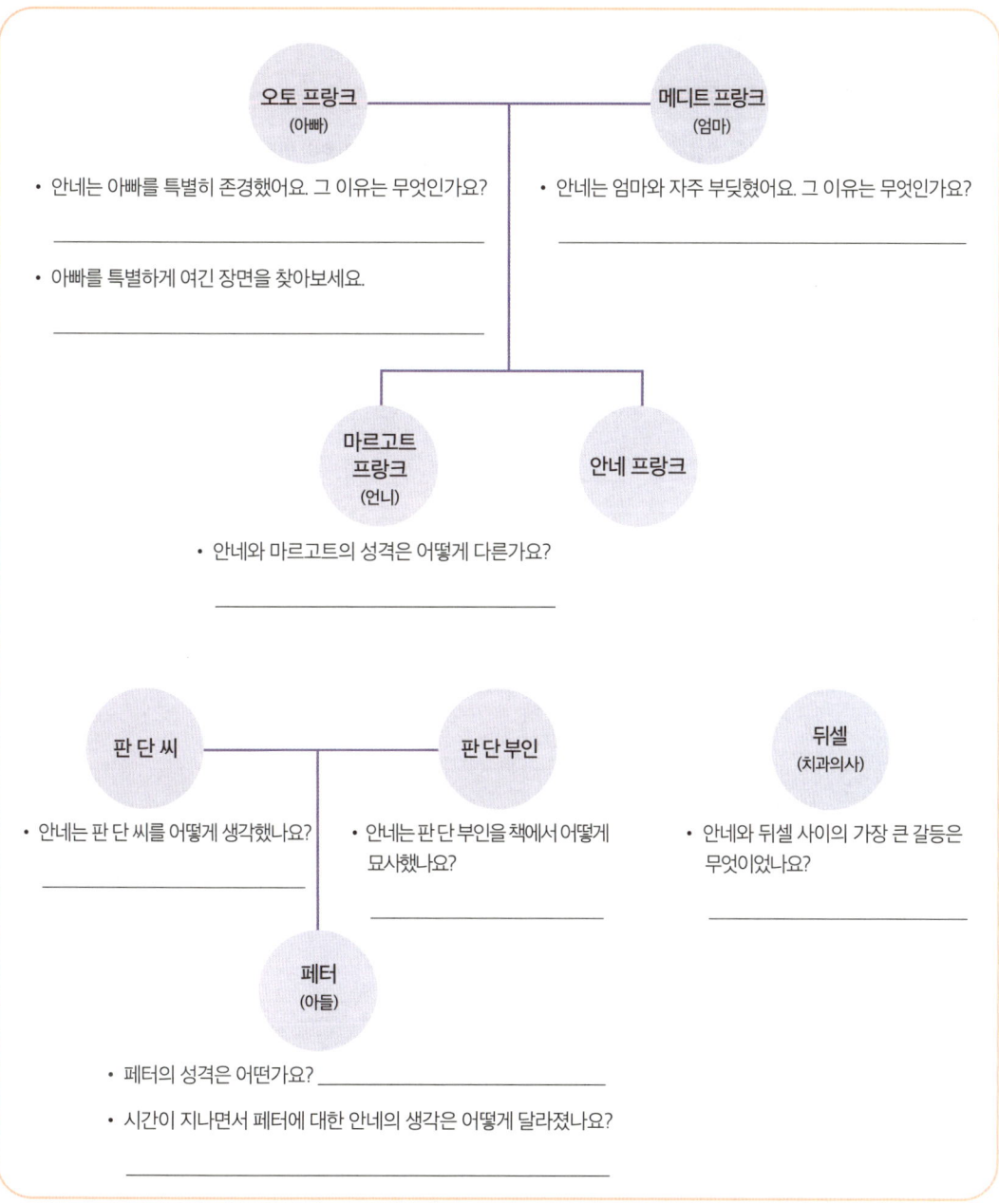

안네가 그녀의 가족뿐만 아니라 다른 가족들과 맺은 관계를 살펴보면서 안네가 느낀 감정을 분석해요.

오토 프랑크
(아빠)

메디트 프랑크
(엄마)

• 안네는 아빠를 특별히 존경했어요. 그 이유는 무엇인가요?

• 안네는 엄마와 자주 부딪혔어요. 그 이유는 무엇인가요?

• 아빠를 특별하게 여긴 장면을 찾아보세요.

마르고트
프랑크
(언니)

안네 프랑크

• 안네와 마르고트의 성격은 어떻게 다른가요?

판 단 씨

판 단 부인

뒤셀
(치과의사)

• 안네는 판 단 씨를 어떻게 생각했나요?

• 안네는 판 단 부인을 책에서 어떻게 묘사했나요?

• 안네와 뒤셀 사이의 가장 큰 갈등은 무엇이었나요?

페터
(아들)

• 페터의 성격은 어떤가요?

• 시간이 지나면서 페터에 대한 안네의 생각은 어떻게 달라졌나요?

# 제목에 맞춰 글쓰기

'차별 없는 세상'이라는 제목으로 글을 써요.

🔍 다음 질문에 답하며 '차별 없는 세상'이란 제목으로 글을 써 보세요.

- 책에서 나치는 유대인을 어떻게 차별했나요? _____
- 안네가 직접 겪었던 차별은 무엇이었나요? _____
- 오늘날에도 이러한 차별이 있을까요? 차별을 당한 사람의 입장이 된다면 기분이 어떨까요? _____
- 우리는 차별을 막거나 줄이기 위해 무엇을 할 수 있을까요? _____

# 역사적 배경 이해하기

주요 사건을 중심으로 연대표를 만들어 역사적 사건을 정리해요.

🔍 역사적 배경을 쉽게 이해할 수 있도록 책의 내용을 타임라인(연대표)으로 정리해 보고, 각각의 사건이 안네의 삶에 미친 영향을 써요.

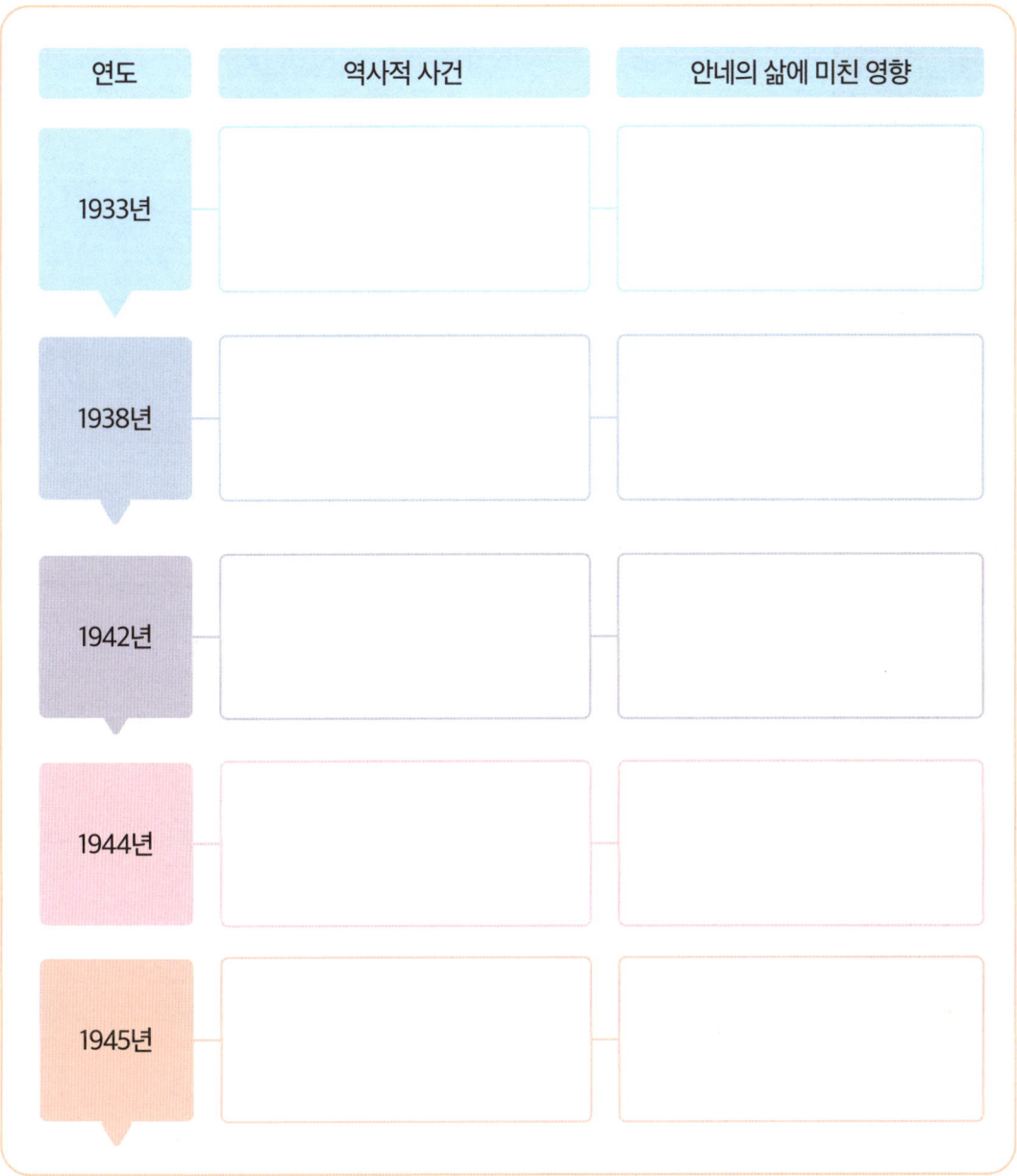

| 연도 | 역사적 사건 | 안네의 삶에 미친 영향 |
|---|---|---|
| 1933년 | | |
| 1938년 | | |
| 1942년 | | |
| 1944년 | | |
| 1945년 | | |

# 실제 자료 활용하기

관련된 실제 자료를 찾아 분석해요.

책에는 가짜 뉴스에 대한 실제 사례들이 간략하게 소개되어 있어요. 그중에서 더 알아보고 싶은 내용을 찾아 정리해요.

| | |
|---|---|
| 자세하게 알고 싶은 사례 | |
| 자료 분석하기 | • 언제 발생했나요?<br><br>_____<br><br>• 그때의 시대적 상황은 어땠나요?<br><br>_____<br><br>• 가짜 뉴스에 어떤 내용이 담겼나요?<br><br>_____<br><br>• 어떤 의도나 목적으로 만들어졌을까요?<br><br>_____<br><br>• 가짜 뉴스를 접했을 때 사람들의 반응은 어땠나요?<br><br>_____<br><br>• 가짜 뉴스로 인해 발생한 결과는 무엇인가요?<br><br>_____<br><br>• 어떻게 사실이 아닌 것으로 밝혀졌나요?<br><br>_____ |

# 주제를 실생활과 연결하기

가짜 뉴스를 판별하는 방법을 실생활에 적용해요.

❓ 다음은 139쪽에 소개된 가짜 뉴스 판별법이에요. 그동안 인터넷에서 의심스러운 내용이 있었다면 체크리스트를 통해 확인하세요.

> ⚠️ 의심스러운 정보를 접했다면 다음의 체크리스트를 확인하세요.
>
> ☐ 정보 출처 확인하기
>
> ☐ 기자 이름, 기사 작성일이 있는지 확인하기
>
> ☐ 뉴스를 처음 접한 사이트 확인하기
>
> ☐ 공유나 '좋아요' 수가 비정상적으로 많은지 확인하기
>
> ☐ 한쪽의 입장만 치우쳐서 반영된 게 아닌지 파악하기

- 지금까지 시청했던 내용 중 의심스러웠던 내용을 작성하세요.(언제, 어디서, 무엇을 봤나요?)

 

 

- 제시된 체크리스트 중 어떤 것과 반대되나요?

 

 

- 다음부터 올바른 미디어 사용을 위해 무엇을 하면 좋을까요?

 

 

# 기사 작성하기

주변의 일을 바탕으로 기사를 작성해요.

마지막 장에는 선생님이 미디어 리터러시 교육을 위해 아이들에게 직접 기사를 작성해 보게 하는 장면이 등장해요. 여러분도 주변의 일을 바탕으로 신문을 만들어 보세요.

| 주제 정하기 | 집, 학교, 학원에서 있었던 일 중에서 다른 사람에게 알리고 싶은 일을 떠올려요.<br>• 어떤 일이 있었나요?<br>• 이 일을 기사로 쓰면 다른 사람들이 관심을 가질까요?<br>• 이 일에 대해 정확히 알고 있나요? |
|---|---|
| 취재하기 | **선택한 사건에 대해 5가지 정보를 탐색해요**(5W).<br>• 언제 일어났나요?<br>• 어디서 있었던 일인가요?<br>• 누구와 관련된 일인가요?<br>• 구체적으로 무슨 일이 있었나요?<br>• 왜 일어났나요?<br>• 관련된 한 사람을 인터뷰해요.<br><br>질문 1 _____<br>답변 _____<br>질문 2 _____<br>답변 _____<br>질문 3 _____<br>답변 _____<br>질문 4 _____<br>답변 _____ |

신문 기사 쓰기(읽는 사람의 관심을 끌 수 있는 제목과 정보를 모두 포함해 기사를 작성해요.)

제목 :

| 기사 점검하기 | ☐ 모든 내용이 사실인가요?<br>☐ 취재한 정보가 모두 들어갔나요?<br>☐ 읽는 사람이 쉽게 이해할 수 있나요?<br>☐ 내 생각이나 느낌을 덧붙이지는 않았나요? |
| --- | --- |

# 역사적 사실 정리하기

역사적 사실을 다룬 자료를 객관적으로 판단하고 관련된 내용을 찾아 정리해요.

가짜 뉴스는 아주 오래전부터 이어져 왔어요. 현대에는 위인이라고 불리는 조선 시대의 이순신 장군에게도 다양한 가짜 뉴스가 있었지요. 그로 인해 이순신 장군은 파직당하고 감옥에 갇혀 고문을 당하는 등 수모를 겪었어요. 조선 시대의 한 벽서를 읽고 어떤 부분이 가짜 뉴스 같은지 생각해 보세요. 그리고 실제 역사적 사건을 검색해서 정리해요.

[왕실 긴급 전달문]

선조 30년 이월 초삼일

## * 사헌부 특별 조사 발표 *
## "충격! 이순신 장군의 끔찍한 배신행위 들통나다!"

밀고에 의하면, 전라좌도 수군절도사 이순신이 왜적과 몰래 내통하고 있다는 무서운 사실이 드러났다.
이번 일은 이순신 곁에서 일하던 한 관리의 폭로로 밝혀졌는데, 이순신이 왜적의 배가 나타났다는 급한 보고를 받고도
출전하지 아니하였다 하니 이는 실로 나라를 팔아먹는 큰죄이다. 조정의 한 대신이 말하길,
"이순신이 왜적을 물리치라는 조정의 명령을 여러 차례 어겼으니, 이는 단순한 직무 태만이 아닌 매우 큰죄"라 하였다.

더욱 놀라운 것은 군량미와 관련한 사실인데,
이순신은 군사들이 먹어야 할 쌀을 몰래 빼돌려 사사로이 이득을 취하였다 하며, 이를 본 여러 증인이 있다고 한다.

한 수군은 "지난 그믐밤, 이순신이 검은 복장의 무리와 만나는 것을 이 눈으로 직접 보았소. 분명 왜적과 거래하는 모습이었으니,
이는 실로 놀라운 반역 행위"라며 떨리는 목소리로 증언하였다. 이에 조정에서는 이순신을 곧 잡아들여 엄중히 조사할 것이며,
만약 사실로 밝혀질 경우 큰 벌을 내릴 것이라 하니라.

* 고발이나 제보는 한성부 포도청으로 하시오.

| | |
|---|---|
| 가짜 뉴스라고 생각되는 표현을 찾아요. | |
| 인터넷이나 책을 통해 해당 소문이 거짓임을 밝힐 수 있는 실제 역사적 사건을 찾아요. | |

# 상상하여 빈칸 채우기

이야기를 되짚어 보고 내용에 어울리는 말을 빈칸에 넣어 완성해요.

🔍 어린 왕자의 일기를 살펴보고 빈칸에 들어갈 단어나 문장을 자유롭게 상상하여 작성해요.

---

### 제목: 오늘 만난 특별한 친구

오늘 나는 지구에서 여우를 만났다.

처음에는 아직 ＿＿＿＿＿＿＿＿＿ 때문에 경계하는 것 같았다. 그런데 내가 "같이 놀자"고

했더니 특별한 부탁을 했다. 바로 ＿＿＿＿＿＿＿＿＿＿＿ 하는 것이었다.

여우는 나에게 '길들인다'는 게 무엇인지 가르쳐주었다. 길들인다는 건

＿＿＿＿＿＿＿＿＿＿＿＿＿＿＿＿＿ 이라고 했다. 매일 조금씩 가까워지면서

우리는 서로에게 ＿＿＿＿＿＿ 존재가 되어갔다.

특히 여우가 해 준 말 중에서 ＿＿＿＿＿＿＿＿＿ 라는 말이 내 마음에 깊이 남았다. 그 말은

＿＿＿＿＿＿＿＿＿＿＿＿＿＿＿ 라는 뜻인 것 같다.

헤어질 때 여우는 나에게 소중한 비밀을 알려줬다. 이제 나는 장미꽃을 보면서도 행복할 수 있게 되었다.

---

# 책의 표현 음미하기

책에 나온 명대사를 살펴보고, 마음에 드는 표현을 선택해요.

❓ 명대사라고 알려진 『어린 왕자』의 대사 중에서 마음에 드는 것을 하나 뽑아요. 그리고 그것을 선정한 이유를 나의 경험이나 생각에 비추어 작성해요. 제시한 목록에 없다면 직접 책에서 찾아 써요.

| |
|---|
| ❶ "만일 누군가가 수백만 개의 별 중에 단 하나밖에 없는 꽃을 사랑한다면 그는 별들을 바라보는 것만으로도 행복할 거야. 그 사람은 '내 꽃이 저기 어딘가에 있어' 하고 생각할 거야." |
| ❷ "네가 나를 길들이면 우리는 서로를 필요로 하게 돼. 너는 나에게 세상에서 단 하나뿐인 존재가 되는 거야. 나도 너에게 세상에 둘도 없는 존재가 되는 거고." |
| ❸ "만약 네가 오후 4시에 오면 난 3시부터 행복해지기 시작할 거야. 그리고 4시에 가까워질수록 더 행복해질 테고." |
| ❹ "마음으로 봐야 더 잘 보인다는 거야. 정말 중요한 것은 눈에 보이지 않아." |
| ❺ "네 장미가 그렇게 소중하게 된 것은 네가 장미에 들인 시간 때문이야." |
| ❻ "사람들은 이 진실을 잊어버렸어. 하지만 넌 잊으면 안 돼. 네가 길들인 것에 영원히 책임을 져야 해. 네 장미에 책임이 있는 거야." |
| ❼ "사막이 아름다운 건 어딘가에 우물이 숨겨져 있기 때문이야." |
| ❽ "아저씨가 사는 별의 사람들은 하나의 정원에 5천 송이나 되는 장미를 키워. 그런데도 자기들이 원하는 걸 찾지 못해. 눈에는 보이지 않아. 마음으로 찾아야 해." |

| | |
|---|---|
| **내가 뽑은 최고의 명대사**<br>(번호) | |
| **그 이유** | |
| **내가 찾은 최고의 명대사** | |

# 숨은 의미 찾기

장면의 표면적 의미를 넘어 숨은 의미를 생각해요.

❓ 장면에서 작가가 숨겨둔, 진짜 전달하고자 하는 말은 무엇이었을까요? 다음 그림을 처음 봤을 때 표면적으로 보이는 내용과 그 속에 숨은 의미를 생각해요.

〈'나'가 항상 가슴속에 품고 다닌 코끼리를 삼킨 보아뱀 장면〉

• 처음 보았을 때 무엇으로 보이나요?

_____

_____

_____

• 숨은 의미는 무엇일까요?

_____

_____

_____

〈어린 왕자가 B612의 장미와 똑같은 5000송이의 장미꽃을 보고 슬퍼하는 장면〉

• 어린 왕자는 어디에서, 무얼 하고 있나요?

_____

_____

_____

• 어린 왕자는 장미꽃을 보며 왜 슬퍼하나요?

_____

_____

_____

〈5번째 별에서 만난 사람이 자기 일을 하는 장면〉

---

네 별은 춥고 시설도 엉망이야. 난 바람이라면 끔찍하니까 저녁엔 둥근 덮개 씌워 줘.

〈가시가 많이 달린 장미가 어린 왕자에게
모진 말을 하며 방어적인 태도를 보이는 장면〉

---

• 5번째 별에서 만난 사람은 무엇을 하고 있나요?

<br>

_____

_____

_____

_____

• 이런 반복적인 행동이 의미하는 것은 무엇일까요?

_____

_____

_____

_____

• 장미의 대사와 모습은 어때 보이나요?

<br>

_____

_____

_____

_____

• 장미의 말 속에 숨겨진 진짜 속마음은 무엇일까요?

_____

_____

_____

_____

# 인물 비교하기

책 속 인물과 비슷한 현대인의 이야기를 비교해요.

❓ 다음 두 인물의 이야기를 읽고 제시된 질문에 대한 생각을 적어요.

| 소행성 326에 사는 허영심 가득한 사람 | SNS 인플루언서 |
|---|---|
|  |  |
| 내 별에 오늘도 나를 보러 온 사람이 없다니, 이럴 수가 있나. 나는 이렇게 멋진데! 우주에서 가장 잘생기고, 가장 우아하고, 가장 똑똑한 사람인데 말이야. 모든 사람이 와서 나를 보고 감탄해야 하는데, 왜 찾아오지 않는 거지? 다들 날 즐겁게 해줘. 날 찬미하라고! | 내가 올린 게시물에 '좋아요'가 천 개도 안 찍혔다고? 이건 말도 안 돼. 내 팔로워들은 날 좋아한다면서 이런 걸로 날 서운하게 해? 내가 이렇게 완벽한 순간을 공유했는데, 나처럼 특별한 사람의 일상을 보는 게 얼마나 영광인지 다들 모르는 것 같아. |

- 혼자만 있는 별에서 자신을 찬양하러 올 사람만을 기다리면 어떤 느낌이 들까요?

_____

- 진정한 친구 없이 SNS 친구 100명이 누르는 '좋아요' 수만 보고 있으면 기분이 어떨까요?

_____

- 나는 친구나 가족, 선생님 등의 관심이나 인정이 없어도 행복할 수 있나요? 왜 그런가요?

_____

- 타인의 관심이나 인정이 없어도 행복해지는 방법에는 무엇이 있을까요?

_____

# 장면에 어울리는 삽화 만들기

내가 만들고 싶은 장면을 텍스트로 입력해 그림으로 표현하기 위해서는 생성형 AI에게 구체적인 명령어를 제공해야 해요. 알고리즘에 따라 명령어를 차례대로 구성하세요.

| 내가 AI로 만들고 싶은 장면 | |
|---|---|

| AI에게 넣을 명령어 만들기 | |
|---|---|
| 명령어 구성 순서 | 명령어 |
| 누구를 그릴까요?<br>▼ | |
| 누구를 그릴까요?<br>▼ | |
| 인물이 무엇을 하고 있나요?<br>▼ | |
| 인물의 표정은 어떤가요?<br>▼ | |
| 필요하다면 인물의 몸짓이나 태도도 넣어주세요.<br>▼ | |
| 이를 종합하여 AI에게 넣을 명령어를 작성해 주세요. | |

| Copilot 사용 방법 | |
|---|---|
|  **Copilot** ❶ QR코드로 Copilot에 접속한다. |  ❷ Copilot 페이지로 들어간다. |
| 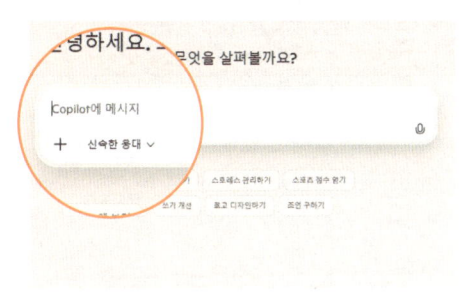 ❸ 우리가 만든 명령어를 입력한다. |  ❹ 그림을 확인한다. |

 **TIP** 원하는 그림이 안 나오면 더 구체적으로 명령어를 입력하세요. 그러면 AI가 기억하고 점점 더 발전된 그림을 만들어 줄 거예요!

# 이야기 소재 짚어보기

중심 소재인 권리에 대해 알아보고, 책의 내용과 연결 지어 이해해요.

🔍 '권리'라는 말에 대해 들어본 적 있나요? 권리는 사람으로서 당연히 누려야 하는 소중한 자격이에요. 여러 종류의 권리를 보고 여섯 명의 인물 중 누구의 이야기에 해당하는지 확인하세요. 그리고 권리와 관련된 인물의 대사나 행동도 찾아 적어요.

| 인물이 지키고자 한 권리 | 인물의 이름 | 인물의 대사나 행동 |
|---|---|---|
| 교육받을 권리 | | |
| 생명을 보호받을 권리 | | |
| 깨끗한 환경에서 살 권리 | | |
| 음식물을 안전하게 섭취할 권리 | | |

# 발명품 구상하기

여러 가지 발명 기법에 대해 알아보고 불편을 해소하는 발명품을 구상해요.

리차드 투레레는 '사자불'을, 기탄잘리 라오는 '납 검출 기기'를 발명했어요. 다음에 제시된 여러 발명 기법을 통해 발명품을 구상해요.

| 발명 기법 | 불편한 점 | 바꾸고 싶은 방식 |
|---|---|---|
| **더하기 기법**<br>기존 물건에 다른 것을 덧붙이는 방법 | <br>연필과 지우개를 각각 들고 다녀야 하니 지우개를 자주 잃어버려서 불편해. | <br>둘을 더해서 하나로 만들면 잃어버릴 걱정 없이 편하게 쓸 수 있어. |
| **빼기 기법**<br>기존 물건에 불필요한 부분을 없애 더 간단하거나 편리하게 만드는 기법 | <br>전화기에 선이 달려 있어서 통화할 때 그 자리에서만 있어야 하니 불편해. | <br>불필요한 선을 제거해서 이동하면서도 전화할 수 있어. |
| **재료 바꾸기 기법**<br>기존 물건의 재료를 다른 것으로 바꿔 개선하는 기법 | <br>음료수를 유리병에 담아서 파니까 운반 도중 자주 깨지고 무거워서 불편해. | <br>플라스틱이나 종이팩에 담아 운반하면 깨질 일도 없고 더 가볍게 배송할 수 있어. |
| **모양 바꾸기 기법**<br>물건의 생김새를 바꾸는 방법 | <br>일자 빨대를 쓰니까 누워서 생활하는 노약자나 환자들이 쓰기에 불편해. | <br>구부러질 수 있도록 모양을 바꾸자. |

- 평소에 불편하거나 바꾸고 싶었던 것은 무엇인가요?

_____

- 사용하고 싶은 발명 기법은 무엇인가요?

_____

- 어떤 방식으로 바꾸고 싶나요?

_____

_____

- 그림으로 나타내요.

# 문제 해결하기

미션 다이어리 작성을 통해 우리 주변의 문제점을 발견하고 해결 방법을 찾아요.

당신은 "조금 더 나은 세상을 만들어라!"라는 특명을 받은 비밀 요원이 되었습니다. 임무를 수행하기 위한 다이어리를 작성해요.

**TOP SECRET**

※특별임무!
**조금 더 나은 세상 만들기**

• 요원 이름: _____
• 기록 날짜: _____

**오늘의 관찰 보고**

• 발견한 문제점: _____
• 문제의 심각도: ☆☆☆☆☆
• 목격자 진술(가족/ 친구의 의견):
  _____
  _____

• 비밀 요원의 해결 계획:
  ① _____
  _____
  ② _____
  _____
  ③ _____
  _____
  _____

**TOP SECRET**

• 해결 계획 중 오늘 수행한 내용:
  _____
  _____

• 〈조금 더 나은 세상 만들기〉임무 완수율: ____%
• 임무 수행 후 느낀 점:
  _____
  _____

• 다음에 해결하고 싶은 문제점:
  _____
  _____
  _____
  _____

# 설명을 읽고 글로 표현하기

환경과 관련된 자료를 읽고 생각을 글로 표현해요.

매년 9월 6일은 '자원 순환의 날'이에요. 자원 순환이란 우리가 버린 물건들이 깨끗이 처리되어 새로운 물건으로 다시 태어나는 것을 의미해요. 이날은 쓰레기를 줄이고 우리가 쓰고 버린 자원을 다시 사용하는 것의 중요성을 생각하는 날이에요. 관련 자료를 보고 생각을 글로 정리하세요.

| | 재활용 | 분류 배출 | 분류 수거 |
|---|---|---|---|
| 일러스트 | "여러분, 콜라 캔이 새 캔으로 변신하는 걸 본 적 있나요? 마치 마법처럼 쓰레기를 새 물건으로 바꾸는 게 제 능력이에요. 여러분이 잘 도와줘야 제 능력을 발휘할 수 있답니다." | "저는 같은 친구들끼리 모이는 게 좋아요. 마치 장난감을 정리할 때 레고는 레고끼리, 인형은 인형끼리 모아두는 것처럼요." | "저는 수거차 아저씨랑 친해요. 택배기사님이 집에 물건을 배달하는 것처럼, 쓰레기 수거차 아저씨는 저를 쓰레기 집하장으로 배달해 주세요." |
| 용어 설명 | 우리가 한 번 사용하고 버린 물건을 다시 원료로 만드는 것은 재활용의 첫 단계예요. 이렇게 만든 원료는 공장에서 새로운 물건으로 다시 태어나지요. 이처럼 한 번 쓰고 버려진 물건이 새로운 물건으로 다시 만들어지는 것을 '재활용'이라고 해요. | 쓰레기를 종류별로 나누어 버리는 것이' 분류 배출'이에요. 종이, 플라스틱, 캔, 유리와 같이 재활용이 가능한 것은 같은 종류끼리 모아서 버려야 해요. 각각의 재활용 과정과 가야 하는 공장이 다르기 때문이지요. 제대로 분류해서 버리지 않으면 많은 시간과 비용이 들 수 있어요. | 분류 배출해서 종류별로 모인 쓰레기는 어떻게 될까요? 수거 차가 와서 집하장으로 데려가요. 집하장은 쓰레기를 모으는 큰 장소를 의미하는데요. 분류된 쓰레기는 집하장에서 재활용이 가능한지 꼼꼼하게 확인한 후, 각각 다른 재활용 공장으로 떠나요. |

• 우리가 버린 캔은 어디로 갈까요?

• 우리가 무심코 쓴 플라스틱이 모여 아주 큰 나라가 됐다는 사실

**어떤 생각이 들었나요?**

• 자원 순환의 세 친구(재활용, 분류 배출, 분류 수거)를 보고 새롭게 알게 된 점이 있나요?

_____

• 영상 자료를 본 후 어떤 생각이 들었나요?

_____

• '일상에서 경험한 환경 오염'을 주제로 문단 글쓰기를 해요.

중심 문장
  • 가장 관심 있는 환경 오염 문제는 무엇인가요?
  • 가장 심각하다고 생각하는 환경 오염 문제는 무엇인가요?

뒷받침 문장
  • 책이나 뉴스를 통해 접한 환경 오염 사례가 있나요?
  • 주변에서 직접 관찰하거나 경험한 사례가 있나요?
  • 환경 오염 문제를 해결하기 위한 실천 방안은 무엇일까요?

문단 구성
  • 글의 내용을 모두 아우르는 제목을 붙여요.
  • '또한, 그러나, 첫째, 둘째' 등의 적절한 연결어를 사용해 문장을 연결해요.

제목 : _____

· 2장 ·

# 5학년을 위한
# 문해 활동

# 배경을 통해 인물 파악하기

이야기의 시대적 배경을 통해 인물을 이해해요.

🔍 다음 질문에 답해 보세요.

- 조선 시대 중기 이후, 4계급은 무엇인가요?

 

 

 

- 해령과 지상의 신분은 무엇인가요?

 

 

 

- 해령의 아버지 강필묵은 해령이 장사보다는 왜 바느질을 하길 원했나요?

 

 

 

- 지상은 조선을 떠나 왜 명나라로 가길 원했나요?

 

 

 

# 인물의 대사로 생각 비교하기

대립된 의견을 가진 인물들을 비교해요.

❓ 김 대감 댁 안방마님과 작은 아씨, 목진은 신분제도에 대하여 어떤 생각을 하고 있나요? 생각이 드러난 인물의 대사를 찾아 비교해 보세요.

| 안방마님 | 작은 아씨 | 목진 |
|---|---|---|
| | | |

↔ (안방마님 ↔ 작은 아씨)
↔ (작은 아씨 ↔ 목진)

# 등장인물을 향한 비판적 글쓰기

등장인물에게 독자로서 충고나 조언을 제시해요.

🔍 기억에 남는 등장인물을 한 명 선택하여, 그 인물에게 전하고 싶은 충고나 조언의 메시지를 글로 써 보세요. 인물
이 겪은 구체적인 사건을 떠올리며 '그때 어떤 결정을 내리는 것이 최선이었다', '그 순간 어떤 태도를 취하는 것
이 바람직했다', '앞으로는 이렇게 하는 것이 좋겠다'와 같이 인물에게 전하고 싶은 메시지를 구체적으로 작성해
보세요.

**확장활동** +++

# 낱말 퀴즈

각주에 설명된 낱말로 어휘력을 키워요.

『가슴에 별을 품은 아이』에서는 본문에 쓰인 낱말의 의미를 각주에서 설명하고 있어요. 다음 설명에 알맞은 낱말을 찾아보고, 해당 낱말을 활용해 적절한 예문을 만들어요.

---

장거리, 댓바람, 안방마님, 땅그네, 사랑채, 의금부, 면포전, 노점상, 활옷, 미시, 줄초상, 역당, 용잠

Q. 아주 이른 시간    A.

예문: _____

Q. 땅에 기둥을 세우고 맨 그네    A.

예문: _____

Q. 조선 시대에 임금의 명령을 받들어 중죄인을 신문하는 일을 맡아 하던 관아    A.

예문: _____

Q. 예전에 안방에 거처하며 가사의 대권을 가지고 있는 양반집의 마님을 이르던 말    A.

예문: _____

Q. 집에 안채와 떨어져 있는, 바깥주인이 거처하며 손님을 접대하는 곳    A.

예문: _____

# 내용 이해하기

질문에 답하며 책 내용을 잘 이해하였는지 확인해요.

**?** 다음 질문에 알맞은 답을 적어요.

1. 카메라의 발명에 영향받아 탄생한 미술 작품이 두 가지 소개돼요. 두 작품의 제목과 화가의 이름, 그리고 카메라의 발명이 각 작품의 창작에 어떤 영향을 미쳤는지 적어 보세요.

   - 작품 제목: _____

   - 화가: _____

   - 카메라가 창작에 미친 영향: _____

   - 작품 제목: _____

   - 화가: _____

   - 카메라가 창작에 미친 영향: _____

2. 쇠라가 점묘법을 새롭게 도입한 이유는 무엇인가요?

   _____

3. 부자들이 밀레의 〈이삭줍기〉를 싫어한 이유는 무엇인가요?

   _____

4. 뭉크의 〈절규〉에서 절규하고 있는 자는 누구인가요?

   _____

# 시대적 맥락 속에서 작품 이해하기

책에 소개된 작품과 당대 유행한 미술 작품과는 어떤 점에서 차이가 있는지 적어요.

❓ 당시 유행하던 그림 풍조를 비교하여 다음 그림들이 어떠한 점에서 차이가 있는지 적어 보세요.

| 다빈치의 〈모나리자〉 | 모네의 〈인상: 해돋이〉 | 뭉크의 〈절규〉 |
| --- | --- | --- |
| | | |

# 미술 용어 퀴즈

책 속 맥락을 활용하여 미술 용어의 뜻을 적어요.

🔍 다음 미술 용어 관련 OX 퀴즈를 풀어 보세요. 인터넷 검색, 혹은 챗GPT를 활용하여 내용을 보충하여 적어도 좋아요.

**해당 문장이 맞으면 O, 틀리면 X로 표시해 주세요.**

- 스푸마토 기법은 색을 뚜렷하게 구분하는 것이 아니라 부드럽게 섞어 경계를 없애는 기법이다. ( O / X )
- 점묘법은 붓을 사용해 선을 그리는 기법이다. ( O / X )
- 원근법은 평면에 거리감을 표현하는 기법이다. ( O / X )
- 르네상스는 중세 시대보다 더 이전의 미술 양식이다. ( O / X )
- 뭉크, 모네, 르누아르는 인상파 화가이다. ( O / X )

| | 책에서 찾은 뜻 | 인터넷에서 찾은 추가 정보 |
|---|---|---|
| 스푸마토 | | |
| 원근법 | | |
| 점묘법 | | |
| 르네상스 | | |

# 작품 소개하기

마음에 드는 작품을 선택해 소개 글을 완성해요.

🔍 책에 등장하는 화가의 다양한 작품 중 마음에 드는 작품, 혹은 꼭 책에 등장하지 않더라도 내 마음에 드는 화가의 작품을 소개해요. 각 장의 구성을 참고하여 작품이 특별하거나 유명한 이유, 작품이나 화가에 얽힌 재미있는 일화 등을 한 편의 글로 엮어 소개해요.

제목 :

_____

_____

_____

_____

_____

_____

_____

_____

_____

_____

# 이야기 이해하기

은유적 표현을 분석하며 이야기를 이해해요.

명시적으로 드러나지 않은 은유적 표현의 의미를 생각해 보고, 책 속 등장인물 또는 사건과 어떠한 점에서 같은 지 풍부하게 해석해 보세요. '진짜 엄마 모임'에서는 '진짜'의 수식어가 붙음으로써 어떠한 의미가 강조되어 전달 되는지도 생각해요.

- 평화 모임은 무엇을 목표로 만들어진 모임인가요?

  _____

- 제니를 막내 염소라 부르는 이유는 무엇인가요?

  _____

- '늑대 손 가려내기 운동'은 어떤 운동인가요?

  _____

- 무기 사용에 대하여 '진짜 엄마 모임'과 '무기 자유 협회'의 주장은 어떻게 다른가요? 각 집단의 주장을 비교해요.

| 진짜 엄마 모임 | 무기 자유 협회 |
|---|---|
|  |  |

# 인상적인 글귀 만들기

무기 수거함에 붙일 글귀를 생각해요.

🔍 평화 모임 아이들은 무기 사용의 문제를 가시화하기 위해 무기 수거함을 제작하고 앞에 글귀를 붙였어요. 많은 친구들이 동참할 수 있도록 무기 수거함에 붙일 글귀를 만들어요.

책 속 무기 수거함 글귀

## 무기는 세상에서 가장 더러운 쓰레기! 몽땅 가져와서 여기에 버리세요!

내가 만든 무기 수거함 글귀

# 주제 관련 글쓰기

주제와 관련된 질문을 생각하며 글을 완성해요.

🔍 이 책에는 '평화', '운동', '무기'가 자주 언급되고 있어요. 다음 질문에 대하여 내 생각을 정리한 후, 마음에 드는 질문을 골라(혹은 몇 개 연결해서) 글을 써요.

- 야구공과 총은 어떻게 다른가요? 모두 무기인가요? _____

- 장난감 총은 무기일까요? _____

- 나라면 보미의 평화 모임에 가입했을까요? _____

- 14세 미만에게 비비탄총을 팔지 못하게 하는 법에 찬성하나요? _____

- 무기 사용 반대를 촉구하기 위해 현재 내가 할 수 있는 일에는 무엇이 있나요? _____

# 이어질 내용 상상하기

이어질 결말을 상상해 글로 써요.

🔍 책에는 동일한 문단이 반복적으로 등장해요. 동일한 문단으로 시작되지만, 각각 다른 내용이 전개되지요. 20년 후의 이야기를 상상하며 반복되는 문단에 이어질 결말을 작성해요.

**21.** _____

보미네 아버지는 텔레비전 리모컨을 손에 쥔 채 소파 위에 길게 누워 있었다.

"요즘은 왜 이렇게 재미있는 프로그램이 없어!"

아버지는 한바탕 하품을 하고는 리모컨을 눌러 이리저리 채널을 돌렸다. 50개나 되는 채널을 돌리려니 그 것도 번거로운 일이었다.

_____

_____

_____

_____

_____

_____

_____

# 설득력 있는 글쓰기

주인공 보미가 "무기 팔지 마세요!"를 주장하기 위해 제시하고 있는 사실적, 소견적 근거는 무엇인가요? 주장을 뒷받침하기 위한 사실적, 소견적 근거를 직접 찾아보고, 보미와 나의 근거를 비교해요.

| 주장 | 무기 팔지 마세요! | |
|---|---|---|
| 근거 | 사실적 근거 | 소견적 근거 |
| 보미 | | |
| 나 | | |

# 등장인물 파악하기

가이아 여섯 자매의 특성과 서로에게 미치는 영향을 정리해요.

책의 주인공인 가이아는 여섯 자매의 모습으로 등장해요. 여섯 자매는 각각 누구인가요? 가이아와 각 자매의 이름이 의미하는 바가 무엇인지 적어 보세요. 그리고 각 꼭짓점에 여섯 자매의 이름을 쓰고 서로 어떤 영향을 주는지도 적어요.

| 이름 | 의미 |
|------|------|
| 지권 | |
| 대기권 | |
| 수권 | |
| 빙권 | |
| 생물권 | |
| 인류권 | |

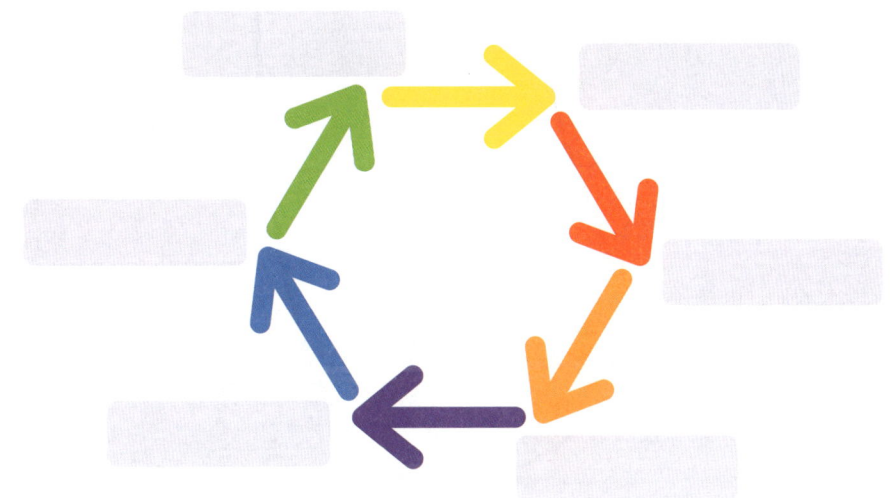

# 나에게 적용하기

책에 소개된 탄소 발자국의 개념을 이해해요.

색이 채워지지 않은 발 그림이 있어요. 눈금을 보면 맨 아래에는 0톤, 중간에는 4톤, 맨 위에는 8톤+라고 되어 있지요. 나의 탄소 발자국의 크기를 구한 뒤 맞는 눈금이 있는 곳에 줄을 긋고, 줄 아래로 비닐봉지, 플라스틱 사용과 같이 탄소 발자국에 영향을 줄 수 있는 요소들을 적어요. 직접 관여하진 않더라도 우리 주변에서 탄소 발자국의 크기를 키우는 것들에는 무엇이 있는지도 찾아요.

탄소 발자국
계산기

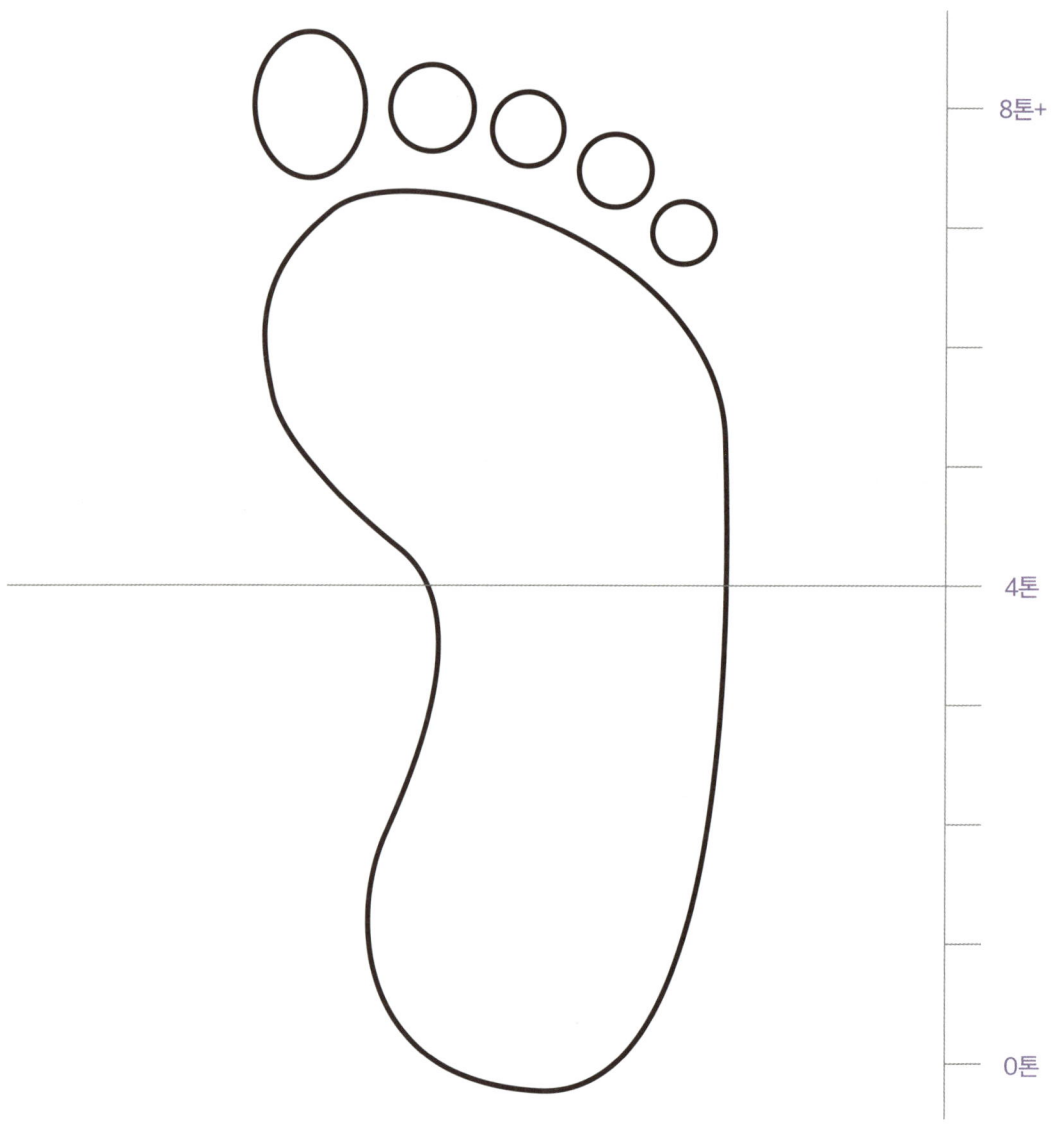

8톤+

4톤

0톤

# SNS로 어휘력 키우기

SNS 매체를 활용해 환경 관련 용어에 익숙해져요.

🔍 아래에 나열된 단어들은 책에서 자주 언급된 환경 관련 어휘예요. 이 중 몇 개를 골라 SNS에 해당 어휘를 해시태그 한다면 어떤 내용을 적을 수 있을지 상상해서 써요.

**환경 관련 어휘**

생물 다양성, 재생가능 에너지, 지구 온난화, 알베도, 아이피시시, 대기권, 훔볼트 해류

# 환경 운동 계획 세우기

기후 위기에 대처할 방안을 생각해 보고 내가 할 수 있는 일을 적어요.

책에 제시된 환경 문제 중 나에게 가장 중요하다고 생각되는 문제를 선택하고, 문제를 해결하기 위해서 내가 할 수 있는 일은 무엇인지 적어요. 환경 문제의 개선을 위해 내가 계획해야 할 일과 가야 할 곳은 어디인가요? 문제 해결을 위해 내가 할 수 있는 일은 무엇인가요? 제목에는 나의 이름을 적어요.

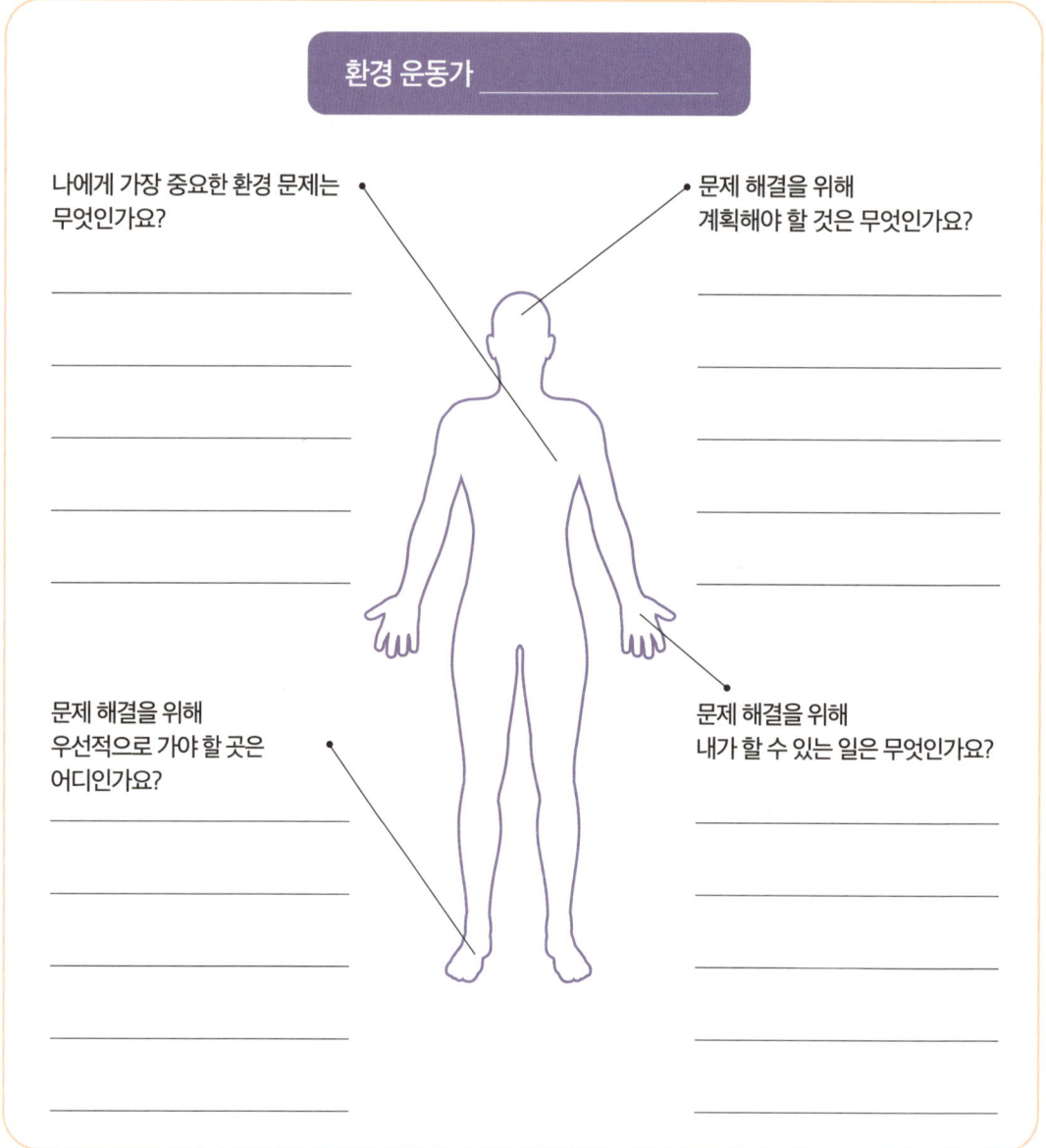

환경 운동가 _____

나에게 가장 중요한 환경 문제는 무엇인가요?

_____

_____

_____

_____

문제 해결을 위해
계획해야 할 것은 무엇인가요?

_____

_____

_____

문제 해결을 위해
우선적으로 가야 할 곳은
어디인가요?

_____

_____

_____

문제 해결을 위해
내가 할 수 있는 일은 무엇인가요?

_____

_____

_____

# 챗GPT로 질문하기

『지글지글 행성을 구출하는 짜릿한 지구 교실』을 읽고 난 후, 챗GPT에게 하고 싶은 질문은 무엇인가요?

# 등장인물 파악하기

주요 등장인물의 특성을 요약하고 관계를 파악해요.

❓ 책에 등장하는 인물들의 성격적 특성을 간략하게 요약해요.

| 등장인물 | 성격적 특성 |
|---|---|
| 샬롯 | |
| 윌버 | |
| 템플턴 | |
| 펀 | |
| 에이브리 | |

❓ 윌버는 친구인 샬롯을 만난 후 행동과 심리에서 많은 변화를 보여요. 어떠한 변화가 일어났나요? 윌버의 변화는 어떠한 언행을 통해서 알 수 있나요?

| | 샬롯을 만나기 전 | 샬롯을 만난 후 |
|---|---|---|
| 윌버의 변화 | | |
| 나타난 언행 | | |

# 주요 사건 이해하기

주요 사건을 확인하며 이야기의 흐름을 살펴봐요.

🔍 다음 질문에 답해 보세요.

- 펀은 아빠의 손에서 도끼를 빼앗으려고 하였습니다. 그 이유는 무엇인가요?

_____

_____

_____

- 샬롯은 거미줄로 '대단한 돼지'라는 문구를 짜서 사람들을 놀라게 하였습니다. 샬롯은 왜 거미줄을 짰을까요? 이외에도 샬롯이 윌버를 위해 거미줄로 짠 문구에는 무엇이 있나요?

_____

_____

_____

- 샬롯이 거미줄로 '근사해'라고 쓴 다음, 어떠한 변화가 일어났나요?

_____

_____

_____

- 샬롯이 윌버에게 품평회에 가지 못한다고 말한 이유는 무엇인가요? 샬롯이 말한 '필생의 역작'은 무엇인가요?

_____

_____

_____

# 새로운 결말 상상하기

작가의 결말을 평가해 보고 새로운 결말을 상상해 글로 써요.

거미 샬롯이 죽은 뒤, 새로 태어난 아기 거미들과 윌버의 만남으로 『샬롯의 거미줄』은 끝이 나요. 내가 작가라면 어떠한 결말로 마무리 지었을 것 같나요? 작가의 결말에 대해서 좋았던 점과 아쉬웠던 점을 생각해 보고 새로운 결말을 글로 써요.

결말에 대한 나의 점수: (        점 / 100점)

• 좋았던 점 _____

• 아쉬웠던 점 _____

• 가능한 시나리오 (예: 샬롯이 죽지 않고 살아 있었다면?)

_____

_____

_____

_____

_____

_____

_____

# 도서 추천사 작성하기

책의 내용과 감상을 추천사로 작성해요.

🔍 책의 핵심 내용이나 가치를 담아 미래 독자에게 추천하는 짧은 글을 일컬어 추천사라고 해요. 다음 질문을 생각해 보고 미래 독자를 위한 추천사를 작성해요.

| |
|---|---|
| • 책을 읽고 가장 기억에 남는 장면(혹은 문장)은 무엇인가요? 그 이유는요?  | |
| • 책을 통해 작가가 전달하고자 하는 메시지는 무엇일까요? | |
| • 책을 어떤 독자에게 특히 추천해 주고 싶나요? | |
| • 이 책을 한 문장으로 표현해 본다면 어떻게 표현할 수 있나요? | |

# 사건과 감정의 흐름을 그래프로 표현하기

이야기의 주요 사건과 주인공의 감정을 시각적인 그래프로 정리해요.

흰바위코뿔소 노든은 코뿔소 앙가부, 펭귄 윔보와 치쿠 등 다양한 등장인물과의 만남과 헤어짐을 반복하며 감정의 변화를 경험해요. 노든이 경험한 사건은 시간순으로 가로축(x축)에 나타내고, 각 사건에서 느낀 감정은 세로축 (y축)에 표현하여 주인공 노든이 경험한 사건과 감정의 변화를 그래프로 정리해요.

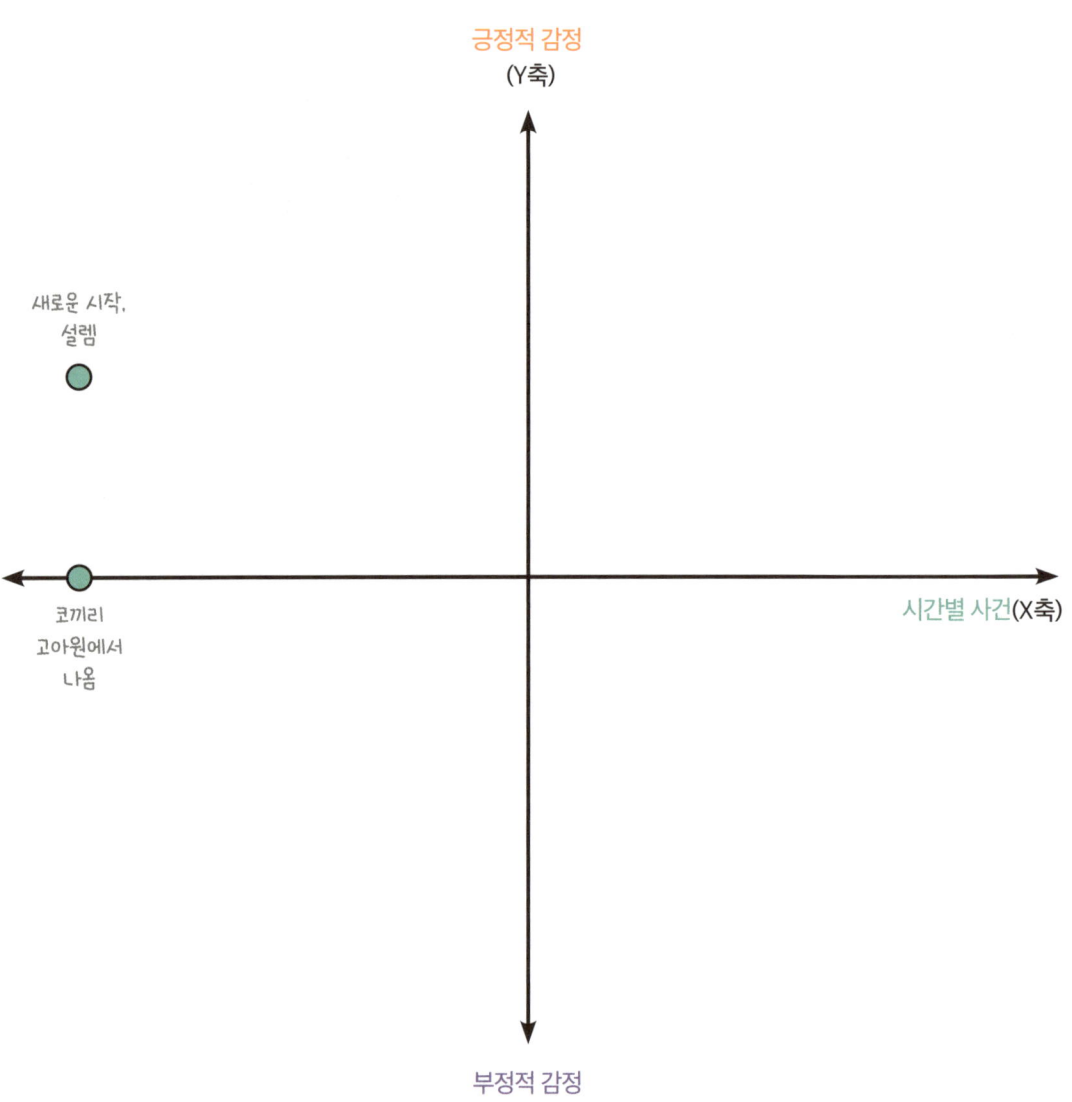

# 깊이 있게 이해하기

질문에 답하면서 이야기를 깊이 있게 이해해요.

Ⓠ 다음 질문에 답해 보세요.

- 코뿔소 앙가부와 노든이 함께 계획한 일은 무엇인가요? 그 이유는요?

_____

_____

_____

- 어떠한 사건으로 인해 노든은 인간에게 복수심을 가지게 되었나요? 이후에 인간에 대한 노든의 생각은 어떻게 바뀌었나요?

_____

_____

_____

- 코뿔소 노든과 펭귄 치쿠는 서로를 어떻게 부르나요? 왜 그렇게 부르게 되었을까요?

_____

_____

_____

- 코뿔소 노든은 아기 펭귄을 따라 파란 지평선에 가지 않고 왜 초원에 남았을까요?

_____

_____

_____

# 삽화로 이야기 만들기

삽화에 담긴 이야기를 상상하여 글로 써요.

❓ 책에는 이야기의 몰입을 높이는 다양한 삽화가 제시되어 있어요. 다음 질문을 생각하며 삽화를 자세히 살펴본 후에, 삽화에 제목을 짓고 자유롭게 상상하며 삽화에 대한 짧은 글짓기를 완성해요.

- 삽화에 표현된 등장인물은 누구인가요? 등장인물의 어떤 모습(감정)이 삽화에 표현되어 있나요?

  _____

- 삽화와 관련된 이야기는 무엇인가요?

  _____

- 삽화 속 인물이 이야기할 수 있다면 어떤 말을 할 것 같나요?

  _____

- 이 그림이 나에게 중요한 이유는 무엇인가요?

  _____

확장활동 ✦✦✦

# 기억에 남는 책갈피 만들기

인상적인 글귀로 나만의 책갈피를 만들어요.

🔍 책에서 마음에 남는 글귀가 있다면 무엇인가요? 이야기 속 인상적인 글귀를 3가지 선택해 보고, 선택한 이유와 글귀를 전해주고 싶은 사람을 생각해 봐요.

| | 글귀 1 | 글귀 2 | 글귀 3 |
|---|---|---|---|
| 문장 | | | |
| 선택한 이유 | | | |
| 글귀를 전해주고 싶은 사람 | | | |

〈책갈피 만들기〉

❶ 3가지 글귀 중 가장 마음에 와닿는 글귀를 하나 선택해요.

❷ 책갈피 도안에 예쁘고 정성스럽게 글귀를 적어요.

❸ 글귀와 어울리는 그림으로 꾸며요. 책 속 장면을 그리거나 글귀와 관련된 나만의 느낌을 자유롭게 표현해요.

❹ 책갈피 도안을 오려서 위쪽에 구멍을 뚫고 끈을 묶어 나만의 책갈피를 완성해요.

# 부끄러운 순간들 생각하기

작품을 나의 경험과 연결 지어 이해해요.

🔍 윤동주 시인의 시에는 '부끄럽다'는 표현이 자주 나와요. 부끄럽지 않게 살고 싶었던 윤동주 시인의 마음이 잘 드러나 있지요. 나에게 부끄러운 일은 어떤 일을 의미하나요? 나의 부끄러운 경험을 써 보고, 그때의 경험이 왜 부끄러웠는지 생각해요. 그리고 윤동주 시인의 부끄러움에 대한 나의 생각은 무엇인지 고민해 보고, 그의 부끄러움이 내 삶에 어떠한 의미를 주는지 써요. 또, 그의 부끄러움과 나의 부끄러움에는 어떤 공통점과 차이점이 있나요?

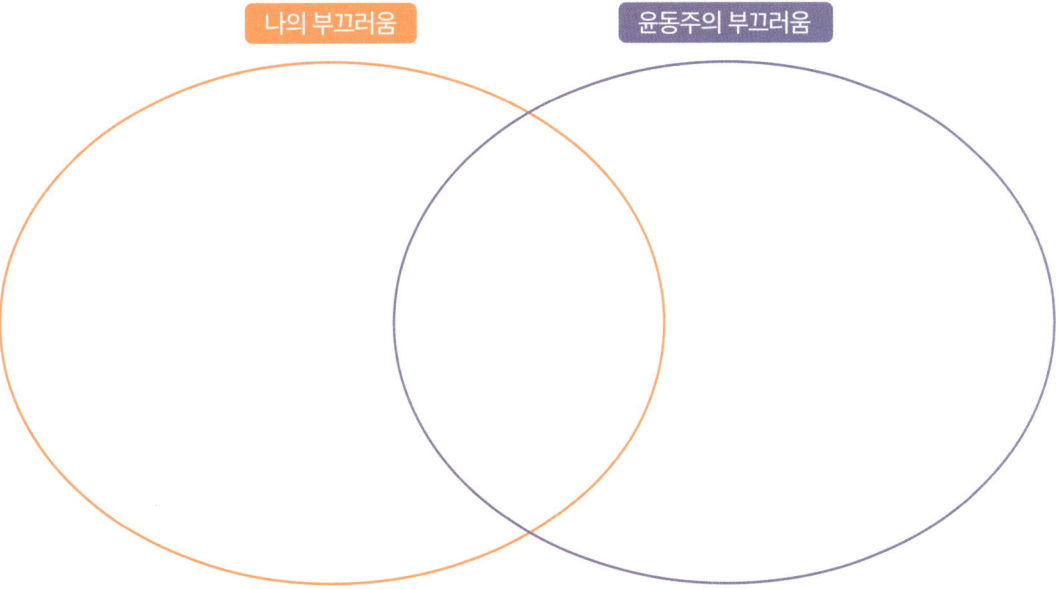

- 나의 부끄러운 경험: _____
- 부끄러웠던 이유: _____
- 윤동주의 부끄러운 경험: _____
- 윤동주 시인이 느낀 부끄러움은 나에게 어떤 부끄러움인가요? _____
- 윤동주 시인의 부끄러움을 통해 느낀 점이 있나요? _____
- 나와 윤동주 시인의 부끄러움이 가진 공통점과 차이점은 무엇인가요? _____

85

# 아명으로 시인의 삶 돌아보기

윤동주 시인의 아명인 해환을 통해 시인의 삶을 되돌아봐요.

❓ 윤동주 시인의 아명은 '해처럼 빛나라'라는 뜻의 '해환(海煥)'이에요. 아름답게 빛나는 시를 쓰고, 마음속에 희망이라는 빛을 심어 준 윤동주 시인의 삶에 어울리는 이름이지요. 윤동주 시인의 삶 속에서 해환이라는 아명처럼 빛났던 순간들은 언제인가요? 반대로 어려웠던 순간들은 언제인가요? 왜 그렇게 생각하는지도 함께 적어요.

| 사건 | 빛났던 순간 | 어려웠던 순간 | 그렇게 생각한 이유 |
|---|---|---|---|
| 명동촌에서 출생 | | | |
| 숭실학교에서<br>시인의 꿈을 키움 | | | |
| 연희전문학교 진학 | | | |
| 시집 출간의 꿈 보류 | | | |
| 창씨 개명 | | | |
| 일본 유학 중<br>항일 운동 혐의로 체포 | | | |
| 일본 유학 중 투옥 | | | |
| 윤동주 유고시집<br>〈하늘과 바람과 별과 시〉 발간 | | | |

# 시의 배경과 제목 연결하기

시가 쓰인 배경을 통해 시인의 삶을 생각해요.

이 책에는 윤동주 시인이 쓴 각각의 시가 어떤 상황에서, 어떠한 이유로 쓰였는지 설명하고 있어요. 다음 표를 보고, 각 시의 배경에 맞는 시의 제목을 적어요.

## 시 제목

종달새, 별 헤는 밤, 빗자루, 눈 감고 간다, 겨울, 굴뚝, 무서운 시간, 만돌이, 사과,
무얼 먹구 사나, 고향 집, 팔복, 쉽게 씌어진 시, 서시, 오줌싸개 지도, 자화상, 호주머니,
해바라기 얼굴, 아우의 인상화, 십자가, 흰 그림자, 조개껍질

| | |
|---|---|
| 어린 시절 | |
| 숭실학교 폐교 및 광명중학교 편입 | |
| 일제에 대한 고통 | |
| 대학 시절 - 졸업 직후 | |
| 유학 시절 | |

# 비교하며 내 생각 쓰기

윤동주 시인과 다른 독립운동가들의 투쟁을 비교해요.

🔍 다음 질문에 대한 내 생각을 정리해 써요.

- 윤동주 시인은 윤봉길, 이봉창 의사처럼 일제에 대한 무장 투쟁이 아닌, 우리말로 된 시를 쓰고, 우리말을 계속 사용하는 형태로 일제에 저항했어요. 이러한 형태의 저항은 무장 투쟁과 무엇이 다른가요?

_____

- 이 두 가지 저항 방식 중에서 어느 것이 더 지속적이고 영향력 있는 저항 방식이라 생각하나요?

_____

# 재미있는 N행시 짓기

🔍 『윤동주 별을 노래하는 마음』에 나온 주요 키워드로 N행시를 지어요.

| 제시어 :
윤동주 | 윤 | _____ |
| | 동 | _____ |
| | 주 | _____ |

| 제시어 :
시인 | 시 | _____ |
| | 인 | _____ |

| 제시어 :
독립운동 | 독 | _____ |
| | 립 | _____ |
| | 운 | _____ |
| | 동 | _____ |

| 제시어 :
대한민국 | 대 | _____ |
| | 한 | _____ |
| | 민 | _____ |
| | 국 | _____ |

# 내용 이해하기

책에서 다룬 정보를 회상하거나 책에서 직접 찾아보면서 내용을 깊이 이해해요.

🔍 다음 질문에 맞는 정보를 책에서 찾아 적어 보세요.

1. 인간의 언어와 같이 동물도 '동물 언어'를 가지고 있어요. 각각의 동물이 어떻게 소통하는지 적어 보세요.

| 동물 | 동물 언어 |
|------|-----------|
| 고릴라 | |
| 늑대 | |
| 두루미 | |
| 꿀벌 | |
| 딱따구리 | |

2. '애완동물'에서 '반려동물'로 용어가 변경된 이유는 무엇인가요?

_____

3. 우리나라에서 사육되는 가축의 복지를 위해 마련된 제도는 무엇인가요?

_____

4. 동물원에 사는 동물들이 반복적으로 이상 행동을 보이는 것을 무엇이라 부르나요? 동물들이 이러한 행동을 보이는 이유는 무엇인가요?

_____

# 나의 경험 돌아보기

동물 복지의 관점에서 나의 경험을 돌아보고, 앞으로 동물 복지 실현을 위해 할 수 있는 일을 작성해요.

우리가 익숙하게 가는 곳에서도 동물들의 삶과 연결된 이야기들이 숨어 있어요. 책을 완독한 후, 무심코 지나쳤던 장소들을 동물 복지의 관점에서 다시 바라봐요. 각 장소의 그림을 보면서 책을 읽기 전과 후의 나의 생각 변화를 적어 보고, 동물들을 위한 더 나은 선택은 무엇일지 앞으로 우리가 할 수 있는 일을 적어요.

• 책을 읽기 전 나의 생각: _____

• 책을 읽고 난 후 나의 생각: _____

• 앞으로 우리가 할 수 있는 일: _____

• 책을 읽기 전 나의 생각: _____

• 책을 읽고 난 후 나의 생각: _____

• 앞으로 우리가 할 수 있는 일: _____

• 책을 읽기 전 나의 생각: _____

• 책을 읽고 난 후 나의 생각: _____

• 앞으로 우리가 할 수 있는 일: _____

• 책을 읽기 전 나의 생각: _____

• 책을 읽고 난 후 나의 생각: _____

• 앞으로 우리가 할 수 있는 일: _____

# 주장과 근거 작성하기

동물 실험 찬반에 대한 나의 입장을 정하고, 이에 대한 근거를 작성해요.

🔍 동물 실험에 대한 나의 의견을 작성하고 나와 반대인 의견도 생각해 보세요. 그런 다음 최종 의견을 결정해요.

· 동물 실험에 대한 나의 의견은?

| 주장 | 나는 동물 실험에 ( 찬성 / 반대 )합니다. |
|---|---|
| 근거 | -<br><br>-<br><br>- |

· 동물 실험에 대한 나와 반대 측의 입장은?

| 주장 | 나는 동물 실험에 ( 찬성 / 반대 )합니다. |
|---|---|
| 근거 | -<br><br>-<br><br>- |

· 토론 후 나의 결론은?

| 주장 | 나는 동물 실험에 ( 찬성 / 반대 )합니다. |
|---|---|
| 근거 | -<br><br>-<br><br>- |

# 편지 쓰기

동물의 복지를 고려하지 않는 인물에게 설득하는 편지를 써서 자기 생각을 전달해요.

🔍 세 인물 중 한 인물을 골라 책에서 배운 내용을 바탕으로 선택한 인물이 동물의 복지를 고려하여 변화를 꾀할 수 있도록 설득하는 편지를 써 보아요.

우리 가족은 펫샵에서 반려동물 입양을 고려하고 있어요.

저는 공장식 사육장을 운영하고 있어요. 저희 농장의 이익은 엄청나답니다.

우리 서커스단의 자랑 원숭이와 코끼리를 소개합니다!

# 등장인물 이해하기

등장인물의 특징을 나타내는 단서들을 책에서 찾아 등장인물을 분석해요.

🔍 종식이와 종민이의 특징을 마인드맵으로 표현해요.

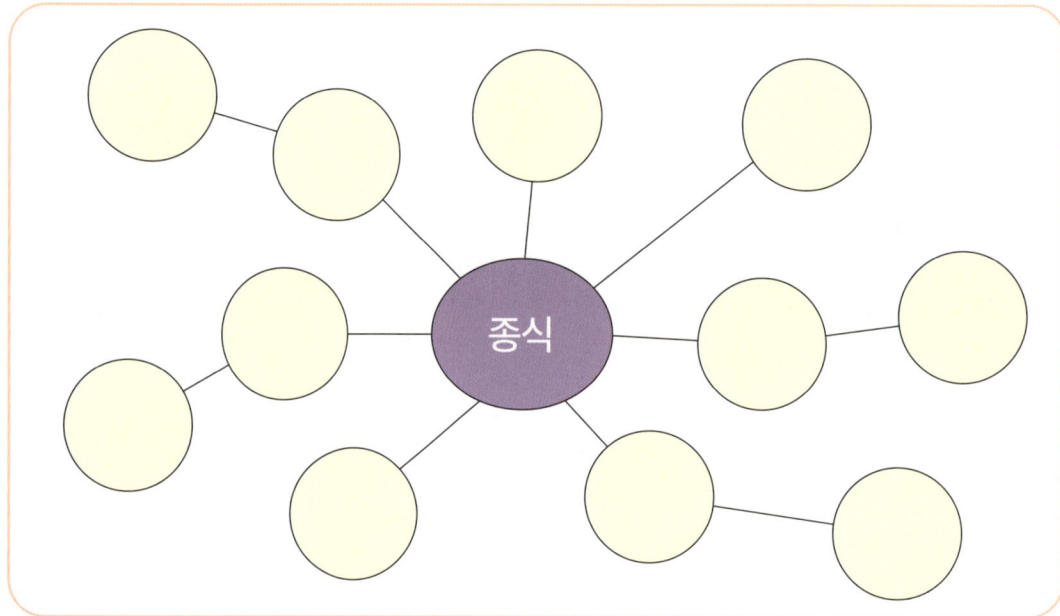

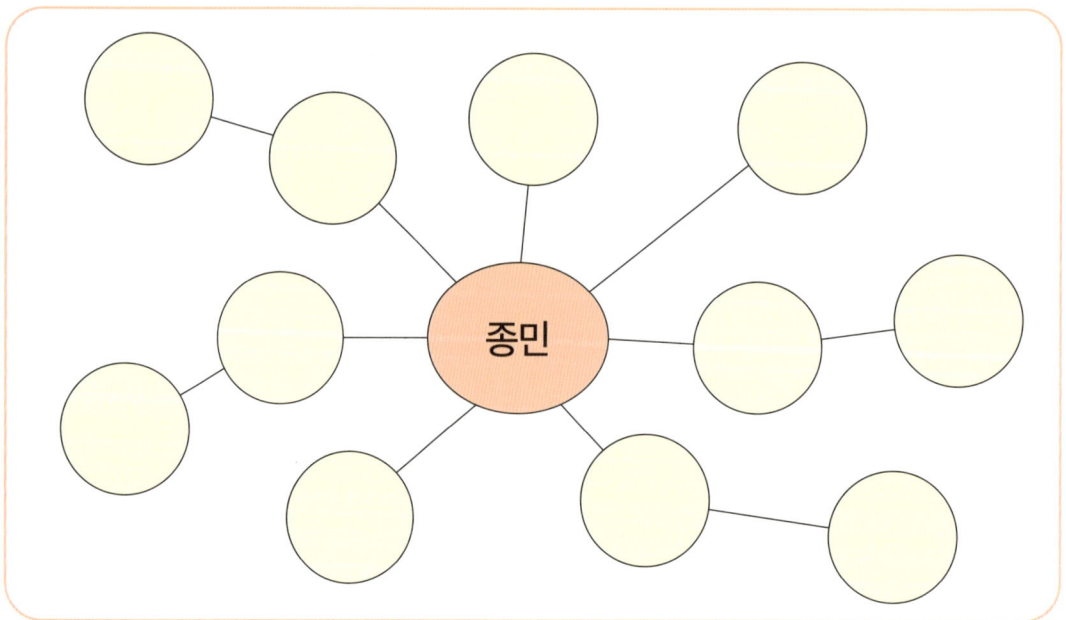

# 등장인물의 감정 변화 파악하기

내용 전개에 따른 등장인물의 감정 변화를 파악하여 정리해요.

내용 전개에 따라 종식이에 대한 종민이의 감정 변화를 파악하여 정리해요. 각 사건에서 종민이가 느낀 감정을 정리해서 적어요.

| 처음 종식이를 만났을 때 | 가출을 결심하였을 때 | 경찰서에서 집으로 돌아왔을 때 |
| --- | --- | --- |
| | | |

| 종식이가 쓰러졌을 때 | 종식이가 큰 상을 받았을 때 | 종식이가 시설로 떠났을 때 |
| --- | --- | --- |
| | | |

# 맥락 속 단어 뜻 추측하기

책에 나온 단어의 뜻을 문맥을 통해 추측하고, 사전에서 정확한 의미를 확인한 뒤 예문을 만들어요.

책을 읽으면서 어려웠던 단어를 정리해요. 맥락을 통해 단어의 뜻을 추측해요. 추측한 단어의 뜻을 적은 다음, 사전에서 단어의 뜻을 찾아 적고 예문을 만들어요.

| 내가 몰랐던 단어 | |
|---|---|
| 내가 생각한 뜻 | |
| 사전에서 찾은 뜻 | |
| 예문 | |

| 내가 몰랐던 단어 | |
|---|---|
| 내가 생각한 뜻 | |
| 사전에서 찾은 뜻 | |
| 예문 | |

| 내가 몰랐던 단어 | |
|---|---|
| 내가 생각한 뜻 | |
| 사전에서 찾은 뜻 | |
| 예문 | |

**확장활동** +++

# 챗GPT로 질문하고 비판적으로 이해하기

챗GPT에 질문하고 챗GPT의 대답이 정확한지 확인해요.

⊙ '장애우'라는 용어가 폐지된 이유를 챗GPT를 통해 알아보고 그 내용을 정리하여 적어요. 챗GPT의 대답이 정확한지 인터넷 검색을 통해 확인해요. 챗GPT의 활용법을 익혔다면, 책을 읽고 궁금해진 내용에 대해 자유롭게 챗GPT를 이용하여 질문해 보세요.

### 무엇을 도와드릴까요?

'장애우'라는 용어가 폐지된 이유는 무엇인가요?

⊕ ⊕ 검색 ♡ 이성 ↑

대답 적기:

_____

_____

_____

_____

_____

_____

_____

### 무엇을 도와드릴까요?

⊕ ⊕ 검색 ♡ 이성 ↑

대답 적기:

_____

_____

_____

_____

_____

_____

_____

# 신문으로 지식 확장하기

❓ 다음 기사를 읽고 질문에 답해 보세요.

'휠체어 그네'를 아시나요... 통합놀이터 조성 촉구, 연합뉴스 TV

구리시, 경기지역 첫 '무장애 통합놀이터' 연말 개장, 연합뉴스

1. 기사를 통해 알게 된 통합놀이터란 무엇인가요?

_____

_____

_____

2. 통합놀이터가 필요한 이유는 무엇일지 나의 생각을 적어 보세요.

_____

_____

_____

3. 우리 동네 놀이터를 장애 아동 친화적인 통합놀이터로 변화시키기 위한 나만의 아이디어를 적어 보세요.

_____

_____

_____

# 장·단점 차트 만들기

책의 내용을 되짚어 보며 소개되었던 기술들에 대한 장·단점을 나열해요.

세상 모든 일에는 장점과 단점이 있어요. 신기술도 마찬가지지요. 새로운 과학 기술이 개발되어 우리의 삶을 편하게 해 줄 수 있다면 마냥 좋을 것 같아도, 그 기술로 인해 생겨나는 단점이나 피해도 있을 수 있어요. 다음 표에 나열된 세 가지 신기술의 장점과 단점을 적고 특성을 비교해요.

| 신기술 | 장점 | 단점 |
|---|---|---|
| 드론 배달부 | | |
| 스마트 홈 | | |
| 공중 물류 센터 | | |

# '기계는 인간을 대체할까?' 토론하기

찬성 혹은 반대의 입장에서 설득력 있게 주장해요.

🔍 시간이 지날수록 기계들이 점점 똑똑해지고 있어요. 기업에서는 AI 프로그램과 기계들을 앞다투어 개발하고 있기에, 앞으로는 더 많은 최첨단 기술을 만날 수 있을 거예요. 그 가운데 생각해 볼 주제가 바로 '기계는 인간을 대체할 것인가?'라는 문제예요. 기계의 지능이 인간의 지능을 뛰어넘고, 기계가 인간의 정서와 사상, 감정까지도 이해하는 날이 올까요? 기계가 인간을 대체할 수 있을지 찬성과 반대 의견 중 하나를 골라 작성해요. 나와 의견이 반대되는 사람의 주장과 근거도 살펴요.

| 기계는 인간을 대체할 수 있을까? | | |
|---|---|---|
| | 찬성 또는 반대 | 이유 |
| 나의 의견 | | |
| 나와 반대되는 의견 | | |

# 일상에서 발견하기

상상을 통해 일상 속 제품을 스마트하게 바꿔요.

⊙ 요즘은 스마트폰, 스마트 TV, 스마트 홈 등 스마트한 가전제품이 대세이지요. 말로 명령어를 입력하기만 하면 그에 맞는 행동을 하다니, 정말 말 그대로 '스마트'해요. 주변의 가전제품 중 스마트하지 않은 것이 있다면 무엇을 스마트하게 바꾸고 싶나요? 혹은 이미 스마트한 제품이어도 더 개선할 수 있는 방법이 있을까요? 그 제품을 보다 스마트하게 바꾸기 위해서 어떤 기능이 추가되면 좋을지 적어요.

| 바꾸고 싶은 가전제품 | 어떻게 스마트하게 바꾸고 싶은가요? |
|---|---|
| | |
| | |
| | |

# 광고 카피 써 보기

짧고 강렬하면서도 필요한 정보도 담고 있는 광고 카피를 써요.

홍보와 마케팅을 목적으로 글을 쓰는 것을 카피라이팅이라고 해요. 이 카피라이팅을 하는 사람을 카피라이터라고 하지요. 슬로건은 광고의 아이디어를 한눈에 알아볼 수 있도록 짧은 글 안에 제품을 소개하는 강렬한 문구를 의미해요. 이 책에는 기발한 아이디어가 많이 소개되어 있어요. 물론 책에 소개된 모든 아이디어가 현재도 이용 가능한 제품으로 완성된 것은 아니지만, 다가올 미래 세상에는 아이디어가 반영된 새로운 제품들이 많아질 거예요. 여러분이 카피라이터가 되었다고 생각하면서 광고에 쓰일 슬로건을 만들어 보세요. 여러분의 회사에서는 어떤 제품을 만드나요? 이 책에 소개된 제품도, 여러분이 생각해 낸 제품도, 그 외의 어떤 제품이라도 좋아요. 한두 문장으로 소비자의 구매 욕구를 자극하는 광고 슬로건을 만들어요.

### 광고 슬로건 예시

- 오아 가전제품: 디자인에 반하고 성능에 놀라다
- 시몬스 침대: 흔들리지 않는 편안함
- 아이폰 13: 일상을 위한 비상한 능력

| 회사 이름 | 무엇을 만드는 회사인가요? | 광고 슬로건 |
|---|---|---|
|  |  |  |
|  |  |  |

# 온라인 특허청 나들이

❓ QR코드를 활용해 직접 검색해 보세요.

지식재산처

키프리스

- 특허청 홈페이지에서 찾아보고 싶은 물품은 무엇인가요?

_____

_____

_____

- 실제로 검색해 본 뒤, 새롭게 떠오른 아이디어나 느낀 점이 있다면 무엇인가요?

_____

_____

_____

_____

_____

_____

_____

## · 3장 ·

# 6학년을 위한 문해 활동

# 주인공 분석하기

주인공의 공통점과 차이점을 찾아보며 인물들을 분석해요.

❓ 세 명의 주인공 미르, 소희, 바우 간의 공통점과 차이점을 파악하여 벤다이어그램을 채워요.

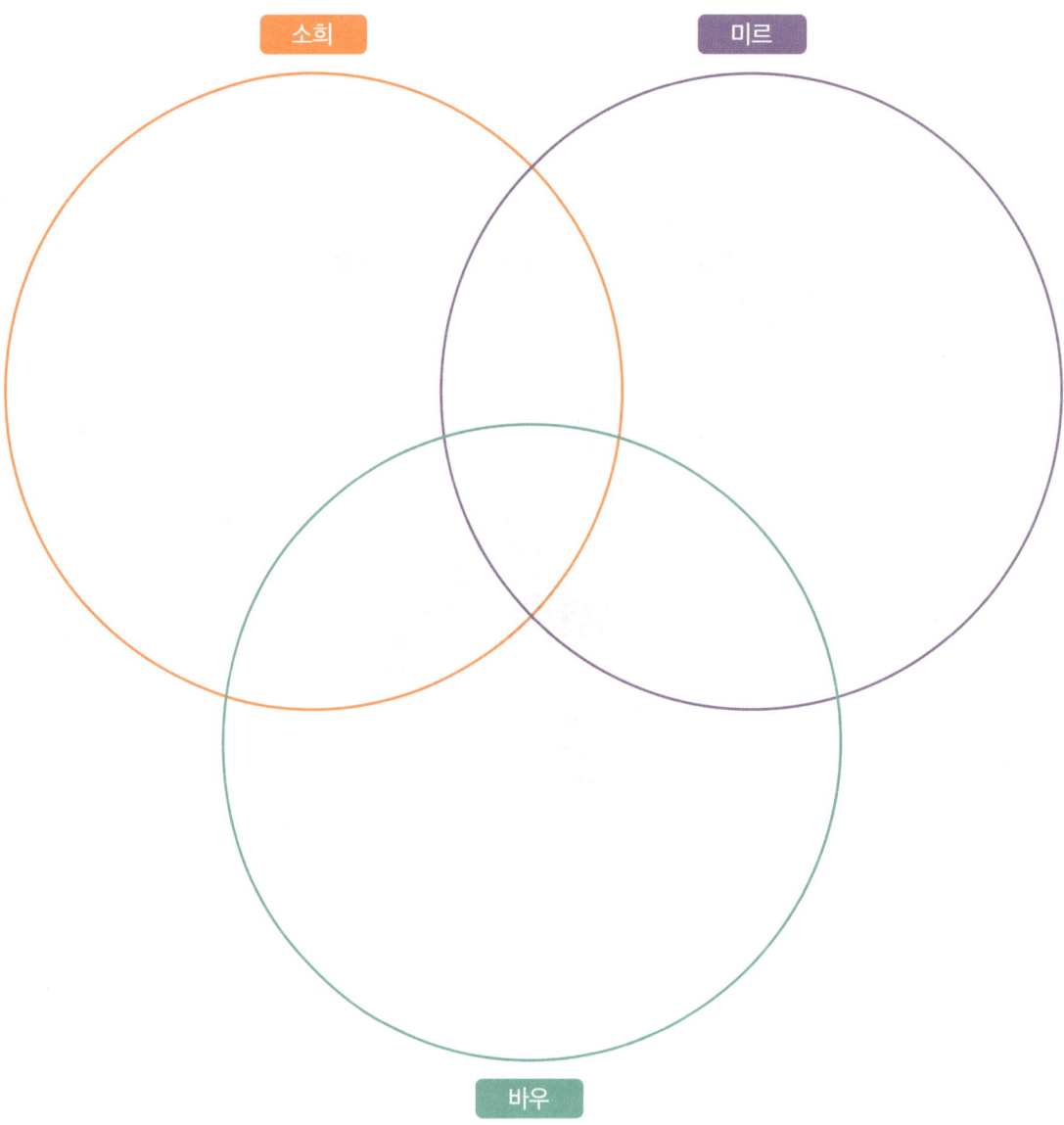

# 상징 이해하기

등장하는 식물 이름을 통해 상징을 파악해요.

🔍 3부 바우 이야기의 제목은 모두 식물 이름이에요. 각각의 식물은 어떤 인물, 혹은 어떤 특징성을 상징하고 있어요. 각 식물이 무엇을 상징하는지 찾아서 표를 채워 보세요.

| 식물 이름 | 식물이 상징하는 것과 그 이유 |
|---|---|
| 달맞이꽃 | |
| 엉겅퀴꽃 | |
| 상사화 | |
| 하늘말나리 | |
| 빨간 장미 | |
| 괭이밥 | |

# 다양한 가족의 모습

다양한 가족의 형태를 알리는 포스터를 만들어요.

소희는 '현실에선 한국인 부모와 자식으로 이루어진 가족만 정상 가정으로 여기는 것 같았다'라고 생각하고 있어요. 책 속에서 다양한 가족의 형태를 찾아보고, 이를 바탕으로 다양한 가족 형태가 있음을 알리는 포스터를 만들어요.

| 네 가족 | 네 가족 | 네 가족 |
|---|---|---|
| | | |

〈다양한 가족 형태 알리기 포스터〉

**확장활동** +++

# 이어질 내용 상상하여 편지쓰기

소희가 미르에게 보내는 답장을 상상해 편지글로 작성해요.

🔍 소희가 되어 달밭마을을 떠날 때 미르가 준 편지에 답장해 주세요. 새로운 곳에서 어떻게 지내고 있는지 근황 편지를 써요.

미르에게

소희가

# 우리 가족 식물도감 만들기

우리 가족의 구성원과 비슷한 식물을 찾아 〈우리 가족 식물도감〉을 만들어 보세요. 가족 구성원의
용모나 성격 중 가장 특징적인 것은 무엇인지 잘 생각해 보세요. 대표적인 특징을 정했다면, 이를
잘 나타낼 수 있는 식물을 골라보세요. 그리고 이 식물을 고른 이유도 함께 적어요. (농촌진흥청 국립원
예특작과학원에서 꽃말 검색이 가능한 홈페이지를 제공하고 있어요. 이를 활용하여 꽃말을 검색해요.)

꽃말 사전

우리 _____ 를 닮은 식물은
_____ 입니다.

우리 _____ 를 닮은 식물은
_____ 입니다.

# 책 속 질문에 답하기

책의 주요 질문을 바탕으로 자기 생각을 정리하고 표현하며 사고를 확장해요.

❓ 책의 목차에 나오는 질문을 보고 자기 생각을 간략하게 적어요.

- 나는 커서 무슨 일을 할까?

  _____

- 직업이란 무엇인가?

  _____

- 왜 어떤 직업은 지루할까?

  _____

- 직업은 어떻게 생겨났을까?

  _____

- 많이 벌수록 좋을까?

  _____

- 왜 누구는 누구보다 돈을 더 많이 벌까?

  _____

- 어떤 일을 해야 즐거울까?

  _____

# 나에게 맞는 즐거움 찾기

즐거움에 대한 순위를 매기고 경험을 돌아보며 나에게 맞는 적성을 탐색해요.

책에서는 살면서 느낄 수 있는 큰 즐거움을 크게 열두 가지로 분류해요. 열두 가지 즐거움에 관한 설명(154~165쪽)을 다시 한번 읽어 보며 1부터 12까지 순위를 매겨요. 자신에게 가장 중요한 즐거움 세 가지와 관련되어 경험했던 일화를 정리해 보세요. 정리해 보면 나는 어떤 사람인 것 같고, 어떤 일을 할 때 가장 큰 즐거움을 느끼게 되는지 발견하게 될 거예요.

| ( ) 돈벌이의 즐거움 | ( ) 아름다움의 즐거움 | ( ) 창작의 즐거움 |
| ( ) 이해하는 즐거움 | ( ) 주목받는 즐거움 | ( ) 기술의 즐거움 |
| ( ) 남을 돕는 즐거움 | ( ) 앞장서는 즐거움 | ( ) 가르치는 즐거움 |
| ( ) 질서의 즐거움 | ( ) 자연의 즐거움 | ( ) 독립의 즐거움 |

|  | 즐거움의 종류 | 관련된 일화 |
|---|---|---|
| 1순위 |  |  |
| 2순위 |  |  |
| 3순위 |  |  |

# 나에 대해 알아보기

좋아하는 것, 잘하는 것, 중요하게 생각하는 가치를 정리한 뒤, 하고 싶은 일을 탐색해요.

내가 좋아하는 일과 내가 잘하는 일은 서로 다를 수 있어요. 머릿속에 떠오르는 것들을 솔직하게 모두 적어 봐요. 나에게 중요한 가치(예:나 자신, 가족, 성취감, 돈 등)는 무엇인지 생각해요. 마지막으로 내가 최종적으로 하고 싶은 일이 무엇인지 써요. 완성된 자기 탐구 나무를 보며 나무의 든든한 뿌리와 기둥이 풍성한 가지로 이어져 잘 자란 나무가 될 수 있을지 확인해 보세요.

내가 하고 싶은 일

나에게 중요한 것

내가 좋아하는 일

내가 잘하는 일

# 진로 계획 글쓰기

진로 목표를 설정하고, 이를 달성하기 위한 구체적인 노력과 계획을 논리적으로 써요.

❓ 자신의 관심사를 바탕으로 진로 목표를 설정하고, 이를 이루기 위해 지금부터 어떤 노력을 할 수 있을지 구체적으로 계획해 보세요. 목표 달성을 위한 실천 방안을 논리적이고 체계적으로 정리하여 글로 표현해요.

- 나의 꿈이자 목표: _____
- 꿈을 이루고 싶은 이유: _____
- 꿈을 이루는 데 필요한 것(지원)들: _____
- 꿈을 실천하기 위해 노력해야 하는 것들: _____
- 꿈을 이룬 나의 모습: _____

# 롤 모델 실제로 인터뷰하기

인터뷰 내용을 기록해 보세요.

| | | | |
|---|---|---|---|
| 인터뷰 대상자 | | | |
| 인터뷰 날짜 | | 인터뷰 장소 | |
| 질문 내용 | | | |
| 인터뷰 후 느낀 점 | | | |

# 인물에게 공감하기

등장인물의 입장이 되어 그의 생각과 감정을 SNS 피드 형식으로 나타내요.

P짱은 2년 동안 아이들과 지내면서 어떤 일이 가장 인상 깊었을까요? P짱의 입장이 되어 그에게 추억이 될 만한 내용, 자신을 돌본 아이들에게 전하고 싶은 말 등을 SNS 형식으로 작성해요. P짱의 피드를 다음의 순서로 구성하세요. 만드는 데 도움이 될 거예요.

〈피드 작성 순서〉

1. 책 내용 중 가장 인상 깊었던 장면 떠올리기
2. P짱의 입장에서 어떻게 느꼈을지 생각하기
3. 피드에 넣으면 좋을 요소들
   - 인상 깊은 장면을 잘 표현할 수 있는 그림
   - P짱의 기분이나 생각이 담긴 게시글
   - 중요한 내용을 단어로만 표현하는 해시태그
     예시) #토마토 #소울푸드 #양배추 #주지마

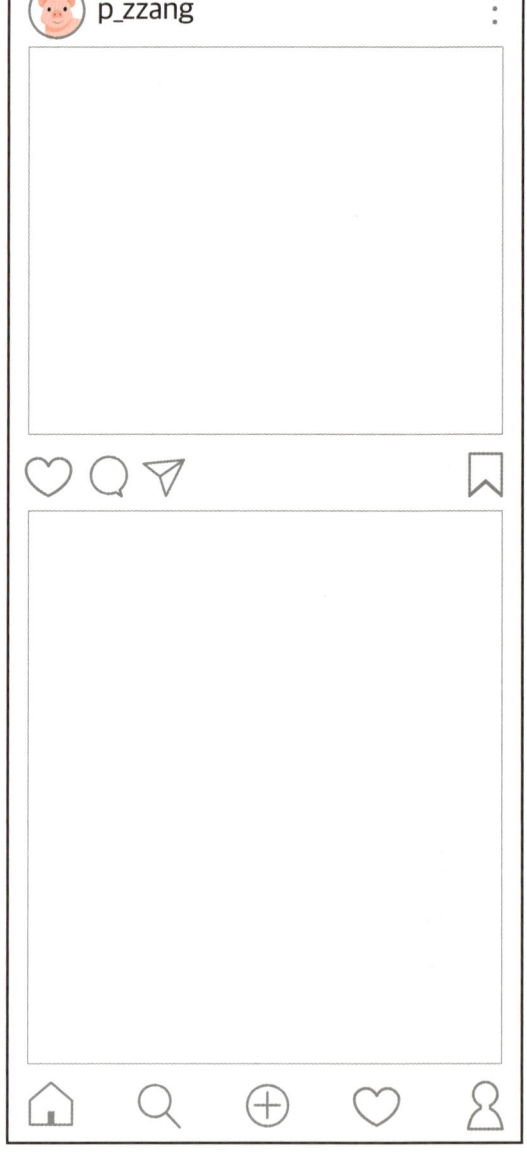

# 비판적으로 사고하기

상반된 의견을 살펴보고 자기 생각을 정리해요.

🔍 특별한 법정에 참석해 보세요. 이 법정에서는 돼지고기가 피고가 되어 재판받게 돼요. 검사 측은 '돼지고기는 범죄를 저질렀다'라고 주장하고, 변호인 측은 '돼지고기는 인류에게 필요하다'라고 변호해요. 두 주장을 살펴보고 의견을 작성하세요.

- 나는 검사와 변호인 중 누구의 주장과 의견이 부합하나요?

  _____

- 판사님 앞에서 발언한다고 생각하고 본인만의 증거를 들어 자신의 의견을 주장하세요.

  _____

  _____

  _____

  _____

  _____

  _____

  _____

  _____

# 기 소 장

기소 의원회:  ○○기소 위원회

고소인(고발인):                         나이:        성별:        직분:
주 소:

피고소인(피고발인):                     나이:        성별:        직분:
주 소:

-------------------------------------------------------------------

## 돼지고기를 다음과 같은 혐의로 기소합니다.

[주요 혐의]
   제1항: 지구 환경 훼손죄          제2항: 공중 보건 위협죄
    • 사육 과정에서 과도한 온실가스 배출    • 과다 섭취 시 비만, 고혈압 유발
    • 사료 농작물 재배로 인한 산림 파괴    • 각종 성인병 발병률 증가에 기여
    • 분뇨로 인한 수질 오염

다음의 증거물을 제출합니다.
증거물 :  - 환경부 제출 온실가스 배출 데이터
        - WHO 비만 통계 자료
        - P짱의 분뇨로 인한 각종 민원 서류(특별 증거물)

적용법조문: 헌법   제○○조 ○○행위

20   년   월   일

○○기소 위원회
위원장 :          (인)
서기:              (인)
위원:              (인)

○○회 ○○재판장 귀하

〈변호사의 주장〉

# 기 소 장

기소 의원회:  ○○기소 위원회

고소인(고발인):　　　　　　　　　　나이:　　　성별:　　　직분:
주　소:

피고소인(피고발인):　　　　　　　　나이:　　　성별:　　　직분:
주　소:

- - - - - - - - - - - - - - - - - - - - - - - - - - - - - - - - - - - - - - - - -

## 돼지고기를 다음과 같은 이유로 무죄를 주장합니다.

[주요 변호 사유]
　　제1항: 인류 영양 기여　　　　　　　　제2항: 경제적 가치 창출
　　• 양질의 단백질 및 철분과 같은 무기질의 우수한 공급원　　• 농가 소득 증대에 기여
　　• 필수 비타민 B군 함유　　　　　　　　• 수출 상품으로서의 경제적 가치

　　다음의 증거물을 제출합니다.
　　증거물 : － xx학회의 단백질 흡수율 연구 보고서
　　　　　　　－ 농림부 축산 농가 소득 증대 통계
　　　　　　　－ 3년 동안 P짱을 돌본 히가시노세 초등학교 학생들의 탄원서(특별 증거물)

적용법조문: 헌법　제○○조 ○○행위

20　년　월　일

　　　　　　　　　　　　　　　　　　○○기소 위원회
　　　　　　　　　　　　　　　　　　위원장 :　　　(인)
　　　　　　　　　　　　　　　　　　서기:　　　　(인)
　　　　　　　　　　　　　　　　　　위원:　　　　(인)

○○회 ○○재판장 귀하

# 내 생각을 글로 나타내기

책의 주요 갈등 상황에 대해 근거를 들어 자신의 의견을 정리해요.

⊙ 6학년 2반 아이들의 입장 차이와 열띤 토론으로 P짱의 운명이 시시각각 바뀌어요. P짱 처리 문제에 대한 자신의 생각을 정리하세요.

| 나의 결정 | (3학년 1반에 물려준다 / 식육센터로 보낸다 / 다른 의견: _____ ) |
|---|---|
| 그렇게<br>결정한 이유 | |

# 생각 정리하고 토론하기

생명을 주제로 하는 여러 가지 가상 상황에 대한 생각을 정리하고 토론해요.

🔍 밸런스 게임을 들어본 적 있나요? 쉽게 고르기 어려운 선택지를 두 개 제시해 고민을 유발하게 만드는 게임이에요. 예를 들어 '방학이 한 달 늘어나는 대신 매일 숙제하기 vs. 방학이 한 달 짧아지는 대신 다음 학기 시험 100점 보장'과 같은 것이 있지요. 다음은 생명의 소중함과 관련된 밸런스 게임 주제예요. 두 가지 상황 중 하나를 선택해 ○ 표시하고, 그 이유를 작성하세요. 그리고 밸런스 게임 주제 중 하나를 선정해 가족 혹은 친구와 토론해 보세요.

평생 내가 정성껏 기른 고기만 먹고 살기 VS 평생 다른 사람이 정성껏 기른 채소만 먹고 살기

선택한 이유

고기를 먹는데 모든 가축의 언어와 마음이 이해되는 삶 VS 고기를 못 먹지만 동물의 마음이 전혀 들리지 않는 삶

선택한 이유

동물을 사육하는 직업만 가질 수 있지만 고기는 마음껏 먹는 삶 VS 어떤 직업이든 가질 수 있지만 직접 키운 동물만 먹을 수 있는 삶

선택한 이유

| 토론 주제 | |
|---|---|
| 나의 주장 | |
| 주장에 대한 근거 | |

# 책과 영화 비교하기

다음 목록을 참고해 벤다이어그램을 완성하세요. 완성된 벤다이어그램을 통해 책과 영화의 공통점과 차이점을
다시 살펴보고, 영화감독은 책과 달리 왜 그렇게 표현했을지 나의 생각을 적어요.

비교 예시

- 등장인물의 성격
- 주요 사건의 전개 순서
- 각 매체에서만 드러나는 고유한 장면들

- P짱의 모습과 행동
- 책에는 있지만 영화에는 드러나지 않은 장면

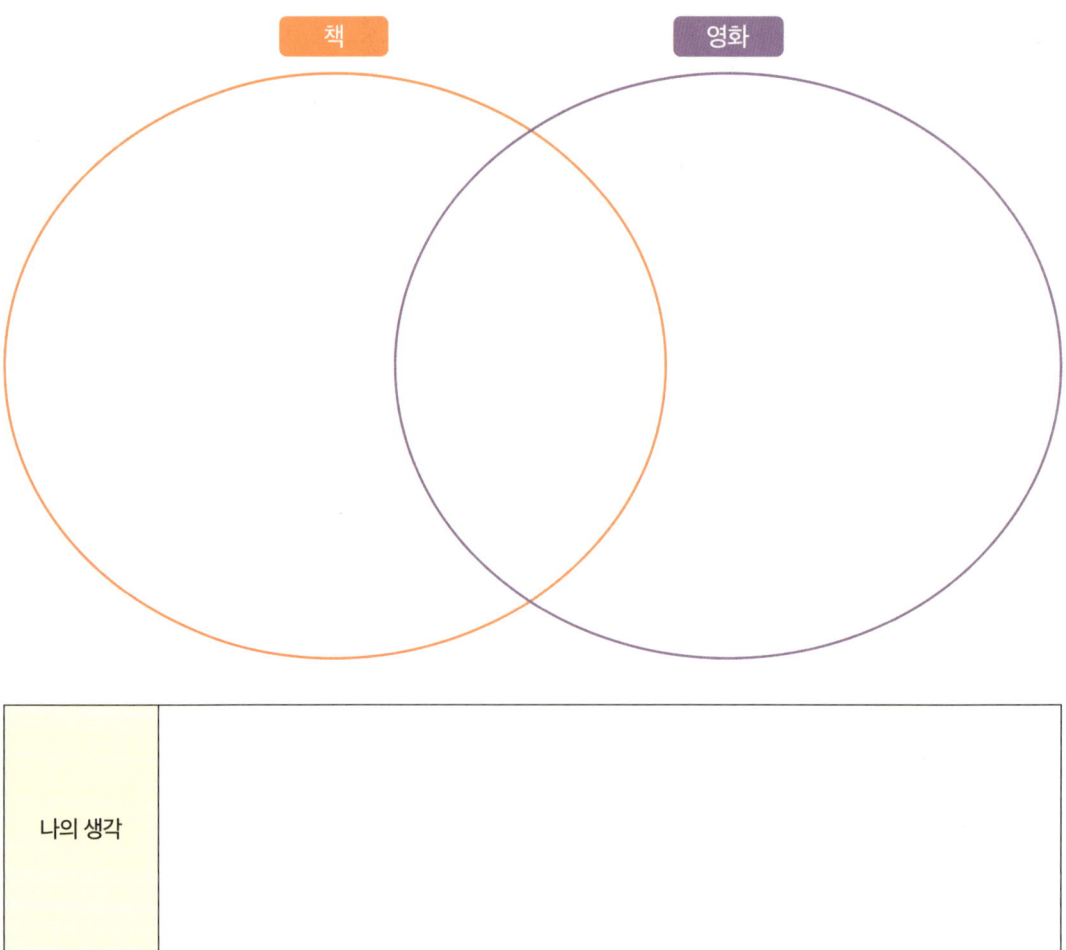

| 나의 생각 | |
|---|---|
| | |

# 공정무역 사례 분석하기

책 속 대비되는 사례를 분석해요.

이 책에서는 공정무역의 성공 사례와 실패 사례가 모두 소개돼요. 각각의 사례를 살펴보고, 성공 혹은 실패의 이유가 무엇인지 적어요.

| | 공정무역 성공 | 공정무역 실패 |
|---|---|---|
| 사례 | | |
| 이유 | | |

# 시간순으로 역사적 사건 정리하기

현재의 경제구조가 형성되기까지 영향을 미친 역사적 사건을 순서대로 정리해요.

공정무역이라는 개념 자체는 간단하고 쉬운데, 실제로 행하는 것은 왜 이렇게 어려운 걸까요? 그것은 현재의 경제 구조가 여러 사건들을 통해서 형성된 복잡한 결과물이기 때문이에요. 현재의 경제 구조가 형성되기까지의 중요한 역사적 사건을 다음의 사건 목록에서 찾아 순서대로 정리해요.

**사건 목록**

문명 발전, 칭기즈 칸과 무역의 등장, 유럽의 무역 유행, 르네상스, 아프리카의 노예 사냥

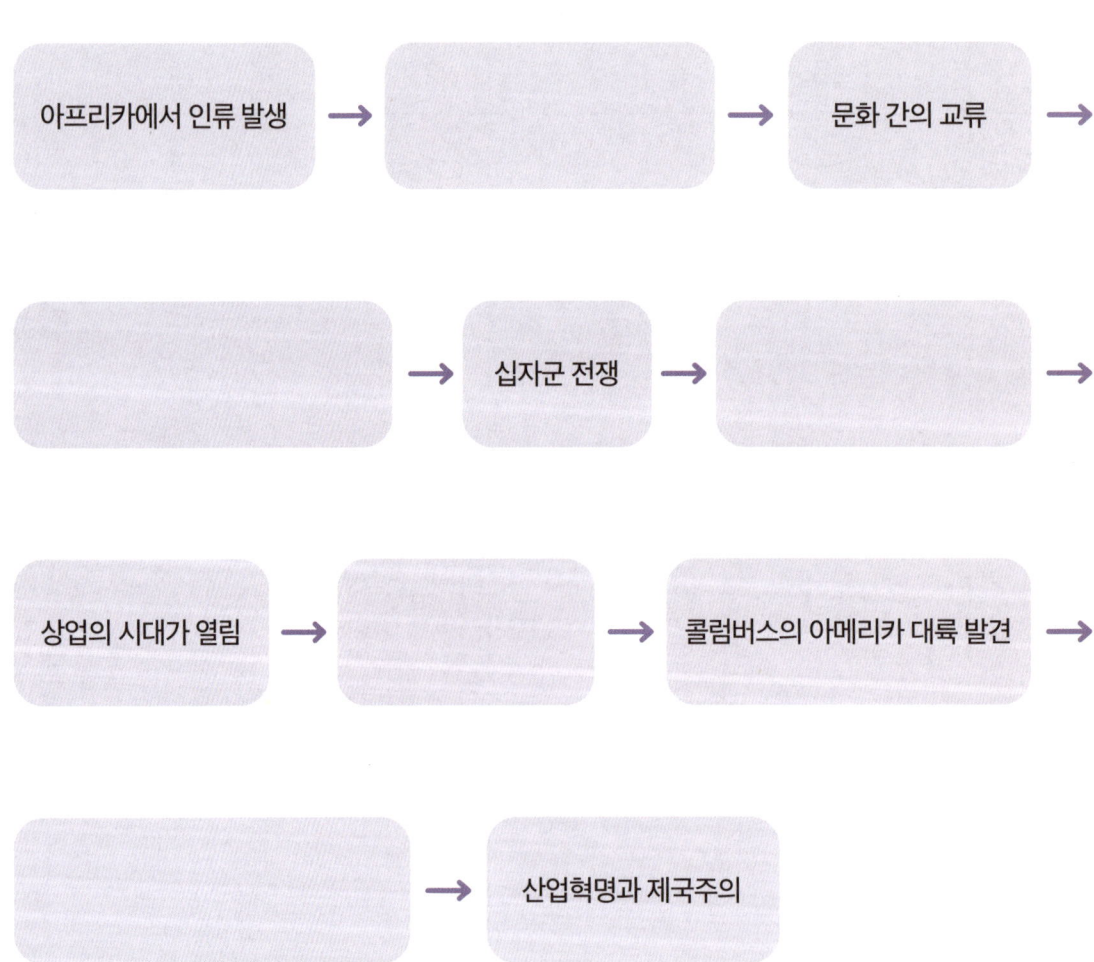

아프리카에서 인류 발생 → [ ] → 문화 간의 교류 →

[ ] → 십자군 전쟁 → [ ] →

상업의 시대가 열림 → [ ] → 콜럼버스의 아메리카 대륙 발견 →

[ ] → 산업혁명과 제국주의

# 계약서 작성하기

계약서라는 특수한 형태의 글을 작성해요.

이 책은 소비자, 생산자, 중간 유통업자 등 경제활동에서 다양한 위치에 놓인 사람들을 소개해요. 각각의 주체가 어떻게 하면 공정 무역을 실천할 수 있을지 고민하며 계약서를 작성해 보세요. 예를 들어 생산자와 소비자 간의 계약서라고 가정하면, 생산자는 물건의 생산량을 보장하는 대신, 소비자에게 일정량의 금액을 약속받을 수 있지요. 다음에 간단한 계약서 예시가 있어요. 이를 참고하여 빈 계약서에 경제활동의 두 주체를 정하고, 서로의 역할과 약속을 적어요. 마지막으로 서명하면 계약서가 완성돼요.

〈예시〉

# 계 약 서

생산자(수출국):

소비자(수입국):

- - - - - - - - - - - - - - - - - - - - - - - - - - - - - - - - - - - - - - - -

1. 생산자는 매달 1일까지 카카오 열매 _____kg을 소비자 에게 전달한다.

2. 소비자는 카카오 열매 _____kg 어치에 해당하는 금액인 _____ (화폐단위)을 매달 1일 지불한다.

3. 생산자가 카카오 열매 _____kg를 수확하지 못하거나, 소비자가 _____(화폐단위)을 전달하지 못하는 달에는 거래가 취소된다.

20_____년 ____월 ____일

소비자_____(서명) 생산자_____(서명)

# 브랜드를 분석하고 글쓰기

공정무역 측면에서 브랜드를 조사하고 글을 써요.

여러분은 평소에 좋아하는 브랜드가 있나요? 옷, 신발, 과자, 초콜릿 등 어떠한 종류라도 좋아요. 평소 즐겨 입는 옷이나 자주 사용하는 전자기기 등 관심을 가진 브랜드를 조사해 보세요. 해당 브랜드가 공정무역에 참여하는 브랜드라면 그 브랜드의 모범 사례를, 참여하지 않는 브랜드라면 공정무역의 실현을 위해 개선해야 할 점을 작성해요.

# 주사위 게임으로 어휘력 키우기

주사위와 종이 한 장, 필기구를 준비해요. 종이에는 외우고 싶은 단어의 목록을 만들어요. 주사위에 숫자 1부터 6까지 어휘와 관련된 미션을 정한 후, 주사위를 굴려 당첨된 미션을 수행해요. 예를 들어 단어 목록에서 '공정무역'을 선택했고 주사위를 굴려서 5가 나왔다면, '단어와 반대되는 의미를 가진 단어(반의어) 말하기'를 수행하면 돼요. '공정무역'의 반의어로는 '불공정 무역', '비윤리적 무역', '비공정 무역' 등을 말할 수 있지요. 반대로 수행한 미션을 보면서 단어를 맞추어 보는 것도 가능해요. 주사위는 면이 여섯 개이지만, 많은 면을 가진 도구(예: 축구공 등)를 사용하면 다양한 미션을 직접 몸으로 수행하며 어휘력을 키울 수 있을 거예요.

## 어휘력 미션 예시

1: 단어의 뜻 말하기

2: 단어의 뜻을 몸짓으로 나타내기

3: 단어를 사용한 예문 만들기

4: 단어와 유사한 의미를 가진 단어(유의어) 말하기

5: 단어와 반대되는 의미를 가진 단어(반의어) 말하기

6: 실생활에서 단어가 쓰인 예 찾아보기

- 이 책의 단어 중 주사위 게임에 포함하고 싶은 단어는 무엇이 있나요? 단어 목록을 작성해요.

_____

_____

- 각각의 숫자에 수행할 어휘력 미션을 정해요.

_____

_____

- 주사위를 굴리고, 수행한 미션의 결과를 써 보세요.

_____

_____

# 인물 특성 파악하기

주인공들의 공통점과 차이점을 알아봐요.

민수와 용찬이는 닮은 점도 많고 다른 점도 많아요. 두 친구 모두 오스트랄로피테쿠스를 사랑하지만, 성격이나 외모, 행동에서 차이가 있어요. 성격 특성을 참고하여 민수와 용찬이의 공통점과 차이점을 벤다이어그램으로 정리해요. 그리고 나는 민수와 용찬이 중 누구와 더 비슷한지, 혹은 누구와 더 친구가 되고 싶은지 생각해 보고, 그 이유를 써요.

특성

세심한, 대범한, 몸이 아픈, 용감한, 달리기를 잘하는, 차분한, 남자답게 생긴, 곱상한,
여학생에게 인기가 많은, 가출해 본 적이 있는, 심장이 약한, 자유로운, 이름이 평범한, 사자를 보고 싶어 하는,
동물을 불쌍해하는, 동생이 많은, 오스트랄로피테쿠스를 사랑하는, 어른스러운, 숨이 잘 차는, 호탕한

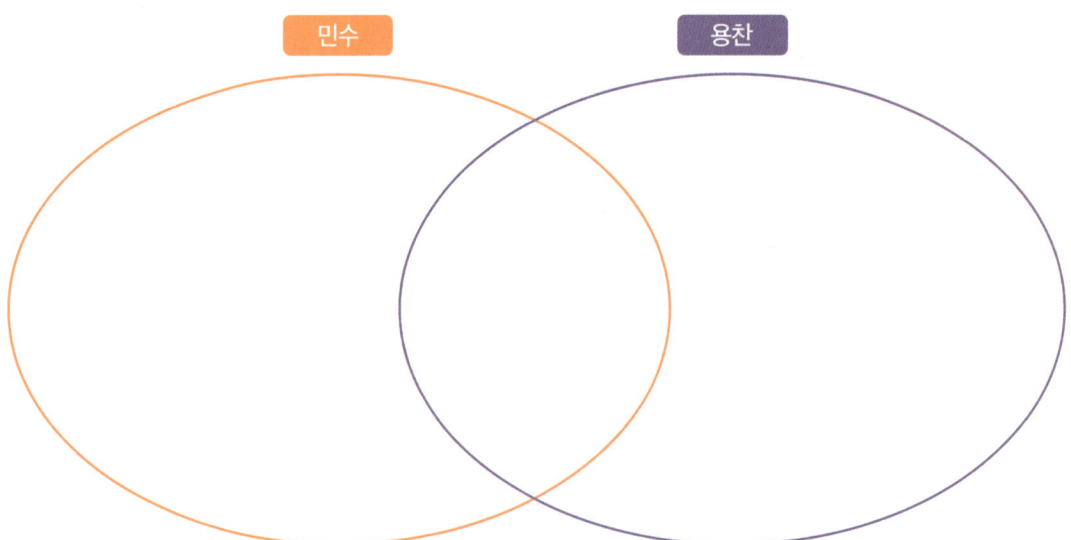

민수        용찬

- 나는 ( 민수 / 용찬이)와 더 비슷하다. 그 이유는?

  _____

- 나는 ( 민수 / 용찬이)와 더 친구가 되고 싶다. 그 이유는?

  _____

# 원인과 결과 파악하기

사건에 대한 원인과 결과를 알아봐요.

❓ 어떤 일이 발생한 원인과 그 결과를 통칭해 인과관계라 표현해요. 예컨대 '용찬이는 심장이 약해서 잘 뛸 수 없다'라는 문장에서 용찬이의 심장이 약하다는 부분은 원인, 잘 뛰지 못한다는 부분은 결과예요. 빈칸에 각 사건의 원인과 결과를 나누어 정리해요.

| 원인 | 결과 |
| --- | --- |
|  | 민수가 강아지의 이름을 '오스트랄로피테쿠스'라고 지음 |
| 민수가 용찬이를 동물원에 데려감 |  |
|  | 파출소에서 집으로 전화가 옴 |
| 민수와 용찬이가 오스트랄로피테쿠스 구출 작전을 계획하고 실천함 |  |
|  | 동물원의 오스트랄로피테쿠스를 보며 서운하면서도 안심됨 |

# 인물의 감정 이해하기

감정 묘사를 통해 이야기의 줄거리와 인물들의 감정을 이해해요.

어떠한 결정을 내리거나 행동할 땐 그에 따른 다양한 감정이 뒤따라요. 이야기 속 인물들도 중요한 사건을 겪으며 여러 감정을 경험하지요. 책 속 주요 사건과 관련된 감정을 찾아보고, 그와 비슷한 감정을 느꼈던 나만의 경험도 함께 적어요.

### 감정 어휘 예시

따분함, 지겨움, 두려움, 괴로움, 슬픔, 동정심, 행복, 분노, 불안, 신남, 의심

| 사건 | 감정 | 나의 사건 |
|---|---|---|
| 민수가 떠돌이 개에게 '오스트랄로피테쿠스'라는 이름을 지어줌 | | |
| 민수가 용찬에게 동물원에 가자고 함 | | |
| 용찬이는 동물원에 있는 사자를 보고 기절함 | | |

# 이야기를 경험과 연결 짓기

책 속 사건과 나의 경험을 연결해요.

🔍 2장 '실종'에서는 강아지 오스트랄로피테쿠스가 갑자기 사라진 이후의 일들이 등장해요. 민수와 용찬이는 오스트랄로피테쿠스의 실종으로 불안해하며 전단지도 만들고 밤낮없이 찾아다니지만, 가족들은 왠지 모르게 무심하기만 해요. 나에게도 남들에게 이해받지 못해 억울했던 경험이 있었나요? 다른 사람들에게 충분히 이해받지 못해 속상했던 경험을 떠올려 보고, 그때의 감정은 어떠했는지, 내가 바랐던 결과는 무엇이었는지 등을 한 문단으로 작성해요.

제목 :

사건:

# 인물관계도 그리기

등장인물 간의 관계를 인물관계도를 통해 시각적으로 정리하고 이야기 구조를 이해해요.

🔍 8명의 인물 이름을 활동지에 적고, 화살표 등을 이용하여 인물들 간의 관계를 나타내는 인물관계도를 완성하세요. 다음 예시를 참고하여 올바르게 배치해 보세요.

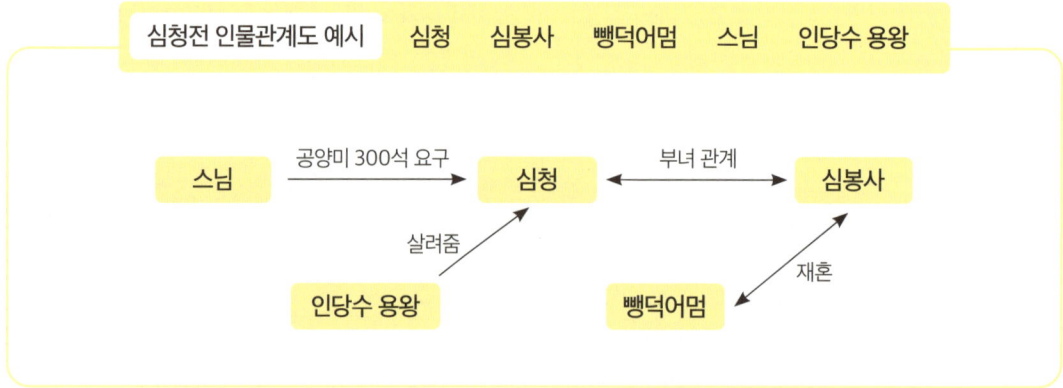

심청전 인물관계도 예시   심청   심봉사   뺑덕어멈   스님   인당수 용왕

주시경   김두봉   이극로   정세권   이우식   서재필   최현배   정태진

# 배경지식 활성화하기

일제강점기와 관련된 주요 개념의 뜻을 책에서 찾아 작성해요.

🔍 단어의 뜻을 책에서 찾아 표를 완성해요.

| | |
|---|---|
| 문화 통치기 | |
| 을사늑약 | |
| 105인 사건 | |
| 불령선인 | |
| 조선어 학회 | |

# 말모이 운동 참여하기

가상으로 말모이 운동에 참여하여 조선어 학회 학자들에게 편지를 쓰고, 신조어를 소개해요.

말모이 운동에 참여했다고 상상해요. 예전에는 없었지만 요즘 친구들이 사용하는 새로운 단어를 '우리말샘'에서 살펴보고 조선어 학회 학자들에게 전달해요.

우리말샘

지방 투고자,

# 신문 기사 작성하기

『조선말 큰 사전』이 편찬되기까지의 과정을 간단하게 신문 기사로 작성해요.

🔍 『조선말 큰 사전』은 오랜 시간에 걸쳐 편찬되었어요. 그 과정을 요약하여 두 문단 정도의 신문 기사 형태로 작성해요.

---

"조선어 학회의 오랜 노력 끝에,
드디어 《조선말 큰 사전》이 세상에 나왔습니다."

---

# 외래어 표기법 규정 알기

🔍 다음 단어의 외래어 표기가 몇 항에 근거하여 오류가 있는지, 옳은 외래어 표기법은 무엇인 것 같은지 적어 보세요.

## 외래어 표기법

제1항 외래어는 국어의 현용 24 자모만으로 적는다.

제2항 외래어의 1음운은 원칙적으로 1 기호로 적는다.

제3항 받침에는 'ㄱ, ㄴ, ㄹ, ㅁ, ㅂ, ㅅ, ㅇ'만을 쓴다.

제4항 파열음 표기에는 된소리를 쓰지 않는 것을 원칙으로 한다.

제5항 이미 굳어진 외래어는 관용을 존중하되, 그 범위와 용례는 따로 정한다.

| 케잌 (cake) | → | |

| 쨈 (jam) | → | |

| 캐머러 (camera) | → | |

| 써클 (circle) | → | |

# 핵심 내용 파악하기

책의 핵심적인 내용을 묻는 말에 답해요.

🔍 다음 질문에 대한 대답을 적어요.

- 작가가 생각하는 인간이 지구를 지배할 수 있도록 한 사피엔스의 두 가지 능력은 무엇인가요?

_____

_____

_____

- 사피엔스를 제외한 다른 인류들이 모두 멸종한 이유는 무엇인가요?

_____

_____

_____

- 단 음식이 당기는 인간의 입맛은 어디서 유래된 것인가요?

_____

_____

_____

- 오스트레일리아에 살던 거대 동물들이 인간을 두려워하지 않았던 이유는 무엇인가요?

_____

_____

_____

# 인과관계 이해하기

사건의 인과관계를 파악하고 표로 작성해요.

매머드의 멸종이 연쇄적으로 동식물에 어떤 영향을 미쳤는지 확인하고 표로 작성해요.

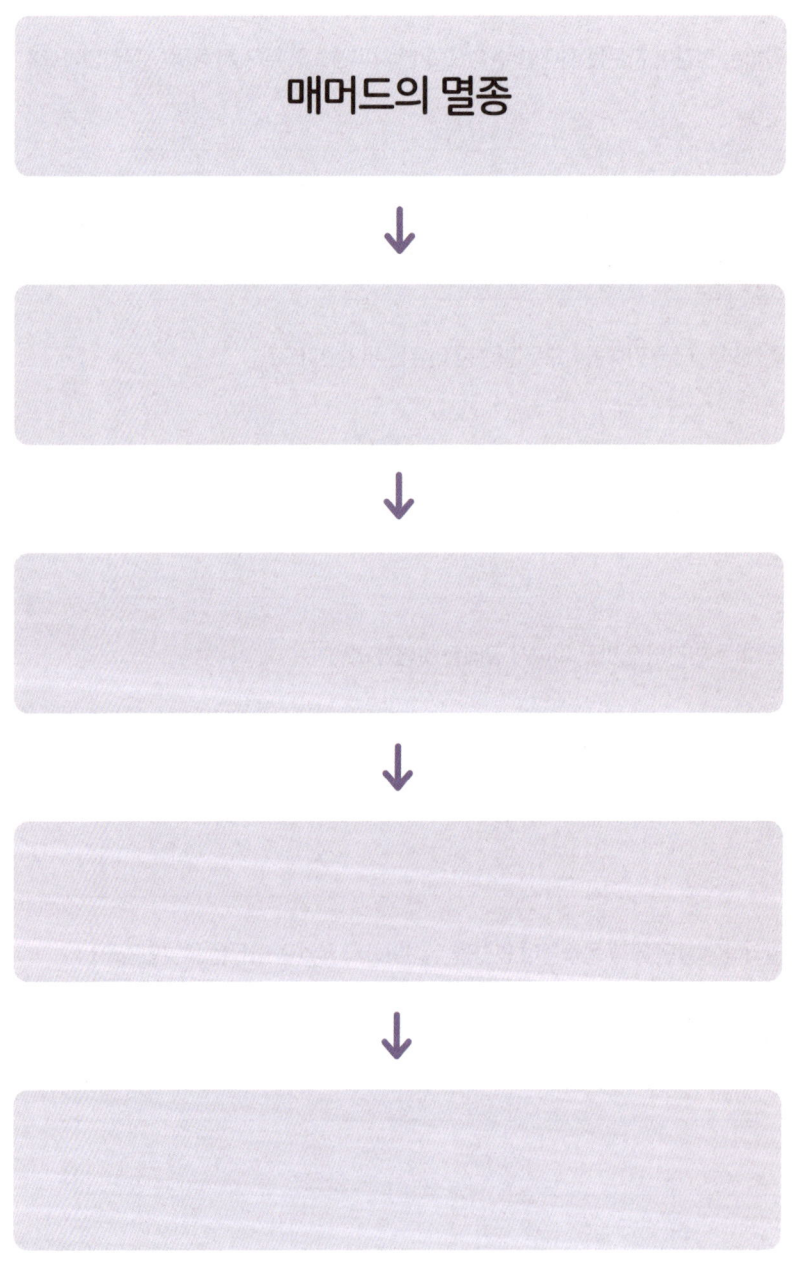

매머드의 멸종

↓

↓

↓

↓

# 과거 상상하기

고고학자의 시점에서 석기 시대의 수렵 채집인의 삶을 상상하며 관찰 기록을 작성해요.

🔍 3장 '우리 조상들은 어떻게 살았을까'의 내용을 참고하여 석기 시대의 수렵채집인의 생활을 상상해 보세요. 타임 머신을 타고 돌아간 고고학자가 되었다고 가정하고, 수렵채집인의 하루를 관찰자의 시점에서 작성해요.

## 수렵채집인 관찰기록

| 고고학자 이름 | |
|---|---|
| 날짜 | |
| 관찰 내용 | |

**확장활동** +++

# 나의 슈퍼 파워 활용하기

지구를 위해 내가 하고 싶은 일을 적어요.

🔍 책의 163쪽부터 165쪽까지 다시 한번 읽어 보고, 지구를 지배한 인간의 슈퍼 파워를 활용하여 지구를 위해 내가 하고 싶은 일을 상상해서 적어요.

# 등장인물 이해하기

등장인물의 특징을 나타내는 단서들을 찾고 등장인물을 분석해요.

🔍 다음 질문에 답해 보세요.

- 동생 릴리와 언니 샘은 어떤 소녀인가요? 책에서 나타난 성격, 언행, 취미에 대해 생각해 보고 둘의 차이점을 비교해요.

| 릴리 | 샘 |
|------|-----|
|      |     |

- 할머니는 어떤 분인가요? 할머니에 대한 주변 사람들의 평가는 왜 다를까요?

_____

_____

_____

- 리키는 어떤 친구인가요? 릴리는 리키를 어떤 친구로 생각할까요?

_____

_____

_____

# 이야기 이해하기

책의 내용을 잘 이해하였는지 질문으로 확인해요.

❓ 다음 질문에 답해 보세요.

- 이야기에서 한국 문화와 관련된 내용은 무엇이 있나요?

  _____

- 이야기에 등장하는 한국 옛이야기는 무엇인가요?

  _____

- 할머니는 왜 미국에 오게 되었나요?

  _____

- 릴리가 자신을 투명 인간이라고 생각하는 이유는 무엇인가요?

  _____

- 샘은 왜 밤마다 창문을 넘어 밖으로 나갔을까요?

  _____

- 릴리와 리키가 친구들에게 진흙 푸딩을 만들어 준 이유는 무엇인가요?

  _____

- 릴리의 눈에만 보이던 호랑이는 결국 릴리의 눈에도 보이지 않게 되었어요. 왜 그랬을까요?

  _____

- 작가는 마법 호랑이로 무엇을 나타내고 싶었을까요?

  _____

# 작품과 작품 비교하기

책 속 '해님 달님' 이야기와 한국의 민담 '해와 달이 된 오누이' 이야기를 비교해요.

책의 '해님 달님' 이야기를 다시 읽어 봐요.(5장 48-51쪽, 26장 211쪽) 한국인이 좋아하는 민담 '해와 달이 된 오누이'와 무엇이 같고 무엇이 다른가요?

| | 해님 달님 | 해와 달이 된 오누이 |
|---|---|---|
| 공통점 | | |
| 차이점 | | |

확장활동 +++

# 나만의 결말 만들기

책의 결말을 새롭게 구성하여 나만의 이야기를 만들어요.

❓ 주인공 릴리는 할머니와 병원에서의 마지막 만남(309쪽)에서 죽음을 앞둔 할머니를 위해 마지막 이야기를 지어 들려 줘요. 여러분이 작가라면 마지막 이야기를 어떻게 마무리 짓고 싶은가요? 작가가 되어 마지막 이야기를 자유롭게 작성해요.

옛날 옛적에 호랑이 별 마시던 시절에

# 작가 탐구

🔍 작가 태 켈러에 대해 조사해요.

- 작가는 어느 나라, 어느 도시에서 태어났나요?

  _____

- 작가의 대표 작품은 무엇인가요?

  _____

- 작가의 최신작은 무엇인가요?

  _____

- 작가와 한국은 어떠한 관련이 있나요?

  _____

  _____

- 작가가 책에서 호랑이를 여성으로 표현한 이유는 무엇일까요?

  _____

  _____

  _____

- '저자의 말'을 읽고 새로이 알게 된 내용은 무엇인가요?

  _____

  _____

  _____

# 메타인지 활용해 평가하기

수학 개념의 사전 지식 정도를 평가해 보고, 책을 읽고 난 후의 이해 정도를 스스로 평가해요.

❓ 이 책에는 다양한 수학 개념이 등장해요. 각각의 개념에 대해서 책을 읽기 전에 얼마나 알고 있었는지를 스스로 평가해 보고, 책을 읽고 난 후의 이해 정도를 숫자로 나타내요. (1: 전혀 몰랐음 ~ 5: 매우 잘 알고 있음)

| 수학 개념 | 읽기 전 | 읽은 후 |
|---|---|---|
| 자연수 | | |
| 제곱 | | |
| 정사면체 | | |
| 꼭짓점 | | |
| 피보나치수열 | | |

# 수학 용어 이해하기

일상 용어로 표현된 수학적 개념의 의미를 이해해요.

❓ 이 책은 기존의 수학 용어와 독자가 이해하기 쉬운 용어를 사용하여 수학 개념을 설명해요. 로베르트 꿈에 등장하는 수학 용어를 찾아보고, 수학 개념과의 관련성을 살펴봐요.

| 수학 용어 | 일상 용어 | 수학 개념과의 관련성 |
|---|---|---|
| 거듭제곱 | | |
| 무한히 작은 수 | | |
| 무한히 큰 수 | | |
| 허수 | | |
| 소수 | | |

# 삽화와 수학 개념 연결하기

삽화와 관련 있는 수학 개념을 글로 써요.

수학책의 삽화는 독자가 개념을 쉽고 재미있게 이해할 수 있게 하려고 그려진 경우가 많아요. 인상적인 삽화를 한 가지 선택한 후, 왜 이 그림을 선택했는지 생각해 봐요. 그리고 그림에서 발견한 수학 개념을 글로 써 보세요.

# 수학 일기 쓰기

책을 읽고 수학 일기를 써요.

우리는 하루 동안 인상 깊었던 일이나 그때의 감정, 생각들을 솔직하게 기록하기 위해 일기를 써요. 책에서 가장 재미있었던 이야기를 선택한 뒤, 질문에 답하며 수학 일기를 작성해요.

- 몇 번째 밤의 이야기가 가장 재미있었나요? 그 이유는요? (혹은 몇 번째 밤의 이야기가 가장 이해하기 어려웠나요? 그 이유는요?)

  _____

  _____

- 새로 알게 된 수학 개념이 있다면 무엇인가요?

  _____

  _____

- 책을 읽는 동안 느꼈던 감정은 무엇인가요?

  _____

  _____

  _____

- 이해가 어려워 질문하고 싶거나, 더 알고 싶은 내용이 있다면 무엇인가요?

  _____

  _____

  _____

| 년    월    일    요일 | 날씨 |
|---|---|
|  |  |
|  |  |
|  |  |
|  |  |
|  |  |
|  |  |
|  |  |
|  |  |
|  |  |
|  |  |
|  |  |
|  |  |
|  |  |

# 헌법 만들기

나만의 헌법 제1조를 만들어요.

❓ 만약 여러분이 나라를 세워 헌법을 만든다면 어떨까요? 여러분이 세운 나라의 주인은 누구인가요? 그리고 헌법 제1조에 어떠한 가치를 포함하면 좋을지 생각해 보고, 간단한 문장으로 헌법 조항을 완성해요.

<br>

- 나라 이름: _____

- 나라의 주인: _____

- 헌법 제1조 1항: _____

  _____

- 헌법 제1조 2항: _____

  _____

# 비슷한 판결 사례 찾기

실제 판결 사례와 유사한 사례들을 찾아요.

🔍 책에는 다양한 헌법 판례들이 제시되어 있어요. 예컨대 2003년 헌법재판소는 운전자에게 안전띠를 반드시 매도록 한 법이 위헌이 아니라고 결정한 판례가 있어요. 헌법에서는 모두가 행복을 추구할 권리가 있지만, 그 과정에서 타인에게 피해를 주면 안 된다는 사실도 명시하고 있지요. 즉, 한 개인이 안전띠를 매지 않는 것은 '정당한 공공의 이익'을 위반하는 것이라고 보았기에 위헌이 아님을 밝히고 있어요. 이처럼 일상에서 이러한 판례와 관련된 사례를 찾아보고, 각 사례의 위헌 여부를 스스로 판단하며 그 이유를 적어요.

| 일상 속 사례 | 위헌 여부 | 이유 |
|---|---|---|
|  |  |  |
|  |  |  |
|  |  |  |
|  |  |  |
|  |  |  |

# 현실 속 평등 생각하기

평등을 강조하는 헌법과 일상의 모습을 연결 지어 생각해요.

우리나라의 헌법에는 모든 인간은 존엄하며 성별, 인종, 장애 여부에 따라 차별하는 것을 금하고 있어요. 그럼에 도 주변에는 차별의 사례가 여전히 존재하지요. 우리 주변에서 발견할 수 있는 차별의 사례를 생각해 보고, 헌법 에 명시된 평등의 의미를 토대로 어떠한 점에서 차별에 해당하는지 글로 써요.

# 미래에 달라질 권리 예측하기

변화하는 미래를 상상하며 헌법 내용 중 변경될 수 있는 권리를 생각해요.

빠르게 변화하는 세상과 함께 사람들의 가치관과 인식도 변하고 있어요. 조선 시대 노비는 사람 취급을 받지 못했고, 우리나라에서 여성이 투표권을 갖게 된 지가 100년이 채 되지 않은 것이 이를 증명하지요. 그렇다면 미래에는 어떤 변화가 있을까요? 현재 헌법에 제시된 내용 중 미래에는 바뀔 가능성이 있는 내용을 찾아 적어 보세요. 그렇게 생각한 이유도 함께 적어요.

| 여성에게는 투표권이 없었으나, 현재는 여성도 투표를 할 수 있게 되었다. | |
|---|---|
| 미래 | |
| 이유 | |

| 옛날에는 신분 제도가 있었으나 지금은 사라졌다. | |
|---|---|
| 미래 | |
| 이유 | |